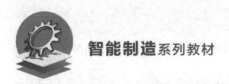
智能制造系列教材

智能制造的 C#实战教程

刘江省　主编

陈光华　钱　娟　副主编

U0198804

电子工业出版社
Publishing House of Electronics Industry
北京·BEIJING

内 容 简 介

本书系统地讲解了如何利用 C#开发智能制造工程，以具体项目为载体，重在实战，讲解如何搭建智能制造系统的C#软件架构及如何开发出优秀的 C#代码。

本书分为 3 部分：基础篇、进阶篇和实战篇。基础篇首先讲解了智能制造的基本概念及其相关的软/硬件环境，然后对智能制造的开发软件 C#的基础知识进行了详细的讲解；进阶篇对 C#的高级特性和设计模式进行了详细的讲解；实战篇引入了运动控制器，针对智能制造的几个热点应用领域——自动化领域、物联网领域、机器视觉领域进行了详细的讲解，并依托具体的项目讲解如何利用 C#搭建智能制造系统的软件架构。

本书可作为高等院校智能制造、机械工程和自动化类专业的教材，也可作为智能制造、自动化等相关领域的科技工作者、技术人员、软件开发人员的实战指导书。

图书在版编目（CIP）数据

智能制造的 C#实战教程 / 刘江省主编．—北京：电子工业出版社，2023.2

ISBN 978-7-121-45101-0

Ⅰ．①智… Ⅱ．①刘… Ⅲ．①C 语言－程序设计－高等学校－教材 Ⅳ．①TP312.8

中国国家版本馆 CIP 数据核字（2023）第 030058 号

责任编辑：杜　军　　　　　特约编辑：田学清

印　　刷：北京七彩京通数码快印有限公司

装　　订：北京七彩京通数码快印有限公司

出版发行：电子工业出版社

　　　　　北京市海淀区万寿路 173 信箱　　　邮编：100036

开　　本：787×1092　　1/16　　印张：22.75　　字数：582 千字

版　　次：2023 年 2 月第 1 版

印　　次：2024 年 6 月第 5 次印刷

定　　价：79.00 元

凡所购买电子工业出版社图书有缺损问题，请向购买书店调换。若书店售缺，请与本社发行部联系，联系及邮购电话：（010）88254888，88258888。

质量投诉请发邮件至 zlts@phei.com.cn，盗版侵权举报请发邮件至 dbqq@phei.com.cn。

本书咨询联系方式：（010）88254556，dujun@phei.com.cn。

前　言

本书力求在阐明智能制造的基本概念、基本原理与基本方法的基础上，紧密结合智能制造工程实际，使读者对智能制造的机械、电气、软件及它们之间的关系建立起直观的认识，引导读者利用 C#开发智能制造系统，以及利用 C#构建智能制造系统的思维。

本书的编写和材料组织立足于 C#在智能制造领域的应用，不仅适合高等院校智能制造、机械工程和自动化类专业的师生，还对企业相关科技人员具有一定的参考价值。

智能制造是继自动化制造之后更进一步的制造业形态，其核心是数字化、网络化和智能化。对于智能制造领域的企业，机械、电气、软件方面的复合型人才备受青睐。在智能制造领域，机械是基础，好的创意往往来源于机械设计方面的创新思维；电气是系统可实现及可靠运行的保障；软件是灵魂，产品功能是否强大在很大程度上依赖于软件功能。

本书是编者在高校和企业工作 20 余年的经验总结，结合在智能制造和智能测量设备方面的技术与研发工作，把多年在项目开发过程中的实战经验总结出来，希望能为在智能制造领域辛勤工作且想进一步提升智能制造的 C#实战经验的读者带来"星星之火"。针对大型智能制造软件系统，开发人员要懂得利用设计模式设计合理的软件架构，在实际应用中，要灵活运用设计模式，不能循规蹈矩，并能灵活解决问题。只有实用的设计模式才是好的设计模式。

本书在编写过程中得到了深圳市正运动技术有限公司的大力支持，并提供了教具和产品资料，在此表示感谢。

本书的编写较匆忙，难免会存在失误，望读者不吝赐教，及时指出书中的错误，以便更正，也期待各位同人的指导与批评指正。

刘江帆

2023 年 1 月

目　录

进阶篇

基础篇

第 1 章　智能制造导论

经过改革开放 40 多年的发展，截至 2021 年，我国连续 12 年位居世界第一制造业大国，其产值占到全世界的 30%左右，是美国、日本、德国之和。

1.1　智能制造简介

什么是智能制造？下面从智能制造的起源、智能制造的定义、智能制造发展的 3 个阶段、智能制造技术产业链 4 方面进行阐述。

1.1.1　智能制造的起源

智能制造的概念最早是由美国学者 P. K. Wright 和 D. A. Bourne 两位教授于 20 世纪 80 年代提出的，主要目标是实现无人干预的小批量自动化生产。进入 21 世纪之后，随着机器学习、大数据、物联网、云计算等智能技术的不断发展，智能制造的研究与实践均取得了长足的进步。

日本在 1990 年 4 月发起 "智能制造系统 IMS" 国际合作研究计划。许多发达国家参加了该项计划。该计划共计划投资 10 亿美元，对 100 个项目实施前期科研计划。

1992 年，美国执行新技术政策，大力支持关键重大技术的发展，包括信息技术和新的制造工艺，智能制造技术自然在其中，美国希望借此改造传统工业并启动新产业。

1994 年，欧盟启动了新的信息技术项目，在 39 项核心技术中，有 3 项技术（信息技术、分子生物学和先进制造技术）突出了智能制造的位置。

德国在 2013 年的汉诺威工业博览会上正式推出 "工业 4.0"，其核心目的是提高德国工业的竞争力，在新一轮工业革命中占领先机，旨在提升制造业的智能化水平，建立具有适应性、资源效率及基因工程学的智慧工厂，在商业流程及价值流程中整合客户及商业伙伴，其技术基础是网络实体系统及物联网。

2015 年 7 月，中华人民共和国工业和信息化部公布了 2015 年智能制造试点示范项目名单，46 个项目入围。46 个试点示范项目覆盖了 38 个行业，分布在 21 个省，涉及流程制造、离散制造、智能装备和产品、智能制造新业态与新模式、智能化管理、智能服务 6 个类别，体现了行业、区域覆盖面和较强的示范性。

智能制造日益成为未来制造业发展的重大趋势和核心内容，是加快发展方式转变、促进工业向中高端迈进、建设制造强国的重要举措，也是新常态下打造新的国际竞争优势的必然选择。而推进智能制造是一项复杂而庞大的系统工程，也是一件新生事物，这就需要一个不断探索、试错的过程，难以一蹴而就，更不能急于求成。

1.1.2　智能制造的定义

智能制造（Intelligent Manufacturing，IM）是一种由智能机器和人类专家共同组成的人机一体化智能系统。它在制造过程中能进行智能活动，如分析、推理、判断、构思和决策等。通过人与智能机器的合作共事，可以扩大、延伸和部分取代人类专家在制造过程中的脑力劳动。智能制造把制造自动化的概念更新，扩展到柔性化、智能化和高度集成化方面。

智能制造源于人工智能研究，涵盖了智能制造技术和智能制造系统，是一种模拟人类智力系统进行实际操作的制造技术。它是由人、智能机器和人类相关专业的知识权威共同作用的人机一体化智能系统。

为了适应市场需求，产品的更新过程更快，种类也越来越多。而传统的大批量产出和细分工的自动化生产系统已经不能满足市场需求。为此，智能制造技术提供了有效的解决方案：以工业机器人为智能系统核心，辅以必要的计算机技术，形成新型的柔性制造系统，打破传统的人工操作模式，从而将智能机械在实际操作中的作用最大化。这就解决了人工操作过程中存在的难题及不可抗力因素，实现了生产过程自动化。当前，工业控制系统的发展速度日益增长，这对生产制造行业来说是机遇，也是挑战，企业管理者想要与新时代背景下的工业发展接轨，实现工业控制自动化，智能制造技术的充分应用必然是不二选择。

在生产过程中，智能制造将智能装备通过通信技术有机连接起来，实现生产过程自动化，并通过各类感知技术收集生产过程中的各种数据，通过工业以太网等通信手段上传至工业服务器，在工业软件系统的管理下进行数据处理分析，并与企业资源管理软件相结合，提供最优化的生产方案或实现定制化生产，最终实现智能化生产。

1.1.3　智能制造发展的 3 个阶段

依据智能制造系统所要解决的问题及其在整个生产体系中的地位，可以粗略地将智能制造的发展过程分为 3 个阶段：智能制造初级阶段、智能制造中级阶段和智能制造高级阶段。

1.　智能制造初级阶段

在智能制造初级阶段，人工智能等先进技术不断向传统的工业自动化系统延伸，通过先进的手段显示生产过程中可见或隐性的状态，辅助操作者做出正确的操作或决策，优化工业自动化系统的功能。智能制造系统采用的很多技术，如工业大数据分析、人工智能等，在图像识别、故障预测等某些特定领域有可能超过人类。然而，在实际生产中，由于现实情况复杂多变，所以无法取代人类凭借自身经验或直觉做出正确的判断，但可以作为一个很好的决策参考或对系统进行辅助优化。

在这个阶段，由于智能制造系统主要围绕企业的某一方面功能发挥"画龙点睛"的作用，开发时需要在现有系统中以"打补丁"或局部改造的方式接入数据，如采用扫描方式搭建生产线三维模型、在生产线上增加安装检测设备等。但在实现过程中有很多因素会制约功能的实现。例如，采用扫描方式建立的模型会比较粗略，信息不足；安装检测设备会受到现有工艺设备布置等因素的影响等。在过去的几年中，各企业从自身实际出发，围绕企业的发展目标克服不利因素，在多个领域对智能制造进行了艰苦探索和深入实践，取得了良好的效果。这些探索和实践工作对智能制造的发展是非常有益的。

在这个阶段，工业生产仍由传统的工业自动化系统为主导来控制。智能制造系统总体上相当于"智囊团"，随着时间延伸到越来越多的领域，针对企业的痛点和问题提出解决方案，但仍需要人类依据经验在工业自动化系统的基础上做最终决策或在限定的范围内发挥作用，在智能制造系统不能正常工作时，仍然可以依靠人类的经验和工业自动化系统继续生产。

从这个意义上来讲，工业生产对智能制造系统的确定性、可用性的要求与 IT 系统并没有显著区别。智能制造系统作用于工业生产的局部且作用有限，表现形式为与智能制造相关的多个"点"并行发展，没有形成一个完备自治的系统。在这个阶段，由于智能制造系统本身没有形成一个完备自治的系统，因此可以考虑采用以功能的实现过程来描述智能制造，即智能制造是面向企业的生产需求，以信息系统为载体模拟专家的智能进行分析判断和决策，进而能够扩大/延伸/部分取代专家的大脑思维过程的系统。

2. 智能制造中级阶段

随着技术的发展，智能制造系统在工业生产中的作用越来越重要，智能制造系统中集成的相关技术逐步成熟，经过不同生产线、不同工序、长时间的反复验证得到了广泛应用。例如：①传感器和控制器变得简单经济且易获取，视频和音频等生物识别技术得到广泛应用，使系统可获得更全面、精准的信息；②对于同一功能，不同子系统的计算结果互相印证和交互评价，并由智能制造系统自行决策输出；③在外部条件发生变化或出现故障时，局部子系统的失效不影响总体系统的运行，或者自动进入安全状态；④有关智能制造的基础技术逐步成熟，确定性、可用性和经济性问题得到合理的解决，如区块链技术逐步成熟，在理论上可以解决工业数据的安全和信任问题。

在这些前提下，智能制造系统逐步针对生产过程的特定单元或特定功能实现完全控制，传统的工业自动化系统出于安全生产的考虑，可作为智能制造系统的补充或后备。

在这个阶段，针对生产过程的特定单元或特定功能，智能制造系统不仅是智囊团，还是决策者，在系统中占据统领地位，根据生产过程数据判断生产状态并形成控制决策，输出执行；同时依据执行后的信息对系统进行优化和自适应。因此，工业生产对智能制造系统的确定性、可用性的要求将远高于对 IT 系统的要求。

在这个阶段，智能制造系统在局部（生产过程的特定单元或特定功能）形成了一个相对完备自治的系统，可以从生产单元的实施方法方面来描述：智能制造通过构建"状态感知—实时分析—自主决策—精准执行—学习提升"的数据闭环，以软件形成的数据自动流动来消除复杂系统的不确定性，在给定的时间、目标场景下实现生产过程的优化。

智能制造系统由初级阶段向中级阶段的进化是一个长期的过程。在生产系统中，不同的生产单元由于需求各异，采用的技术成熟度也不一样，处于智能制造初级阶段和中级阶段的系统将长期共存、协同作用。但总体来说，随着技术的发展，越来越多的处于智能制造初级阶段的技术将向中级阶段进化。

3. 智能制造高级阶段

随着智能制造系统在工业生产中的推广应用，在越来越多的生产单元中，智能制造系统由辅助地位过渡到统领地位，形成多个局部自治的智能制造系统。同时，围绕着通过智能制造实现企业的发展目标，企业在规划、设计阶段，从智能制造的顶层设计出发，实现面向智能工厂的全生产线三维建模与数字交付，全面规划、设计、施工、运维、生产、管理各阶段数据，建立完整的、功能丰富的数字化工厂和数字孪生模型，为全面深入实施智能制造奠定良好的基础。

在智能制造高级阶段，需要将智能制造的理念贯穿规划、设计、施工、运维、生产、管理全过程，实现统筹规划和顶层设计，基础性工作包括：①合理规划面向智能制造的生产系统结构；②合理安排生产车间的平面布置，保证生产有序、物流合理；③合理配置仪表等检测设备及其配套设施，保证数据稳定可靠；④实现生产线设计和建设过程的三维建模与数字交付，全面实现数字化，搭建面向生产线全生命周期的数据平台；⑤合理配置智能制造基础架构，包括工业大数据平台、工业互联网平台等。

在这个阶段，智能制造系统贯穿整个生产过程，在企业生产活动的各个层面以决策者的身份出现，全面占据统领地位。生产过程对于智能制造系统的确定性、可用性的要求也远高于对 IT 系统的要求。智能制造系统形成了一个完备自治的系统体系，形成了一种新型生产方式。此时，可以从系统层面来描述智能制造，即智能制造基于新一代信息通信技术与先进制造技术深度融合，贯穿于规划、设计、施工、运维、生产、管理各个环节，是具有自感知、自学习、自决策、自执行、自适应等功能的新型生产方式。

4. 智能制造 3 个发展阶段的特征

如上所述，在智能制造初级阶段，智能制造系统自身不构成完备自治的系统，而是作为工业自动化系统的补充，在工业生产中发挥重要的参考和补充作用；在智能制造中级阶段，智能制造围绕特定的生产单元形成了完备自治的系统，在局部发挥决定性作用，传统的工业自动化系统作为后备；在智能制造高级阶段，形成了完整的智能制造架构体系，在生产过程的各个层面中全面发挥决定性作用。智能制造 3 个发展阶段的特征如表 1.1 所示。

表 1.1 智能制造 3 个发展阶段的特征

阶 段	智能制造控制范围	特 征	地位作用	表现形式	对确定性、可用性的要求
初级阶段	局部	自感知、自学习、自适应、辅助决策、辅助执行	参考性作用	工业自动化系统的补充、未形成完整的体系	低
中级阶段	生产单元（局部）	自感知、自学习、自适应、自决策、自执行	决定性作用	相对完备自治的系统、相对完整的体系	高
高级阶段	全过程或全产业链	自感知、自学习、自适应、自决策、自执行	决定性作用	完备自治的系统、完整的体系	高

1.1.4 智能制造技术产业链

智能制造技术包括自动化、信息化、互联化和智能化 4 个层次，产业链涵盖智能制造装备（机器人、数控机床、其他自动化装备）、智能传感（传感器、RFID 等）、智能生产（机器视觉、3D 打印）、工业软件（ERP、MES、DCS 等），以及将上述环节有机结合起来的自动控制系统集成和自动化生产线集成等。智能制造覆盖领域如图 1.1 所示。

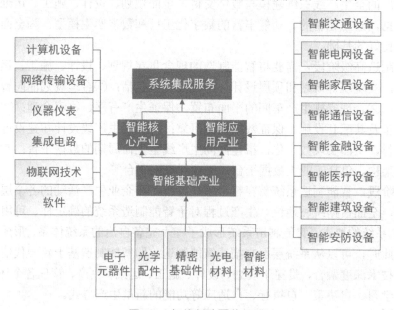

图 1.1 智能制造覆盖领域

基于一般的产业链分析模式，智能制造技术产业链由基础、核心、应用和服务 4 方面构成，每个环节都能形成较大的产业集群。

智能基础产业是构成智能化系统最基本的元件或材料，包括电子元器件、光学配件、精密基础件、光电材料、智能材料等，一般不具有独立应用功能。

智能核心产业是构成智能化系统的核心功能组件，包括感知、传输、计算、控制等功能单元，具体涵盖计算机设备、网络传输设备、仪器仪表、集成电路、物联网技术和软件等。

智能应用产业是推动智能化产业发展的终端应用领域，可分为智能交通、智能电网、智能家居、智能通信、智能金融、智能医疗、智能建筑、智能安防、智能物流、智能汽车、智能商业等领域。智能应用领域的产业关联度、技术复杂性较高，是最终引领智能产业发展的驱动力量。

从智能应用的不同领域来看，有些是偏重生活方面的，有些是偏重生产方面的，有些影响是全方位的，如智能电网，其辐射范围相当广阔，包括新材料、电力电子元器件制造、电池制造、新能源发电、钢铁制造、通信设备、智能家电、电动汽车、智能家居、智能城市、智能交通等上下游产业。

图 1.2 所示为智能制造的细分产业链。这个细分产业链包括智能制造系统集成、智能制造装备、工业数据库和云计算、工业软件、工业互联网、智能生产。

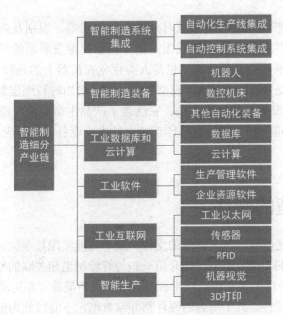

图 1.2　智能制造的细分产业链

智能制造系统集成是以自动化、网络化为基础，以数字化为手段，以智能制造为目标，借助新一代信息通信技术，通过工业软件、生产和业务管理系统、智能技术和装备的集成，帮助企业实现纵向集成、横向集成的各类智能化解决方案的总称。其中，纵向集成是指在智能工厂内部，把现场层、控制层、车间管理层有机地整合在一起，同时确保这些信息能够传输到企业资源计划（ERP）中；横向集成是指将各种不同制造阶段的智能制造系统集成在一起，既包括一个企业内部的材料、能源和信息的配置，又包括不同企业之间的价值网络的配置。

智能制造装备是指具有感知、分析、推理、决策、控制功能的制造装备，是先进制造技术、信息技术和智能技术的集成与深度融合。智能制造装备已经形成了完善的产业链，包括关键基础零部件、智能化高端装备、智能测控装备和重大集成装备四大环节。

工业数据库和云计算作为新一代信息技术的基石，也是智能制造的核心平台。它深入渗透到制造企业的所有业务流程中，能够根据用户的业务需求，经济、快捷地进行 IT 资源分配，实现实时、近实时 IT 交付和管理，快速响应不断变化的个性化服务需求，不仅有助于促进创造优质附加值和制造业生产效率的提升，还提升了制造企业的整体竞争力，灵活应对复杂的国际环境变化，为经济全球化环境下的制造企业实现智能制造打下坚实的基础。

工业软件是智能制造的思维认识，是感知控制、信息传输和分析决策背后的世界观、价值观与方法论，是智能制造的大脑。工业软件支撑并定义了智能制造，构造了数据流动的规则体系。工业软件包括生产管理软件和企业资源软件。

工业互联网是满足工业智能化发展需求，具有低时延、高可靠、广覆盖特点的关键网络基础设施，是新一代信息通信技术与先进制造业深度融合所形成的新兴业态与应用模式，日益成为新工业革命的关键支撑和深化"互联网+先进制造业"的重要基石，会对未来工业发展产生全方位、深层次、革命性的影响。

智能生产主要包括机器视觉、3D 打印。机器视觉是一种基础的功能性技术，是机器人自主行动的前提，能够实现计算机系统对外界环境的观察、识别及判断等。目前，我国的机器视觉行业正处于快速发展阶段。我国是世界机器视觉发展最活跃的地区之一。机器视觉是工业自动化、智能化的必然要求，也是人类视觉在机器上的延伸。3D 打印技术也称增材制造或增量制造，是基于三维 CAD 模型数据，通过增加材料逐层制造，将直接制造与相应的数字模型结合起来的一种制造方法。它涵盖了产品生命周期前端的"快速原型"和全生产周期的"快速制造"相关的所有打印工艺、技术、设备类别与应用。目前，3D 打印技术日渐成熟。

1.2 智能制造的硬件

智能制造的基础是硬件，没有硬件的支撑，就不可能实现数字化、自动控制、数字传输等与智能制造强相关的功能。本节详细介绍一些与智能制造相关联的硬件，为读者开启智能制造的大门。图 1.3 是深圳市正运动技术有限公司（以下简称"正运动"）的 ZMC408SCAN 型运动控制器的典型硬件，其中用到的硬件都非常典型，下面以此为例对智能制造的硬件进行分类讲解。

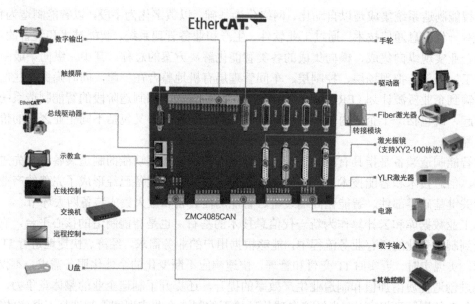

图 1.3 ZMC408SCAN 型运动控制器的典型硬件

1.2.1 PLC 和运动控制器

可编程逻辑控制器（Programmable Logic Controller，PLC）和运动控制器（Motion Controller）是目前应用比较广泛的两种运动控制相关的硬件。PLC 在 1969 年就已经出现了，在全世界范围内应用广泛，尤其在自动控制领域，几乎成为自动化工程师的"法宝"。运动控制器是在 PLC 的基础上发展起来的，它吸收了 PLC 在逻辑控制方面的优势，同时在运动控制方面做了优化，近几年得到了快速发展。

1.2.1.1 PLC

1. 什么是 PLC

PLC 是专门为在工业环境下应用而设计的数字运算操作电子系统。它采用一种可编程的存储器，在其内部存储执行逻辑运算、顺序控制、定时、计数和算术运算等操作的指令，通过数字式或模拟式的输入/输出来控制各种类型的机械设备或生产过程。PLC 厂家众多，比较知名的国外公司有西门子、三菱、施耐德、欧姆龙、罗克韦尔、东芝等，比较知名的国内公司有台达、信捷等。高铁上常用的就是西门子的 PLC，其外观如图 1.4 所示。

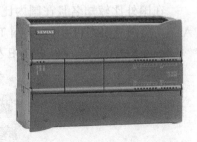

图 1.4 西门子 PLC 的外观

2. PLC 的特点

（1）可靠性高。由于 PLC 大都采用单片微型计算机，因而集成度高，再加上相应的保护电路及自诊断功能，提高了系统的可靠性。

（2）编程容易。PLC 的编程多采用继电器控制梯形图及命令语句，其数量比微型机指令要少得多，除中、高档 PLC 外，一般的小型 PLC 的指令只有 16 条左右。由于梯形图形象而简单，因此容易掌握、使用方便，甚至不需要学习计算机专业知识，就可进行编程。

（3）组态灵活。由于 PLC 采用积木式结构，用户只需简单地组合便可灵活地改变控制系统的功能和规模，因此可适用于任何控制系统。

（4）输入/输出功能模块齐全。PLC 的最大优点之一是针对不同的现场信号（如直流或交流、开关量、数字量或模拟量、电压或电流等）均有相应的模板可与工业现场的器件（如按钮、开关、传感电流变送器、电机启动器或控制阀等）直接连接，并通过总线与 CPU 主板连接。

（5）安装方便。与计算机系统相比，PLC 的安装既不需要专用机房，又不需要严格的屏蔽措施。使用时只需把检测器件与执行机构和 PLC 的 I/O 接口端子正确连接便可正常工作。

（6）运行速度快。由于 PLC 的控制是由底层程序控制执行的，因此无论是其可靠性还是运行速度，都是继电器逻辑控制无法相比的。近年来，微处理器的使用，特别是随着单片机的大量采用，大大增强了 PLC 的能力，并且使 PLC 与微型机控制系统之间的差别越来越小，特别是高档 PLC 更是如此。

1.2.1.2 运动控制器

1. 什么是运动控制器

运动控制器就是控制电动机运行的专用控制器，相比于 PLC，它在运动控制方面做了集成和优化。运动控制器是运动控制系统的核心部件，负责产生运动路径的控制指令，用于设备的逻辑控制，将运动参数分配给需要运动的轴，并对被控对象的外部环境变化及时做出响应。

通用运动控制器通常都提供一系列运动规划方法，基于对冲击、加速度和速度等这些可影响动态轨迹精度的量值加以限制，提供对运动控制过程的运动参数进行设置和运动相关的指令，使其按预先规定的运动参数和规定的轨迹完成相应的动作。

在国外比较知名且在国内比较常用的运动控制器厂家有美国泰道 Delta Tau、以色列 ACS、美国 AEROTECH、英国 TRIO 等，国内比较知名的厂家有正运动、固高、雷赛等。

图 1.5 是正运动 VPLC516E 型运动控制器。

图 1.5　正运动 VPLC516E 型运动控制器

2．运动控制器的特点

（1）硬件组成简单。把运动控制器通过总线或其他通信方式接入计算机，连接信号线就可组成系统。

（2）可以利用计算机开发出功能强大的上位机软件。

（3）运动控制软件的代码通用性和可移植性较好。

1.2.1.3　PLC 与运动控制器的比较

运动控制主要涉及步进电机、伺服电机的控制，控制结构模式一般是控制装置+驱动器+步进或伺服电机。

控制装置可以是 PLC 系统，也可以是专用的自动化装置（如运动控制器、运动控制卡）。当 PLC 系统作为控制装置时，虽具有 PLC 系统的灵活性、一定的通用性，但在面对精度较高（如插补控制）、反应灵敏的要求时，难以满足或编程非常困难，而且成本可能较高。而运动控制器则弥补了 PLC 系统这方面的劣势，它把一些普遍的、特殊的运动控制功能固化在其中，如插补指令，用户只需组态、调用这些功能块或指令即可，减小了编程难度，在性能、成本等方面也有优势。

因此，也可以这样理解：PLC 是一种普通的运动控制装置；运动控制器是一种特殊的 PLC，专用于运动控制。

PLC 是负责逻辑控制的，但是在运动控制方面的能力很弱。虽然有很多高端 PLC 已经带有运动控制模块，但是运动控制唯一的要求就是快，要求运算快、响应快、反馈快。因此运动控制去除了许多不必要的东西，用高速 DSP（数字信号处理）作为专门的运算核心。也就是说，运动控制非常注重性能。因此，如果想要获得理想的运动控制效果，那么最好选择专业的运动控制器。

另外，许多运动控制器自带存储空间，可以支持下位机编程，同时支持上位机编程。这样，在底层逻辑控制和运动控制方面可以获得与 PLC 一样快的响应。同时，上位机提供了强大的软件功能，在数据存储、数据处理、图像处理、图表绘制、界面设计等方面的功能同样强大，这是 PLC 所不具备的。

1.2.2　输入/输出

智能制造系统中常用的输入/输出为数字输入（Digital Input，DI）和数字输出（Digital Output，DO）。

数字输入即逻辑输入，又叫作开关量输入。例如，在自动化系统中经常用到的启动按钮、停止按钮和急停按钮，启动按钮用于启动系统，使机器进入运行状态；停止按钮用于停止机器运动；急停按钮用于在紧急情况下停止机器运动。这几个按钮的信号对系统而言就是输入，由于只存在通和断两种逻辑，所以它们发出的信号就是数字输入信号。在智能制造系统中，数字输入的使用很频繁，主要包括开关、按钮、限位开关、接近开关、回零开关等。

数字输出即逻辑输出，又叫作开关量输出。例如，数控机床的两色报警灯，绿灯亮表示运行中；红灯亮表示故障或停机，此时一般会伴随蜂鸣声。这个两色报警灯的信号对系统来说就是输出，由于也只存在通和断两种逻辑，所以它们发出的信号就是数字输出信号。在智能制造系统中，数字输出主要用于驱动报警灯、蜂鸣器、电磁阀等。

除了数字输入/数字输出，还有模拟输入（Analog Input，AI）和模拟输出（Analog Output，AO）。模拟输入为直流模拟量输入，其信号为连续的电压或电流信号，一般为 0～5V 或 4～20mA，如温度、湿度等相关联的电压或电流信号。模拟输出为直流模拟量输出，其信号也为连续的电压或电流信号，一般为 0～10V 或 4～20mA，如变频器调节信号等。

1.2.3　计算机/触摸屏

这里的触摸屏又称为人机界面（Human Machine Interface，HMI），经常被用在工业控制系统中，是人与设备之间传递信息的媒介。简单来说，触摸该屏之后，HMI 就能发送控制信号给运动控制器，运动控制器处理完成后会反馈信号给触摸屏，实现数据交互。

PLC 或运动控制器与 HMI 建立连接之后，可以通过 HMI 实现设备运行状态监控、设备参数设置，也可以将设备内的数据直观地显示出来。

图 1.6　威纶通触摸屏

通常 HMI 通过通信接口与运动控制器或 PLC 建立信息交互，市面上的触摸屏产品多种多样，经常用到的通信协议包括 RS-232 和 Modbus。国产的 HMI 有很多，如威纶通（见图 1.6）、昆仑通态等。

当采用上位机编程来控制 PLC 或运动控制器时，也可以采用计算机显示器作为人机界面，其与 PLC 和运动控制器的通信主要通过计算机来实现。

1.2.4　驱动器和电机

驱动器是运动控制系统的转换装置，用于将来自运动控制器的控制信号转换为执行机构的运动，典型的驱动器如变频器、步进驱动器、伺服驱动器。

伺服电机和伺服驱动器如图 1.7 所示。

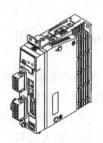
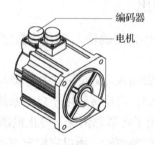

编码器

电机

图 1.7　伺服电机和伺服驱动器

运动控制器产生的命令信号是微小信号，通过驱动器放大这些信号以满足电机的工作需求，故伺服驱动器（Servo Drives）又称为伺服控制器或伺服放大器，属于伺服系统的一部分，主要应用于高精度的定位系统中。

电机主要分为步进电机和伺服电机，二者的控制方式不同：步进电机通过控制脉冲的个数来控制转动角度，一个脉冲对应一个步距角；伺服电机通过控制定子角度的旋转带动转子的旋转，并经过编码器的反馈构成闭环，从而定位到目标角度。伺服电机运行平稳，还具有较强的过载能力，其各方面性能均优于步进电机。

伺服驱动器一般是通过位置、速度和力矩 3 种方式对伺服电机进行控制的，可以实现高精度传动系统的控制，特别是应用于交流永磁同步电机控制的伺服驱动器，已经成为国内广泛采用的产品。伺服驱动器的调速范围宽、精度高、可靠性高，还提供多种参数供用户调节。

步进驱动器是将接收的运动指令转换为步进电机的角位移（对应步距角）的执行机构。在通常情况下接收对应位移的脉冲信号时，步进驱动器收到一个脉冲信号，按设定的方向转动一个步距角（它的旋转是以固定的角度一步一步运行的）。外部控制器可以通过控制脉冲个数来控制步进电机的角位移量，从而达到调速和定位的目的。步进系统被广泛应用于雕刻机、电脑绣花机、数控机床、包装机械、点胶机、切料送料系统、测量仪器等设备上。

1.2.5　执行机构

执行机构是运动控制系统中的控制对象，用于将驱动信号转换为位移、旋转等。执行机构通过一些机械机构连接实现控制对象的运动。常见的执行机构如各种类型的电机、液压、启动设备。

常见的传动机构有滚珠丝杆（见图 1.8）、齿轮传动（见图 1.9）、齿条传动（见图 1.10）、带传动、丝杆传动、链传动、液压传动、气压传动等。

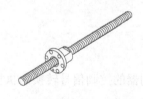
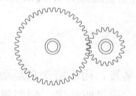
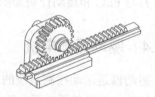

图 1.8　滚珠丝杆　　　　图 1.9　齿轮传动　　　　图 1.10　齿条传动

1.2.6　反馈装置

反馈装置是运动控制系统中进行检测并处理反馈的装置，主要反馈的是负载的位置和速度，如编码器、光栅尺等。编码器是一种常见的反馈装置，伺服电机一般自带编码器。图 1.11 所示为旋转编码器。编码器一般安装在电机的旋转轴上，用于反馈电机的实际运行情况，如电机的当前位置和速度。光栅尺是一种常用的位移和角度的检测装置，其利用两光栅产生的莫尔条纹的放大效应检测位移和角度。图 1.12 所示为直线光栅尺。

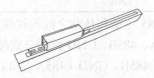

图 1.11　旋转编码器　　　　　　　　　　　　　图 1.12　直线光栅尺

1.2.7　通信接口

在智能制造系统中，不同电气元件间会经常交换数据，而交换数据就需要用到通信接口和通信协议。换句话说，数据交换是通过通信接口按照通信协议传递数据、解析数据的。常用的通信接口类型主要有串口、网口、CAN 总线、EtherCAT 总线、RTEX 总线。

1.2.7.1　串口通信

串口主要有 3 种类型：RS-232、RS-485 和 RS-422。按照使用频率划分，RS-232 和 RS-485 是比较常用的串口，RS-422 使用较少。

1．RS-232

RS-232 一般采用 DB9 公头，其接口定义如表 1.2 所示。

表 1.2　RS-232 接口定义

引　脚　号	名　　称	说　　明
2	RXD	接收数据引脚
3	TXD	发送数据引脚
5	GND	电源地

RS-232 的标准接线只需 3 根线即可，其接线参考如图 1.13 所示。

2．RS-485

RS-485 主要使主/从站的多台通信设备联机，理论上支持 128 个节点。当 RS-485 作为主站（Master）时，可连接驱动器、变频器、温控仪等，进行数据读出与写入的控制；当 RS-485 作为从站（Slave）时，能与 PLC 进行通

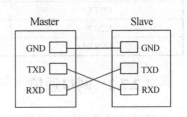

图 1.13　RS-232 接线参考

信，可连接人机界面，用来监控运行状态。

RS-485 采用差分传输方式，通过判断 485A 与 485B 之间的电压差来确定高电平或低电平。RS-485 接口定义如表 1.3 所示。

表 1.3　RS-485 接口定义

引脚名称	说　　明
485B	485-
485A	485+
GND	电源地

RS-485 主站和从站之间的接线方式如图 1.14 所示。RS-485 采用了简易接线方式，主站的 485A、485B、GND 首先分别接第一个从站的 485A、485B、GND，然后接第二个从站的 485A、485B、GND（485A 接 485A，485B 接 485B，GND 共地），并且主站与最后一个从站的 485A 和 485B 要并联 120Ω 的电阻以防止信号反射；线缆需要使用屏蔽双绞线，避免信号干扰；每个节点支线的距离要小于 3m。

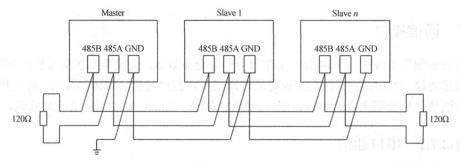

图 1.14　RS-485 主站和从站之间的接线方式

3．RS-422

RS-422 也采用简易接线方式，为 4 线制，接线时需要接 5 根线，分别为 422RX+/422RX-（接收信号）、422RT+/422RT-（发送信号）、1 根信号地线，其接线方式参考 RS-485 的接线方式。RS-422 接口定义如表 1.4 所示。RS-422 相比于 RS-485 和 RS-232，其布线成本高，接线容易出错，因此应用相对较少。

表 1.4　RS-422 接口定义

引脚名称	说　　明
GND	电源地
422TX-	422 发送-
422TX+	422 发送+
422RX-	422 接收-
422RX+	422 接收+

1.2.7.2　网口通信

网口通信的应用比较普遍，如人们平时使用的局域网、互联网等都采用的是网口通信。网口通信使用的基本通信协议是 TCP/IP（Transmission Control Protocol/Internet Protocol），即传输控制协议/网际协议，是能够在多个不同网络间实现信息传输的协议簇，是网络使用中最基本的通信协议。TCP/IP 协议对互联网中各部分进行通信的标准和方法进行了规定。

TCP/IP 协议不仅仅指的是 TCP 和 IP 两个协议，而是指一个由 FTP（文件传输协议）、SMTP（简单电子邮件传输协议）、TCP、UDP（用户数据报协议）、IP 等协议构成的协议簇，只是因为在 TCP/IP 协议中，TCP 协议和 IP 协议最具代表性，所以称为 TCP/IP 协议。

TCP/IP 协议严格来说是一个 4 层的体系结构，即应用层、传输层、网络层和数据链路层。其中，应用层的主要协议有 Telnet（远程终端协议）、FTP、SMTP 等，用来接收来自传输层的数据或按不同应用要求与方式将数据传输至传输层；传输层的主要协议有 UDP、TCP，是使用者使用平台和计算机信息网内部数据结合的通道，可以实现数据传输与数据共享；网络层的主要协议有 ICMP（Internet 控制报文协议）、IP、IGMP（Internet 组管理协议），主要负责网络中数据包的传输等；而对于数据链路层，也称网络接口层或网络访问层，主要协议有 ARP（地址解析协议）、RARP（反向地址转换协议），主要功能是提供链路管理错误检测、对不同通信媒介有关信息的细节问题进行有效处理等。

TCP/IP 协议在一定程度上参考了 OSI（开放系统互联）的体系结构。OSI 共有 7 层，从下到上分别是物理层、数据链路层、网络层、传输层、会话层、表示层和应用层。但是这显然是有些复杂的，因此在 TCP/IP 协议中简化为 4 个层次。OSI 7 层参考模型和 TCP/IP 协议之间的关系如图 1.15 所示。

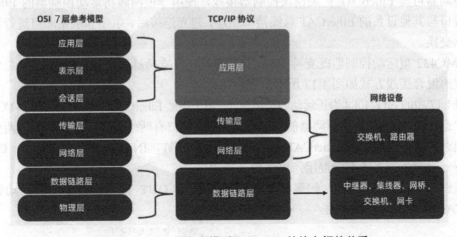

图 1.15 OSI 7 层参考模型和 TCP/IP 协议之间的关系

1.2.7.3 CAN 总线

CAN（Controller Area Network）总线是 ISO（国际标准化组织）的串行通信协议。在汽车产业中，出于对安全性、舒适性、方便性、低功耗、低成本的要求，开发出了各种各样的电子控制系统。由于这些系统之间进行通信所用的数据类型及对可靠性的要求不同，所以由多条总线构成的情况很多，线束的数量也随之增加。为满足减少线束的数量，以及通过多个局域网进行大量数据的高速通信的需要，1986 年，德国博世公司开发出了面向汽车的 CAN 总线通信协议。此后，CAN 总线通信协议通过 ISO 11898 及 ISO 11519 进行了标准化，在欧洲已是汽车网络的标准协议。

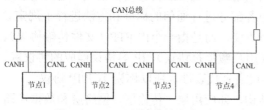

图 1.16　CAN 总线的接线方式

CAN 总线通信协议的高性能和高可靠性已被认同，并被广泛地应用于工业自动化、船舶、医疗设备、工业设备等方面。CAN 总线是当今自动化领域技术发展的热点之一，被誉为自动化领域的计算机局域网。它的出现为分布式控制系统实现各节点之间实时、可靠的数据通信提供了强有力的技术支持。

CAN 总线的接线方式如图 1.16 所示。

1.2.7.4　EtherCAT 总线

EtherCAT（以太网控制自动化技术）是一个开放架构，是以以太网为基础的现场总线系统，其名称中的 CAT 为 Control Automation Technology（控制自动化技术）的缩写。EtherCAT 是确定性的工业以太网，最早由德国的 Beckhoff 公司研发。

自动化对通信一般会要求较短的资料更新时间（或称为周期时间）、资料同步时的通信抖动量低，而且硬件的成本要低，开发 EtherCAT 的目的就是让以太网可以应用在自动化领域中。

EtherCAT 总线接口可用于接 EtherCAT 伺服驱动器和 EtherCAT 扩展模块，EtherCAT 伺服驱动器可与 EtherCAT 扩展模块控制器接线，使用一根网线将运动控制器的 EtherCAT 总线接口与其他设备的 EtherCAT 总线接口相连。建立连接后，主站和从站即可进行周期性的数据交换。

ZMC432 型运动控制器既支持 EtherCAT 总线，又支持脉冲总线。EtherCAT 总线和脉冲总线的混合接线方式如图 1.17 所示。

图 1.17 中的 EIO24088 为正运动的扩展模块，用于扩展 EtherCAT 总线的轴资源和 I/O 资源。

注意：EtherCAT 伺服驱动器的 EtherCAT 总线接口有两个，有些驱动器的这两个接口可以随意连接，有些分为 EtherCAT IN 和 EtherCAT OUT，IN 接口接上一级设备，OUT 接口接下一级设备，二者不能混用，要注意连接顺序。

多轴控制时，EtherCAT 伺服驱动器的 EtherCAT OUT 接口连接下一级驱动设备的 EtherCAT IN 接口，依次类推。

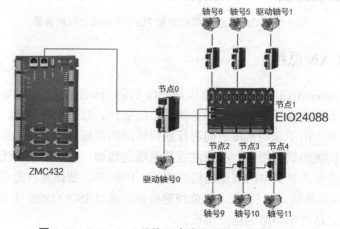

图 1.17　EtherCAT 总线和脉冲总线的混合接线方式

1.2.7.5　RTEX 总线

RTEX 总线和 EtherCAT 总线相类似，不过它专用于连接松下 RTEX 伺服驱动器。正运动的 ZMC460N 型运动控制器既可以支持 RTEX 总线，又可以支持 EtherCAT 总线，两种总线的混合接线方式如图 1.18 所示。建立连接后，主站和从站即可进行周期性的数据交换。

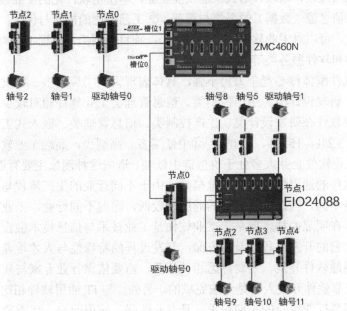

节点2　节点1　节点0
ZMC460N

轴号2　轴号1　驱动轴号0　　　轴号8　轴号5　驱动轴号1

节点0
EIO24088　节点1

节点2　节点3　节点4

驱动轴号0

轴号9　轴号10　轴号11

图 1.18　RTEX 总线和 EtherCAT 总线的混合接线方式

1.3　智能制造的软件

智能制造的本质是让"硬"的制造业变"软"，制造业的核心资产会从硬件分流到软件上。有些企业已经意识到，对于工厂里一条标准生产线的数字化模型、完整的数字化生产状态信息（振动、温度、电流等），这些数字信息如果能被充分地利用起来，就能极大地提高生产效率，甚至开辟新的商业模式，其价值绝不低于该生产线硬件本身的价值。

智能制造进程其实也是工业技术的软件化进程，由软件控制数据的自主流动，解决复杂产品的不确定性问题。

1.3.1　工业软件

制造业的转变是从生产自动化到生产智能化的转变，是从局部优化到整体优化的过程。而智能制造的本质是使数据在生产系统内自由流动，从而解决系统的复杂性问题，用信息流代替人工流，从规划、设计、生产、销售、服务方面形成信息闭环。在这样的转变过程中，工业软件就成了主角。可见，工业软件决定了智能制造的发展前景。进一步讲，工业软件定义了未来制造业的发展方式。

工业软件在实现智能制造的过程中扮演了如此重要的角色，因此，要实现智能制造，需要先认识工业软件，从工业软件的角度看制造业未来的发展方向。

工业软件是应用于工业领域，以提高工业企业研发、生产、管理水平和工业装备性能的应用软件，其核心作用在于帮助工业企业提质、增效、降本，并增强企业在高端制造方面的竞争力。工业软件应用于计算机硬件、工业设备和基础软件或平台上，支撑企业业务与应用，其内含工业知识与流程，以软件形式赋能工业企业，本质是软件化的工业技术。工业软件的功能主要有：①信息流（数据）的采集与管理；②工艺模型的构建与优化；③设备的控制与调度。从功能上，可以对工业软件进行如下分类：项目规划类、工程工具类、管理类、人机界面类、控制类和软件服务类等。

我国工业软件整体核心竞争力仍不强，具体表现为：①应用多、研发少，嵌入式工业软件占大部分，研发设计类、生产控制类、信息管理类工业软件相对较少，根据赛迪咨询数据，我国工业软件在研发设计类、生产控制类、信息管理类、嵌入式工业软件上的占比分别为 8.3%、13.2%、15.5%、63.0%；②中低端多、高端少，高端工业软件基本被国外企业把持，国内工业软件企业大多处于价值链中低端。造成这种现象主要有以下两方面原因。

（1）工业软件的通用性低、技术壁垒高。由于不同行业的生产流程与工艺差异明显，企业的核心痛点不同，因此工业软件的通用性较低，面向不同行业，工业软件之间通常存在较大差异，存在明显的技术壁垒。工业软件是工业技术与信息技术融合的产物，要求贴近应用的行业。它的开发过程涉及两方面：开发过程的特殊性与人才培养的特殊性。它要求开发者不仅精通软件开发，还要熟悉相关行业，需要依靠行业专家与软件开发人员的紧密配合，单独依靠软件开发人员是无法完成的。另外，与 IT 通用软件相比，工业软件有很强的继承性，需要行业经验的长期积累，且专业性强、应用面窄，优秀的工业软件需要专业研发团队多年的工作积累，从而做到继承、深化和完善。

（2）缺少复合型人才。工业软件开发的工作量巨大，且需要不断地积累、完善，对软件开发人员的 IT 技能水平与工业专业水平要求都很高，而我国目前的人才只能满足企业使用国外工业软件的需求，很多类型的工业软件都缺少开发人才。造成这种现象有多种原因。例如，软件业与制造业发展不平衡；工业软件对编程人员的技术要求比普通软件要高，提供的工资却不如普通 IT 行业，技术精英很可能会转到 IT 行业，人才离开了生产，自然也就没人从事工业软件的开发；高校缺乏合理的工业软件人才培养体系。目前，我国院校中开设工业软件专业的几乎没有，虽然部分大学已经在进行工业软件人才培养的探索，且小有成效，但是仅强调工业化对软件人才培养的新要求，却没有建立起科学的人才培养方案，对促进国内工业软件的发展意义不大。

本书的目标就是讲解面向智能制造行业的工业软件的设计开发，内容由浅入深、从简到繁，重在实用性、强调智能制造工程中的软件开发实战，为智能制造行业培养复合型人才，从而为智能制造赋能。

工业软件从物理形态上讲可以分为嵌入式软件和非嵌入式软件。

1.3.2　嵌入式软件和非嵌入式软件

嵌入式软件是嵌入在运动控制器、通信、传感装置中的采集、控制、通信等软件，非嵌入式软件是装在通用计算机或工业控制计算机中的设计、编程、工艺、监控、管理等软件。

嵌入式软件是嵌入在硬件中的操作系统和开发工具软件，在产业中的关系体现为：芯片设计制造→嵌入式系统软件→嵌入式电子设备开发和制造。其中，嵌入式系统是指用于执行独立功能的专用计算机系统，由包括微处理器、定时器、微控制器、存储器、传感器等一系列微电子芯片与器件，以及嵌入在存储器中的微型操作系统和控制应用软件组成，共同完成诸如实时控制、监视、管理、移动计算、数据处理等各种自动化处理任务。嵌入式系统以应用为中心，以微电子技术、控制技术、计算机技术和通信技术为基础，强调软件和硬件的协同性与整合性，软件与硬件可剪裁（定制），以满足系统对功能及体积和功耗等的要求，很多复杂的嵌入式系统又是由若干小型嵌入式系统组成的。

嵌入式软件最大的特点是实时性和稳定性高。因为嵌入式软件是嵌入在硬件中的，其响应是硬件级别的，所以实时性高；因为其编程采用硬件支持的特定指令，功能单一，所以稳定性高，这些都是嵌入式软件的优点。嵌入式软件的缺点是人机界面简单、图形化功能弱、功能单一，这些都限制了它在智能制造高级阶段的使用和发展。

非嵌入式软件和嵌入式软件正好相反，它是可以跨平台甚至跨系统使用的软件系统。非嵌入式软件可以采用高级编程语言进行编程，如 C#、Visual C++、Delphi、Python、Visual Basic 等。这些编程平台可以支持跨平台运行，既可以运行在 Windows 系统下，又可以运行在 Linux 系统下，功能强大、编程方便快捷、通用性和移植性好。除基本功能外，非嵌入式软件还具有良好的人机界面、图形化界面、数据处理功能强大、数据管理方便快捷等优势，但由于其和底层控制器之间的通信依赖硬件通信，需要消耗一定的时间，因此实时性远不如嵌入式软件，同时计算机存在死机的可能性，稳定性也逊于嵌入式软件。

通常，嵌入式软件称为下位机软件，非嵌入式软件称为上位机软件。本书基于 C#的上位机软件开发，讲解如何综合利用上位机和下位机的优点开发出实时性高、稳定性高、功能强大的智能制造系统。下面首先介绍上位机和下位机的概念。

1.3.3　上位机和下位机

上位机指可以直接发送操作指令的计算机或单片机，一般为用户提供操作交互界面，并向用户展示反馈数据，典型设备类型有计算机、手机、平板、面板、触摸屏等。

下位机指直接与设备相连接的计算机或单片机，一般用于接收和反馈上位机的指令，并且根据指令控制机器执行动作及从机器传感器中读取数据，典型设备类型有 PLC、STM32、51 单片机、FPGA、ARM 等各类可编程芯片。

用于完成上位机操作交互的软件称为上位机软件。

上位机给下位机发送控制指令，下位机接收此指令并执行相应的动作；上位机给下位机发送状态获取指令，下位机接收此指令，首先调用传感器进行检测，然后转化为数字信息反馈给上位机。

下位机主动发送状态信息或报警信息给上位机。

上位机和下位机之间通过串口、网口、蓝牙、无线等接口进行通信。上位机和下位机的关系如图 1.19 所示。

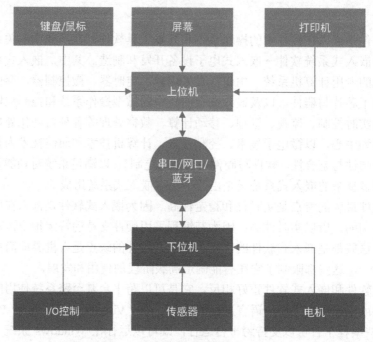

图 1.19　上位机和下位机的关系

　　为了实现图 1.19 中的过程，上位机和下位机都需要单独编程，并且需要专门的开发人员在各自的平台上编写代码。

1.4　C#语言与.NET Framework 平台

　　智能制造系统的功能要依赖软件开发来实现，本节介绍智能制造系统中常用的 C#语言及其依托的.NET Framework 平台。

1.4.1　上位机开发平台

　　上位机开发平台可以是任何操作系统、任何开发平台、任何编程语言，操作系统可以是 Windows，也可以是 Linux，本书面向的是 Windows 平台，因此本书讨论的开发平台也是基于 Windows 系统的。Windows 系统下的编程语言有很多，常用的有 C#、Visual C（VC）++、Delphi、Visual Basic（VB）、Python、MATLAB 等。这些编程语言各有其优/缺点，在易用性、编译效率、执行效率等方面各有千秋。

　　如果上位机和下位机进行通信，那么往往需要硬件厂家提供专用的动态库，而动态库是需要专用编程语言支持的。也就是说，硬件厂家并不能支持全部的编程语言，此时，程序员必须选择硬件厂家支持的动态库。由于微软的操作系统和编程语言在国内占有统治地位，所以几乎所有的硬件厂家都会提供对 Windows 系统和 VC、VB、C#的支持。

　　本书选用 C#作为编程语言，讲解 C#编程的基础知识、进阶知识、编程思想、编程技巧和开发实战。编程语言之间具有相当高的相似度，编程思想和编程技巧也可以互相借鉴，因此，学习好 C#在智能制造中的开发思想、应用方法和技巧，在使用其他语言编程时，可以直接借鉴使用。

1.4.2　C#介绍

C#是在 C 和 C++的基础上开发出来的一种简单的、面向对象的和类型安全的编程语言，运行于.NET Framework 平台之上且能够与.NET Framework 完美结合。C#在继承 C 和 C++的强大功能的同时，去掉了一些复杂特性，使其更加简单、易用且功能强大。

C#最初有一个酷炫的名字"COOL"，它在 1998 年 12 月被开发出来，直到 2000 年 2 月才被正式更名为 C#，主要由 Anders Hejlsberg（被称为 C#之父）主持开发。Anders Hejlsberg 还是 Pascal 的编写者，Pascal 后来升级为 Delphi，也是一个在全世界被广泛使用的编程语言，因此，他也被称为 Delphi 之父。

C#的特点如下。

（1）完全面向对象。

（2）支持分布式。之所以开发 C#，是因为微软相信分布式应用程序是未来的发展趋势，即处理过程分布在客户机和服务器上，所以 C#被开发出来后能很好地解决分布式问题。

（3）与 Java 类似，C#代码经过编译后成为一种 IL（中间语言）。在运行时，需要把 IL 编译为平台专用的代码。

（4）健壮。C#在检查程序错误和编译与运行时不逊于 Java，C#也采用了自动管理内存机制。

（5）C#不像 Java 那样完全摒弃指针和手动内存管理。C#在默认情况下是不能使用指针的，程序员在必要时可以打开指针来使用，这样可以保证编程的灵活性。

（6）安全性。C#的安全性是由.NET Framework 平台来提供的，上面提到，C#代码编译后成为 IL 语言，它是一种受控代码，.NET Framework 提供类型安全检查等机制，保证代码是安全的。

（7）可移植性。由于 C#使用类似 Java 的 IL 机制，使得 C#与 Java 类似，可以很方便地被移植到其他系统中，在运行时，只需把中间代码编译为适合特定机器的代码即可。

（8）解释性。C#也是一种特殊的解释性语言。

（9）高性能。C#把代码编译成 IL 后，可以高效地执行程序。

（10）多线程。与 Java 类似，C#可以由一个主进程分出执行小任务的多线程，这在自动化系统中是非常实用的。

（11）组件模式。C#很适合组件开发，各个组件可以先由其他语言实现，然后集成在.NET Framework 中。

1.4.3　.NET Framework 介绍

.NET Framework（.NET 框架）是什么？很多 Windows 应用开发的初学者对这个问题可能会感到一头雾水。其实顾名思义，Framework 这个词就已经说明了它的核心含义，它就是一套框架，是微软提供的一套支持 VC++、VB、C、C#等多种语言的开发框架。

.NET Framework 是由微软开发的一个致力于敏捷软件开发（Agile Software Development）、快速应用开发（Rapid Application Development）、平台无关性和网络透明化的软件开发平台。.NET Framework 是微软为下一个十年对服务器和桌面型软件工程迈出的第一步，包含许多有助于互联网和内部网应用迅捷开发的技术。

.NET Framework 是一个多语言组件开发和执行环境，提供了一个跨语言的统一编程环境。.NET Framework 便于开发人员更容易地建立 Web 应用程序和 Web 服务，使得 Internet 上的各应用程序之间可以使用 Web 服务进行沟通。

图 1.20 所示为.NET Framework 的体系结构。从层次结构上来看，.NET Framework 包括 3 个主要组成部分：公共语言运行库（Common Language Runtime，CLR）、.NET Framework 类库（Framework Class Libraries，FCL）、公共语言规范（Common Language Specification，CLS）。

图 1.20　.NET Framework 的体系结构

CLR 是一个运行时环境，管理代码的执行并使开发过程变得简单。CLR 是一种受控的执行环境，其功能通过编译器与其他工具共同展现。

CLR 是.NET Framework 的基础。用户可以将 CLR 看作一类在执行时管理代码的代码，提供内存管理、线程管理和远程处理等核心服务，还强制实施严格类型安全及提高安全性和可靠性的管理，与 Java 虚拟机类似。以 CLR 为目标的代码称为托管代码，不以 CLR 为目标的代码称为非托管代码。

CLR 之上是 FCL，它提供了一套开发人员希望在标准语言库中存在的基础类库，包括集合、输入/输出、字符串及数据类等，以及 Windows Forms（Windows 窗体）、ASP.NET、WPF（Windows 的界面程序的框架）、WCF（Windows 平台上的工作流程序）等程序所用到的类库文件。

CLS 定义了一组规则，即可以通过不同的编程语言（C#、VB、J#等）创建 Windows 应用程序、ASP.NET 及在.NET Framework 中所有被支持的程序。

随着.NET 技术的不断发展，.NET Framework 的发展也经历了几个阶段，从早期的 1.0、1.1，发展到 2.0、3.0、3.5、4.0、4.5、4.6、4.7，功能越来越强大。

Microsoft Visual Studio（简称 VS）是微软.NET Framework 的集成开发环境（IDE），其功能强大，整合了多种开发语言（包括 VB、VC++、VC#、VF#），集代码编辑、调试、测试、打包、部署等功能于一体，大大提高了开发效率。本书使用的 IDE 是 Visual Studio 2019。

对初学者来说，并不能明显体会到.NET Framework 功能的改进与增强；但对 C#开发人员来说，在开发环境下解决问题变得越来越容易，运行的性能越来越高，部分原来只有通过编写大量代码才能解决的问题，以及原来编程都很难解决的问题变得容易解决。

1.5　本书主要内容和章节安排

本书主要分为 3 部分：基础篇、进阶篇、实战篇。

第 1 部分包括第 1~4 章。

第 1 章——智能制造导论，包括智能制造简介、智能制造的硬件、智能制造的软件、C#语言与.NET Framework 平台。

第 2 章——C#应用程序开发基础，包括 Visual Studio 开发环境，生成、运行与调试，C#基本语法、C#代码编写规范。

第 3 章——C#语言基础，包括数据类型、数据类型之间的转换、常量与变量、运算符与表达式、C#语言的结构、数组、类、方法、属性、接口。

第 4 章——C#面向对象的编程技术，主要讲述面向对象的编程技术及其实现，主要包括面向过程的编程思想、面向对象的编程思想、面向对象程序设计 3 原则、类的封装与继承的实现、类的抽象与多态的实现。

第 2 部分包括第 5~7 章。

第 5 章——C#高级特性。这些高级特性包括集合、泛型、委托与事件、多线程技术、反射技术。

第 6 章——C#图形图像编程，主要讲解 GDI+绘图基础、常用绘图对象、基本绘图元素的绘制功能、图像处理等与图形图像功能相关的概念及其实现。

第 7 章——C#设计模式，主要讲解如何利用设计模式编制出好的代码，主要包括设计模式的七大原则、单例模式的实现、工厂方法模式的实现、简单工厂模式的实现、抽象工厂模式的实现、策略模式的实现、观察者模式的实现。

第 3 部分包括第 8~11 章。

第 8 章——运动控制器的 C#应用开发，主要讲解运动控制器系统的组成和分类、运动控制系统的应用、运动控制器下位机和上位机混合编程的思想与实现等。

第 9 章——C#在自动化领域的应用开发，主要讲解自动化领域上位机软件功能分解、底层控制模块的开发和代码实现、流程控制模块的开发和代码实现，并使用 G1324 型数控车床讲解如何实现这些功能模块。

智能制造的 C#实战教程

第 10 章——C#在物联网领域的应用开发，主要讲解物联网的基本概念、串口通信和串口通信网络的概念、Modbus 通信协议、用 C#实现串口通信，并使用面向蝶阀装配的半自动检测及其质量追溯系统讲解如何实现物联网的系统开发。

第 11 章——C#在机器视觉领域的应用开发，主要讲解机器视觉的一些基本概念、EmguCV 程序的开发，以及如何使用 C#和 EmguCV 实现机器视觉领域的开发并给出两个具体实现案例：尺寸测量和二维码识别。

第 2 章   C#应用程序开发基础

为了开发面向智能制造的 C#应用程序，首先要了解如何开发 C#应用程序。本章介绍 C# 的相关基础知识，包括 C#开发环境 Visual Studio，Console 控制台应用程序的开发，类库的开发与应用，Windows 窗体应用程序的开发，常用的 Windows 标准控件，C#应用程序的生成、运行与调试，C#基本语法，C#代码编写规范等。下面首先介绍 Visual Studio 开发环境。

2.1   Visual Studio 开发环境

本书着力于讲解如何开发面向智能制造的上位机软件，对软件的界面和操作与 Windows 操作习惯类似，本书仅做简单介绍。Visual Studio 2019（VS2019）开发环境如图 2.1 所示。

扫一扫

微课：认识 VS2019

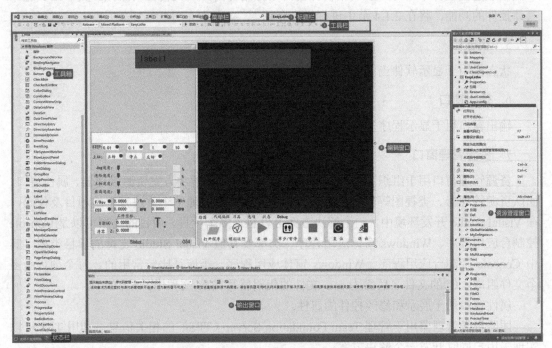

图 2.1   Visual Studio 2019 开发环境

Visual Studio 2019 开发环境整个界面主要包括以下 8 部分。

1. 标题栏

标题栏位于 Visual Studio 2019 开发环境的顶部，显示的是应用程序的名字及当前的调试状态。

2．菜单栏

菜单栏位于标题栏的下面。菜单栏是 Visual Studio 2019 开发环境的重要组成部分，用户要完成的主要功能都可以通过菜单栏或与菜单栏对应的工具栏按钮及快捷键来实现。在不同的状态下，菜单栏中菜单项的个数是不一样的。主要的菜单项有"文件""编辑""视图""项目""生成""调试""工具""窗口"等。

3．工具栏

Visual Studio 2019 开发环境提供了多种工具栏，并可根据需要定制用户自己的工具栏。在默认情况下，Visual Studio 2019 开发环境中只显示标准工具栏和布局工具栏，其他工具栏可以通过执行"视图"→"工具栏"命令打开（或关闭）。每种工具栏都有固定和浮动两种形式，拖动即可实现固定和浮动的切换。

4．工具箱

工具箱（ToolBox）提供了一组控件，用户在设计 Windows 窗体界面时，可以选择所需的控件放入窗体中。工具箱位于屏幕的左侧，默认情况下是自动隐藏的，当鼠标指针接近工具箱敏感区域并单击时，工具箱会弹出，鼠标指针离开后又会自动隐藏。关于工具箱中具体控件的功能，将在 2.1.4 节中进行详细介绍。

5．状态栏

状态栏用于显示软件当前的运行状态。

6．输出窗口

输出窗口用于显示程序调试或程序运行的相关信息。

7．资源管理窗口

资源管理窗口用于组织和管理解决方案与代码，包括解决方案资源管理器、属性窗口、团队资源管理器、类视图等。解决方案资源管理器用于管理整个解决方案的项目及代码，在 Visual Studio 开发环境中，一个解决方案可以包含多个项目，项目的类型可以是 Console 控制台应用程序、Windows 窗体应用程序、类库及其他 Visual Studio 支持的项目类型，其中 Console 控制台应用程序、Windows 窗体应用程序、类库是比较常用的。每个项目由多个文件组成，C#的文件名后缀为.cs，文件的代码就写在.cs 文件中。

属性窗口用于展示和修改控件的属性。

团队资源管理器用于管理 Team Foundation Server（TFS）的相关信息，利用 TFS 可以实现多用户同时开发一个解决方案。

类视图用于展现各个类的组织结构，包括基类和派生类。

8．编辑窗口

编辑窗口用于编辑窗体或代码。

为了便于键盘方案的统一，需要对键盘方案进行设置，本书统一采用"Visual C# 2005"

键盘映射方案，具体操作如下。

在"工具"菜单栏中选择"选项"子菜单，弹出"选项"对话框，对话框的左侧部分是选项设置列表，选择"环境"选项下的"键盘"选项，此时右侧将显示与键盘相关的选项，在"应用以下其他键盘映射方案"下拉列表中选择"Visual C# 2005"选项并单击"确定"按钮，Visual Studio 将采用 Visual C# 2005 的键盘方案，系统快捷键将发生相应的变化。

2.1.1　Console 控制台应用程序

Console 控制台应用程序在智能制造应用开发中并不常见，不过在学习 C#的过程中，因其结构简单（可以只有一个文件）、叙述简洁（便于把重点放在功能本身上），是学习 C#基本功能的最佳平台，在后面的章节中，为了方便讲解，多数例程都会采用 Console 控制台应用程序。这里引出 C#的第一个例程，讲解如何开发 Console 控制台应用程序，并分步演示如何创建这个简单的 Console 控制台应用程序。

微课：创建工程项目

1．新建项目

打开 Visual Studio 2019，有 3 种方式可以实现新建 Console 控制台应用程序功能。

（1）选择"文件"→"新建"→"项目"命令。

（2）在 Visual Studio 2019 起始页中单击"创建新项目"按钮，如图 2.2 所示。

（3）使用快捷键 Ctrl+Shift+N。

图 2.2　新建 Visual Studio 2019 项目

此时系统将弹出"创建新项目"对话框，选择"控制台应用(.NET Framework)"项目类型。单击"下一步"按钮，即可进入"配置新项目"对话框，如图 2.3 所示。

在弹出的对话框中，依次按照如图 2.3 所示的顺序操作即可生成名称为 Chapter2_1 的 Console 控制台应用程序。

①修改项目名称。

②修改存放位置。

③显示存放位置。

④修改解决方案名称。

⑤修改项目使用的.NET Framework 版本。

⑥单击"创建"按钮。

图 2.3　"配置新项目"对话框

生成的项目中只有一个 Program.cs 文件，找到这个文件中的 Main 函数，开始在其"{"和"}"之间编写代码。

2. 编写代码

初始化项目后，在主窗口显示的文件中添加如下代码行：

```csharp
using System;
using System.Collections.Generic;
using System.Linq;
using System.Text;
using System.Threading.Tasks;
namespace Chapter2_1
{
    class Program
    {
      //第一个简单的Console控制台应用程序
        static void Main(string[] args)
        {
            Console.WriteLine("你好，智能制造！");
            Console.ReadKey();
        }
```

```
        }
    }
```

3．调试

有 3 种方式可以启动调试功能：①选择"调试"→"启动调试"命令；②使用快捷键 F5；③单击工具栏上的"启动"图标。

4．运行结果

第一个程序的运行结果如图 2.4 所示。

图 2.4　第一个程序的运行结果

按键盘上任意一个按键后，图 2.4 所示的控制台将消失，程序运行结束。

为了方便书写，之后在讲解 C#功能调用 Console 控制台应用程序时，其结果显示不再以图片形式展现，代之以文字，并用字符底纹加以强调，具体样式如下：

你好，智能制造！

5．程序说明

（1）每个 C#应用程序必须有一个类带有 Main()方法（Main 函数）。在这个示例中，它被声明在 Program 类中。

（2）每个 C#应用程序的可执行起始点都为 Main 函数中的第一条指令。

（3）Main 必须首字符大写。

（4）namespace 表示命名空间，class 表示类，using 表示使用命名空间，static 表示静态调用。这几个都是.NET Framework 的关键字，还有许多其他的关键字，关键字在 C#中具有特殊含义，用户自己的标识符不能与这些关键字相同。

（5）程序中"using System;""using System.Collections.Generic;""using System.Linq;""using System.Text;""using System.Threading.Tasks;"的命名空间都是.NET Framework 平台自带的命名空间，提供了一些 Windows 系统的基本功能。例如，这个程序中用到的 Console.WriteLine 函数和 Console.ReadKey 函数都包含在 System 命名空间中。using System.Collections.Generic 用于集合，using System.Linq 用于查询。

（6）每个语句的最后都以"；"结尾。

（7）对于"//第一个简单的 Console 控制台应用程序"，//表示注释，用于代码注释，以提高程序的可读性。

2.1.2 类库的开发与应用

动态链接库（Dynamic Link Library，DLL）是一种包含多个应用程序同时使用的代码和数据的库。DLL 不是可执行文件，但它提供了一种方法，使进程可以调用不属于其可执行代码的函数，且多个应用程序可同时访问内存中单个 DLL 的副本。如果把整个数百 MB 甚至数 GB 的程序代码都放在一个项目里，那么日后的修改工作会十分费时；而如果把不同功能的代码分别放在数个 DLL 里，那么由于 DLL 可以很容易地将更新应用于各个模块而不会影响该程序的其他部分，因此无须重新生成或安装整个项目就可以更新应用，使得系统升级变得非常容易。

比较大的应用程序都是由很多模块组成的，这些模块分别完成相对独立的功能，并彼此协作完成整个软件系统的工作。当某些模块的功能较为通用时，在构造其他软件系统时仍会被使用。如果将所有模块的源代码都静态编译到整个应用程序的 EXE 文件或项目中，则会产生如下问题：①增加应用程序的大小，运行时会消耗较大的内存，造成系统资源的浪费；②每次修改后都必须调整、编译所有源代码，增加了编译过程的复杂性，不利于阶段性的单元测试。

为此，Windows 系统平台提供了一种完全不同的、有效的编程和运行环境，可以将独立的程序模块创建为较小的 DLL 文件，并可对其进行单独的编译和测试。在运行时，只有在 EXE 文件或项目确实需要调用某个 DLL 模块的情况下，系统才会将它装载到内存中。事实上，Windows 系统本身的很多功能都是以 DLL 模块的形式实现的。

C#中提供了开发 DLL 文件的方法。创建类库的过程与创建 Console 控制台应用程序的过程比较类似，这里给出第二个例程，并分步演示如何创建一个简单的类库。

1. 新建项目

此处的创建过程和新建 Console 控制台应用程序的 3 种方式完全一致，在此不再赘述。

在"创建新项目"对话框中选择"类库(.NET Framework)"项目类型，单击"下一步"按钮，即可进入"配置新项目"对话框，如图 2.5 所示。

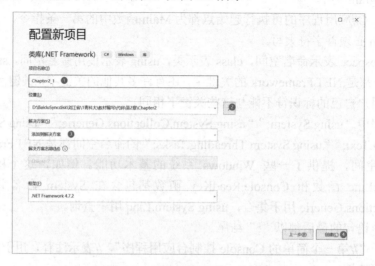

图 2.5 "配置新项目"对话框

在弹出的对话框中，依次按照如图 2.5 所示的顺序操作即可生成名称为 Chapter2_2 的类库项目，并将其添加到已经存在的解决方案 Chapter2 中。

①修改项目名称。

②修改存放位置。

③选择"添加到解决方案"选项。

单击"创建"按钮即可生成 Chapter2_2 类库项目。在这个项目中，已经自动生成了一个 Class1.cs 文件，这个文件名不能体现功能，可以修改这个类的名称。例如，编写一个数学类，用于生成斐波那契数列，此时可以将文件名称修改为 Math.cs，具体操作步骤如下。

（1）在"解决方案资源管理器"→"Chapter2_2"项目中找到"Class1.cs"文件。

（2）单击以选取这个文件，按快捷键 F2 或在这个文件上单击鼠标右键，在弹出的快捷菜单中执行"重命名"命令，修改 Class1 的名称为"MathFuncs"，按 Enter 键，弹出如图 2.6 所示的文件重命名提示框。

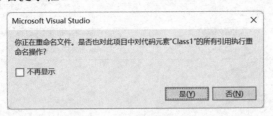

图 2.6　文件重命名提示框

单击"是"按钮，完成重命名，并将原来 Class1 的所有类自动替换为 MathFuncs 类，同时在文件中创建了 MathFuncs 类。此时，就可以在 MathFuncs 类中编写代码了。

2．编写代码

在 MathFuncs 类中创建一个静态类，用于计算第 number 个斐波那契数。代码如下：

```
namespace Chapter2_2
{
    public class MathFuncs
    {
        // 计算斐波那契数列
        public static ulong Fibonacci(int number)
        {
            ulong a = 1, b = 1;
            if (number == 1 || number == 2)
            {
                return 1;
            }
            else
            {
                for (int i = 3; i <= number; i++)
                {
                    ulong c = a + b;
                    b = a;
```

```
                    a = c;
                }
                return a;
            }
        }
    }
}
```

3. 调用 DLL

按照 2.1.2 节中的方法新建一个 Console 控制台应用程序，名称为 Chapter2_3，将其加入已有的解决方案 Chapter2 中。在解决方案资源管理器中找到 Chapter2_3 项目，选择"引用"→"添加引用"选项，弹出相应的"引用管理器"对话框，如图 2.7 所示。

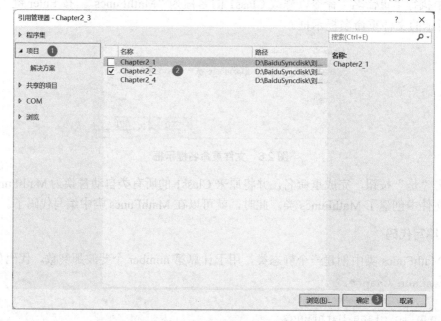

图 2.7   "引用管理器"对话框

按照如图 2.7 所示的顺序进行操作，选取 Chapter2_2 项目并确定后，就将 Chapter2_2.dll 文件引入工程中了。在项目中添加 using Chapter2_2 后就可以在新的项目中使用 MathFuncs 类了。具体代码如下：

```
using Chapter2_2;
using System;
using System.Collections.Generic;
using System.Linq;
using System.Text;
using System.Threading.Tasks;
namespace Chapter2_3
{
    class Program
    {
        static void Main(string[] args)
```

```
    {
        //输出 10 层斐波那契数列
        int number = 10;
        for (int i = 1; i <= number; i++)
        {
            ulong result = MathFuncs.Fibonacci(i);
            Console.WriteLine(result.ToString());
        }
        Console.ReadKey();
    }
  }
}
```

4．调试

Chapter2_3 项目的调试过程与 Console 控制台应用程序的调试过程一样，在此不再赘述。

5．运行结果

运行结果如下：

```
1
1
2
3
5
8
13
21
34
55
```

2.1.3　Windows 窗体应用程序

面向智能制造功能的 C#应用软件大多数是 Windows 窗体应用程序，因此本书的第 8～11 章的智能制造应用开发实例均采用 Windows 窗体应用程序。下面给出第三个例程，并分步演示如何创建一个简单的 Windows 窗体应用程序。

1．新建项目

此处的创建过程与创建 Console 控制台应用程序的 3 种方式完全一致，在此不再赘述。

在"创建新项目"对话框中选择"Windows 应用程序(.NET Framework)"项目类型，单击"下一步"按钮，即可进入"配置新项目"对话框，如图 2.8 所示。按照如图 2.8 所示的步骤操作即可生成名称为 Chapter2_4 的 Windows 应用程序，并将其添加到已经存在的解决方案 Chapter2 中。

①修改项目名称。
②修改存放位置。
③选择"添加到解决方案"选项。

智能制造的 C#实战教程

④修改项目使用的.NET Framework 版本。

⑤单击"创建"按钮。

生成的代码中除有 Program.cs 文件外，还增加了一个 Form1 窗体。程序运行所需的 Main 函数还是位于 Program.cs 文件中，并通过"Application.Run(new Form1());"语句指向 Form1 窗体，我们只需关注 Form1 窗体文件就可以了。将 Form1 窗体的 Text 属性修改为 "第一个 Windows 窗体应用程序"，如图 2.9 所示。

图 2.8　"配置新项目"对话框

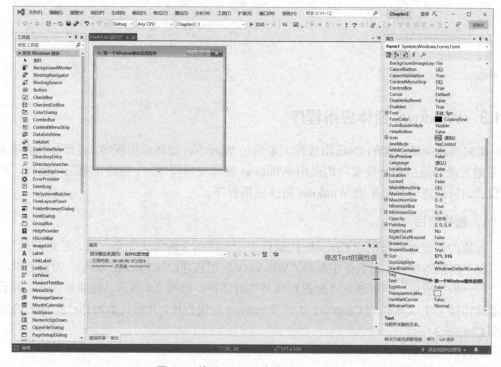

图 2.9　修改 Form1 窗体的 Text 属性

2．放置控件

在工具箱控件中找到 Button 控件，将其拖曳到 Form1 窗体中，调整其位置和大小，并修改字体为"宋体，12pt"，将 Text 属性修改为"点击我"，如图 2.10 所示。

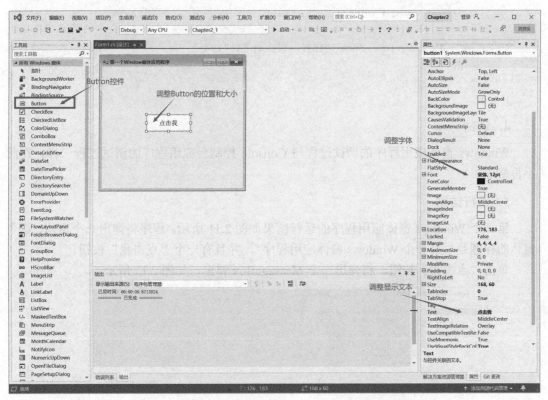

图 2.10　在 Form1 窗体中插入"点击我"Button 控件

3．编写代码

双击"点击我"Button 控件，即可在 Form1 代码窗口中插入一个 button1_Click 事件，在这个事件中，插入需要执行的代码即可完成编码。具体的代码如下：

```csharp
using System;
using System.Collections.Generic;
using System.ComponentModel;
using System.Data;
using System.Drawing;
using System.Linq;
using System.Text;
using System.Threading.Tasks;
using System.Windows.Forms;
namespace Chapter2_3
{
    public partial class Form1 : Form
    {
        public Form1()
```

```
        {
            InitializeComponent();
        }
    //button1_Click 事件用于触发 button1 的单击事件
    private void button1_Click(object sender, EventArgs e)
        {
            MessageBox.Show("你好，智能制造！");
        }
    }
}
```

4．调试

Windows 窗体应用程序的调试过程与 Console 控制台应用程序的调试过程一样，在此不再赘述。

5．运行结果

第一个 Windows 窗体应用程序的运行结果如图 2.11 所示。程序将弹出一个窗体，这个窗体的标题是"第一个 Windows 窗体应用程序"，并且有一个"点击我"按钮。

单击"点击我"按钮，将弹出一个 MessageBox 弹窗，如图 2.12 所示。

图 2.11　第一个 Windows 窗体应用程序的运行结果　　　图 2.12　MessageBox 弹窗

6．代码说明

（1）这个例程中的文件多了好几个.cs 文件，用于支撑 Windows 窗体应用程序的架构。其中，Form1.Designer.cs 文件中是与窗体设计相关的代码，是系统自动生成的；Form1.resx 文件是窗体使用的资源类文件；Form1.cs 文件是用户编码文件。

（2）在 Windows 窗体应用程序中，程序引用的系统命名空间多了好几个，使得 Windows 窗体应用程序支持的功能比 Console 控制台应用程序强大了许多。例如，System.Windows.Forms 用于支持 Windows 窗体和 Windows 控件，System.Drawing 用于图形图像操作，System.Threading.Tasks 用于多线程操作。

（3）InitializeComponent 函数是 Form1 窗体的初始化函数，其初始化过程位于 Form1.Designer.cs 文件中。

（4）button1_Click 事件函数用于响应 Button 控件的单击事件。

（5）MessageBox 函数是 Windows 窗体的弹窗功能。

2.1.4　常用的 Windows 标准控件

在 Windows 窗体应用程序中设计窗体时，Visual Studio 2019 提供了许多常用的标准控件供用户使用，这些控件已经能基本满足用户的基本设计需求，如果用户需要设计更加漂亮的界面或实现特殊功能，那么有两种途径可以实现：①采用第三方控件，有许多第三方企业为.NET Framework 平台开发了免费或收费的第三方控件，其外观新颖独特、功能强大，用户可以根据自己的需求自主选择，比较常用的有 DevExpress、DotnetBar、TeeChart、ZedGraph 等，这些第三方控件会为.NET Framework 平台提供 DLL，用户只需在程序中添加相应的第三方控件即可；②自定义控件，用户可以使用 Visual Studio 创建自己的控件，定义自己的界面风格、功能等，用户在使用时可以直接调用，就像调用标准控件一样。

图 2.13 所示为管状输送带成管性测试系统界面设计。

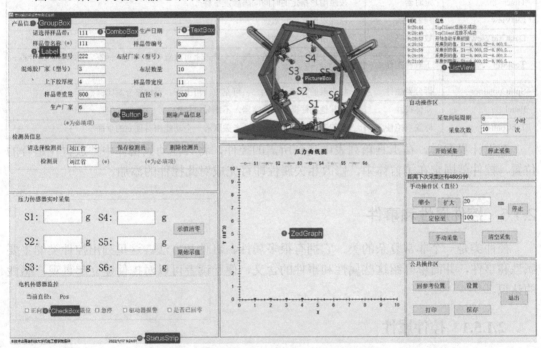

图 2.13　管状输送带成管性测试系统界面设计

这个界面采用了 1 种第三方控件和 9 种标准控件。这个第三方控件是 ZedGraph，用于显示曲线图；9 种标准控件分别是 GroupBox、Label、ComboBox、TextBox、Button、CheckBox、PictureBox、ListView、StatusStrip，都是界面设计中常用的控件。Control（控件）类是 Windows 窗体大部分控件的基础类，为了使用这些控件，需要引入 System.Windows.Forms 命名空间。

其实 Visual Studio 所提供的标准控件还有很多，下面介绍 Windows 系统中常用的标准控件，这些控件的形状和意义与 Windows 窗体中的控件是一致的，这里只给出基本的概念。常用 Windows 窗体控件如表 2.1 所示。

表 2.1　常用 Windows 窗体控件

名　称	含　义	功　能
Label	标签	用于显示用户不能编辑的文本或图像
Button	按钮	当用户单击按钮时，系统将调用 Click 事件处理程序
TextBox	文本框	用于获取用户输入的文本或向用户显示文本
RadioButton	单选按钮	在同一组中，在两种或多种选项中选择其中一个选项
CheckBox	复选框	在同一组中，用户可以在两种或多种选项中选择任意数目的复选框
PictureBox	图片框	用于显示位图、GIF、JPEG、图元文件或图标格式的图片
GroupBox	分组框	为其他控件提供组合容器，可以显示标题
ListBox	列表框	显示列表项，用户可从中选择一项或多项
ComboBox	组合框	在下拉组合框中显示数据，用户可选择一项或多项
StatusStrip	状态栏	应用程序在该区域显示各种状态信息
ProgressBar	进度条	用来显示进度，可设置最大值和最小值，修改 Value 值改变进度
Timer	定时器	按照用户指定的时间间隔触发事件
ListView	列表视图	以列表形式显示数据
DataGridView	数据表格	以表格格式显示数据
ToolStip	工具栏控件	可以生成一个工具条，每个工具条上可放置多个按钮、标签、文本框、组合框、进度条等
SplitContainer	拆分器控件	将当前的容器一分为二，可左右，可上下，可调整分割比例
Panel	窗体控件	为其他控件提供组合容器，不能显示标题
TabControl	标签页控件	有若干选项卡，每个选项卡关联着一个功能相对独立的页面

在设计界面时，在工具箱列表中找到所需的控件，将其拖动到窗体中并放置在适合的位置，控件就固定在了窗体中，修改相关属性即可完成对此控件的添加。

2.1.5　控件属性和事件

控件类是一个非常复杂的类，它拥有很多属性、事件和方法。这里列出控件类的主要属性和事件，并简单介绍这些属性和事件的含义，便于读者可以对控件建立起直观、感性的认识。

2.1.5.1　控件属性

因为大多数控件都派生于 System.Windows.Forms.Control 类，所以它们都有一些共同的属性，如名称、长度、宽度、背景色、文本、字体、位置、可见性等。Control 类的常见属性及其含义如表 2.2 所示。

表 2.2　Control 类的常见属性及其含义

属　性	含　义
Anchor	设置控件的哪个边缘锚定到其容器边缘
Dock	设置控件停靠到父容器的哪个边缘
BackColor	获取或设置控件的背景色
Cursor	获取或设置当鼠标指针位于控件上时显示的光标
Enabled	设置控件是否对外界交互做出响应

续表

属　　性	含　　义
Font	设置或获取控件显示文字的字体
ForeColor	获取或设置控件的前景色
Height	获取或设置控件的高度
Left	获取或设置控件的左边界到父容器左边界的距离
Name	获取或设置控件的名称
Parent	获取或设置控件的父容器
Right	获取或设置控件的右边界到父容器左边界的距离
TabIndex	获取或设置控件容器上控件的 Tab 键的顺序
TabStop	设置用户能否使用 Tab 键将焦点放到该控件上
Tag	获取或设置包括有关控件的数据对象
Text	获取或设置与此控件关联的文本
Top	获取或设置控件的顶部到其父容器的顶部的距离
Visible	设置是否在运行时显示该控件
Width	获取或设置控件的宽度

控件的属性一般出现在 Visual Studio 开发环境右侧的属性窗口的属性列表中，与此控件相关的所有属性都显示在此窗口中，用户可以根据实际开发需求对控件类的属性进行更改，更改确认后，控件的此项属性即被更改，可直观展现在编辑窗口中，图 2.14 展示了某 CheckBox 控件的属性窗口及其相关属性。

从图 2.14 中可以看出，其实际属性要比表 2.2 中展示的要多得多。实际上，表 2.2 中所列的属性为控件基类，即 System.Windows.Forms.Control 的属性，而工具箱中的控件都继承自控件基类，因此所有的控件都包含表 2.2 中的所有属性，除此之外，还有各自独立的属性，如 CheckBox 控件的 Checked 属性用于设置是否被选中，TextBox 的 Readonly 属性用于设置是否只读等。

2.1.5.2　控件事件

控件对用户或应用程序的某些行为做出响应，这些行为称为事件。例如，在控件上单击事件、右击事件、双击事件、鼠标进入事件、鼠标离开事件、鼠标移动事件、调整尺寸大小事件等。表 2.3 列出了 Control 类的常见事件及其含义。

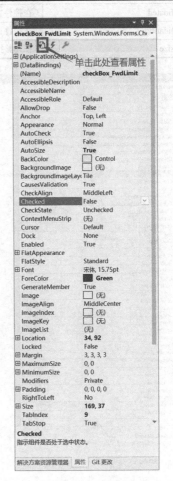

图 2.14　某 CheckBox 控件的属性窗口及其相关属性

智能制造的 C#实战教程

表 2.3　Control 类的常见事件及其含义

事　件	含　义
Click	单击控件时发生
DoubleClick	双击控件时发生
DragDrop	当一个对象被拖到控件上，用户释放鼠标时发生
DragEnter	当被拖动的对象进入控件的边界时发生
DragLeave	当被拖动的对象离开控件的边界时发生
DragOver	当被拖动的对象在控件的范围内时发生
KeyDown	在控件有焦点的情况下，按下任意一个按键时发生，在 KeyPress 前发生
KeyPress	在控件有焦点的情况下，按下任意一个按键时发生，在 KeyUp 前发生
KeyUp	在控件有焦点的情况下释放按键时发生
GetFocus	在控件接收焦点时发生
LostFocus	在控件失去焦点时发生
MouseDown	当鼠标指针位于控件上并按下鼠标按键时发生
MouseUp	当鼠标指针位于控件上并释放鼠标按键时发生
Paint	重绘控件时发生
Validated	在控件完成验证时发生
Validating	在控件正在验证时发生
Resize	在调整控件大小时发生

图 2.15　某 CheckBox 控件的属性窗口及
其相关事件

控件事件一般出现在 Visual Studio 开发环境右侧的属性窗口的事件列表中，与此控件相关的所有事件都显示在事件列表中，用户可以根据实际开发需求对控件的事件进行编程，用户只要选中此事件并双击，系统就会自动加载代码编辑窗口，并停留在新添加的事件函数中，用户可以根据需要添加相关的代码。当用户触发此事件时，用户编写的事件函数代码将被执行。图 2.15 展示了某 CheckBox 控件的属性窗口及其相关事件。

从图 2.15 中可以看出，其实际事件要比表 2.3 中展示的要多得多。实际上，表 2.3 中所列的事件为控件基类，即 System.Windows.Forms.Control 的事件，因此，所有的控件都包含表 2.3 中的所有事件，除此之外，还有各自独立的事件，如 CheckBox 控件的 CheckedChanged 事件用于设置其 Checked 属性发生变化时的操作,TextBox 的 TextChanged 事件用于设置其文本框中的内容发生变化时的操作。

2.1.6　窗体设计实例

现在试着设计如图 2.16 所示的窗体。

（1）开始的时候，窗体是空白的，在窗体中放置第一个 GroupBox，用户在工具箱中选取 GroupBox 控件，将其拖动到窗体中，默认名称为 groupBox1。groupBox1 有 8 个控点，用户可以拖动这 8 个控点来调整 groupBox1 的大小和位置，也可以在其属性窗口中修改其 Height、Width、Location 等属性，实现精确调整，这里在属性窗口中将其 Text 属性修改为"产品信息"。用户也可以修改其他相关属性。

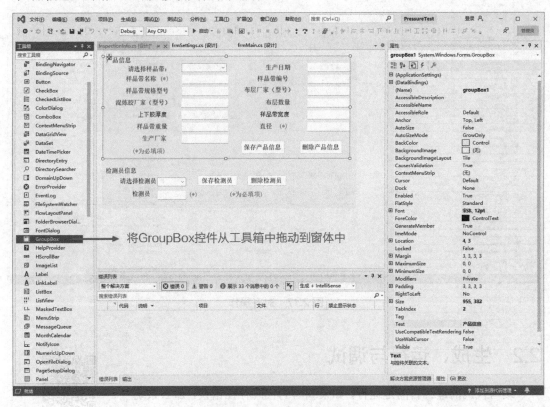

图 2.16　标准控件操作实例

（2）在工具箱中选中 Label 控件并将其拖动到 groupBox1 中，修改其 Text 属性为"请选择样品带："，同样，在 groupBox1 中增加 12 个 Label 控件，并将其拖动到相应的位置，修改其 Text 属性为"样品带名称(*)""样品带规格型号"等。修改完成后，如图 2.17 所示，按照设计要求，要对齐这些 Label 控件，首先框选这些 Label 控件，然后单击工具栏中的"右对齐"按钮，系统将自动将所选的 Label 控件右对齐。

（3）按照步骤（1）中的方法添加 ComboBox 和 TextBox 控件，并按照需求对齐控件。

（4）按照步骤（1）中的方法添加两个 Button 控件，并修改其 Text 属性为"保存产品信息"和"删除产品信息"。

（5）按照步骤（1）～（4），添加名称为检测员信息的 GroupBox 及其中的相关控件。

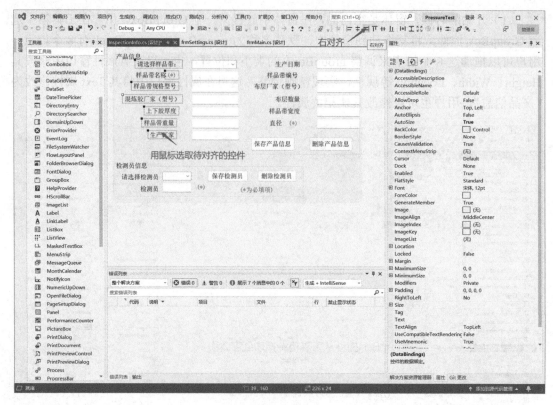

图 2.17　对齐操作

2.2　生成、运行与调试

扫一扫

微课：调试

编写代码的最终目的是运行，如果编写的代码存在错误，那么系统会报错，这时就需要查找出错误所在的位置并将其改正，这个过程就叫作调试。下面介绍如何在 Visual Studio 环境中生成、运行和调试程序。

2.2.1　生成和运行

窗体设计完成后，可以利用 Visual Studio 进行生成、运行和调试。生成就是把人们能看懂但机器看不懂的源代码翻译成人们看不懂但机器能看懂的二进制文件。.NET Framework 平台的程序编译及运行流程如图 2.18 所示。

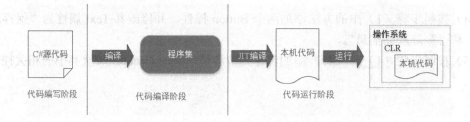

图 2.18　.NET Framework 平台的程序编译及运行流程

首先编写好源代码，Visual Studio 内置编译器，会将这些代码编译为微软中间语言（Microsoft Intermediate Language，MSIL）代码，代码在编译阶段并没有直接被编译成本机代码，因此在执行应用程序时，系统必须完成更多的工作，代码编译工作由 Just-In-Time（JIT）编译器执行。运行时，JIT 编译器会把 MSIL 即时编译为本机代码，只有这样，操作系统才能执行应用程序。同时 .NET Framework 代码运行时有一个 CLR 环境来管理应用程序。

在把代码编译为 MSIL，并用 JIT 编译器把它编译为本机代码后，CLR 的任务还没有完全完成。不在 CLR 控制之下运行的应用程序是非托管的，某些语言（如 C++）可以用于编写这类应用程序，如访问操作系统的低级功能等。用 .NET Framework 编写的代码在执行时是托管的，即 CLR 管理着应用程序，其方式是管理内存、处理安全性，以及允许跨语言调试等。

使用 C#主要编写在托管环境下运行的代码，它们使用 CLR 的托管功能，让 .NET Framework 与操作系统进行交互。当然，也可以编写在非托管环境下运行的代码，但需要特别标注。托管代码最重要的一个功能是垃圾回收（Garbage Collection），可确保当应用程序不再使用某些内存时，这些内存会被完全释放。

在 Visual Studio 2019 开发环境下，有如下两种方式对代码进行编译。

（1）选择"生成"→"生成解决方案"命令。

（2）使用快捷键 F6。

如果程序有错误，那么系统会在输出窗口中给出错误提示。例如，在 Chapter2_1 示例中，如果将 MessageBox.Show("你好，智能制造！");更改为 MessageBox.show("你好，智能制造！");，则系统会给出错误提示，如图 2.19 所示。

图 2.19　错误提示

用户按照系统提示修正错误后再次生成就可以了。编译完成后，就可以调试程序了，有以下 3 种方式可以实现程序的调试。

（1）选择"调试"→"启动调试"命令。

（2）单击工具栏上的"启动"按钮，如图 2.20 所示。

（3）使用快捷键 F5。

图 2.20　启动运行

2.2.2 调试

当程序运行出现异常或运行结果错误时，调试将是最快的查找 Bug 的途径。每个人不可能一下就能写出完美的程序，因此需要不断地对代码进行调试，即在代码运行时检查代码并验证其执行路径和数据是否正确。常用的程序调试操作包括设置断点、启动/中断/停止程序的执行、单步执行及使程序运行到指定的位置。下面对这几种常见的程序调试操作进行详细的介绍。

1．设置或取消断点

断点是调试器设置的一个代码位置。当程序运行到断点时，程序中断执行，回到调试器。在进入中断模式时，并不会终止或结束程序的执行，所有元素都保留在内存中。执行可以在任何时候继续。

```
class Program
{
    0 个引用
    static void Main(string[] args)
    {
        //输出15层斐波那契数列
        int number = 15;
        for (int i = 1; i <= number; i++)
        {
            ulong result = Fibonacci(i);
            Console.WriteLine(result.ToString())
        }
        Console.ReadKey();
    }
    // 计算斐波那契数列
    1 个引用
    private static ulong Fibonacci(int number)
    {
        ulong a = 1, b = 1;
        if (number == 1 || number == 2)
        {
            return 1;
        }
        else
        {
            for (int i = 3; i <= number; i++)
            {
                ulong c = a + b;
                b = a;
                a = c;
            }
            return a;
        }
    }
}
```

图 2.21　在代码旁边单击设置断点

设置或取消断点主要有以下 4 种方式。

（1）在要设置断点的代码行旁边的灰色空白区域单击将设置或取消断点，程序中可以设置一个或多个断点，如图 2.21 所示。

（2）右击要设置断点的代码行，在弹出的快捷菜单中选择"断点"→"插入断点"命令；对于已经设置了断点的代码行，在弹出的快捷菜单中选择"断点"→"删除断点"命令即可删除断点。

（3）单击要设置/取消断点的代码行，选择菜单栏中的"调试"→"切换断点"命令，可以实现设置或取消断点。

（4）单击要设置或取消断点的代码行，使用快捷键 F9 设置或取消断点。

2．启动调试

有以下 4 种方式可以对代码开始执行调试功能。

（1）选择"调试"→"开始调试"命令。在通过该方式调试代码时，应用程序会一直运行到断点处，此时断点处的代码以黄色底色（由于为黑白印刷，所以颜色显示不出）显示，如图 2.22 所示。

（2）在源代码窗口中右击可执行代码中的某行，在弹出的快捷菜单中选择"运行到光标处"命令。在通过该方式调试代码时，应用程序会运行到断点或光标位置，具体要看是断点在光标前还是光标在断点前。

（3）单击工具栏中的 ▶ 启动 ▾ 按钮，启动

图 2.22　选择"开始调试"命令后的运行结果

调试，应用程序会一直运行到断点处。

（4）使用快捷键 F5 启动调试，应用程序会一直运行到断点处。

当应用程序运行到断点处时，可以将光标移动到自己感兴趣的变量处，系统将显示变量值，以方便程序员检查程序运行结果是否正确，或者在输出窗口中的局部变量属性页查看变量值，如图 2.23 所示。

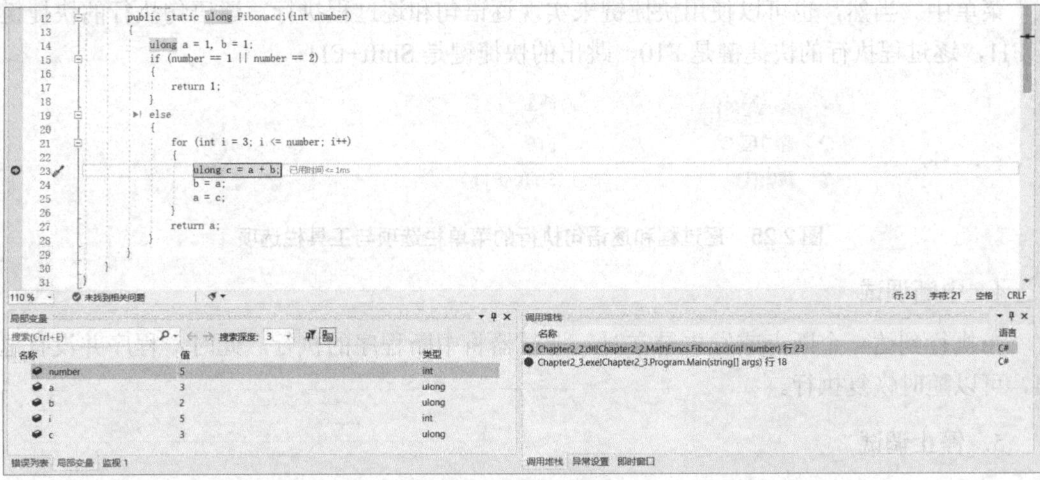

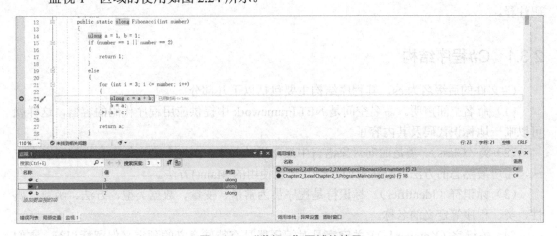

图 2.23　局部变量输出

还有一种方法可用于监视变量的当前值，那就是将变量添加到"监视 1"区域。选择感兴趣的变量，用鼠标将其拖动到"监视 1"区域，或者在选中变量后单击鼠标右键，在弹出的快捷菜单中选择"添加监视"命令，也可以添加监视变量。添加监视变量后，其使用与局部变量监视是一样的，区别就是"监视 1"区域只监视感兴趣的变量，而"局部变量"则监视所有系统当前正在使用的变量。

"监视 1"区域的使用如图 2.24 所示。

图 2.24　"监视 1"区域的使用

3．逐过程执行和逐语句执行

单步执行即调试器每次只执行一行代码。单步执行主要是通过逐语句、逐过程和跳出这 3 种命令来实现的。逐语句和逐过程的主要区别是当某一行代码包含函数调用时，逐语句仅执行调用本身，并在函数内的第一个代码行处停止；而逐过程则执行整个函数，并在函数外的第一行代码处停止。如果位于函数调用的内部并想返回调用函数，则应使用跳出命令。跳出命令将一直执行代码，直到函数返回，并在调用函数中的返回点处中断。

图 2.25 给出了逐过程和逐语句执行的菜单栏选项与工具栏选项，菜单栏选项位于"调试"菜单中。当然，也可以使用快捷键来实现逐语句和逐过程执行，逐语句执行的快捷键是 F11，逐过程执行的快捷键是 F10，跳出的快捷键是 Shift+F11。

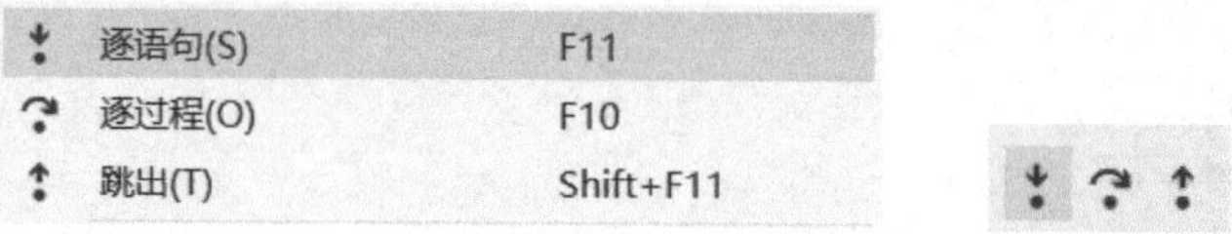

图 2.25　逐过程和逐语句执行的菜单栏选项与工具栏选项

4．中断调试

当执行到达一个断点或发生异常时，调试器将中断程序的执行。此时，程序并没有退出，可以随时恢复执行。

5．停止调试

停止调试意味着终止正在调试的进程并结束调试会话，可以通过选择菜单中的"调试"→"停止调试"命令来结束运行和调试，也可以单击工具栏中的"停止"按钮 ■。这项命令的快捷键是 Shift+F5。

2.3　C#基本语法

下面介绍 C#使用的一些基本语法，包括 C#程序结构、命名空间、关键字、标识符、代码注释。

2.3.1　C#程序结构

C#文件的后缀名为.cs，其程序结构主要包括以下几部分。

（1）命名空间声明。命名空间是.NET Framework 中提供应用程序代码的容器，这样就可以唯一地标识代码及其内容了。

（2）类（Class）。类是面向对象语言中最常用的元素，在一个类文件中允许编写多个方法，用户最熟悉的方法就是在前面介绍并一直使用的 Main()方法。

（3）标识符（Identifier）。标识符是程序员为常量、变量、数据类型、方法、函数、属性、类、程序等定义的名称。

（4）关键字（Keywords）。关键字是对编译器具有特殊意义的预定义保留标识符。它们不能在程序中用作标识符，除非它们有一个 @ 前缀。

（5）代码注释（Comments）。代码注释是为了提高程序的易读性而书写的注释性的文字。

（6）语句（Statements）。C#中的语句大致分为条件语句、循环语句和跳转语句。

（7）表达式（Expressions）。表达式是运算符和操作数的字符串。

2.3.2　命名空间

在 C#中可以定义命名空间，命名空间可以创建类、方法，使用 using 命令可以引入命名空间。

语法格式：

```
using 命名空间;
```

在 C#中，创建命名空间的关键字是 namespace。命名空间是以"层"形式存在的，如果有多层，则以"."分开。C#中的各命名空间可以看作存储不同类型的仓库，而 using 就像一把钥匙，命名空间就好比是仓库的名字，从而通过钥匙打开指定的仓库，使用仓库中所需的东西。

例如：

```
using System.Collections.Generic;
```

在引用 Generic 命名空间时，需要先引用 System 命名空间，再引用 Collections 命名空间。这就好比每层包含的文件夹，先打开 System 文件夹，再打开 Collections 文件，就可以找到 Generic 了。

常用的命名空间如表 2.4 所示，这些命名空间是.NET Framework 提供的。

表 2.4　常用的命名空间

命名空间	内容说明
System	包含每个应用程序都要使用的全部基本类型
System.Data	用于和数据库进行通信并处理数据结构
System.Drawing	用于处理 2D 图形，这些类型通常由 Windows 窗体应用程序使用
System.IO	用于执行流 I/O 及浏览目录/文件
System.Net	实现低级网络通信并与一些通用 Internet 协议协同工作
System.Runtime.Interop Services	允许托管代码访问非托管 OS 平台功能（如 COM 组件及 Win32 或定制 DLL 中的函数）
System.Security	用于保护数据和资源
System.Text	用于处理采用各种编码方式的文本（如 ASCII 和 Unicode）
System.Threading	用于异步和同步资源访问
System.Xml	用于处理 XML 架构和数据

在引用命名空间时，需要注意以下两点。

（1）有时命名空间相当长，输入时很烦琐，可以使用 using 关键字，在文件的顶部列出类的命名空间。这样，引用一个命名空间后，访问其内的方法就如同在其内部访问一样。

（2）using 还有另外一个作用，就是给命名空间指定一个别名。如果命名空间的名称非常长，又要在代码中使用多次，而用户不希望该命名空间包含在 using 指令中，就可以给该命名空间指定一个别名，其语法如下：

```
using 别名=命名空间;
```

例如：

```
using taskNameSpace = System.Threading.Tasks;
```

2.3.3 关键字

关键字对于 C#编译器而言是具有特殊含义的名称，如程序中的 using、class、static、void 都属于关键字。如果错误地将关键字用作标识符，那么编译器就会产生错误。如果用户想使用这些关键字作为标识符，那么可以在关键字前面加上@字符作为前缀。在实际编程中，不建议使用关键字作为标识符，因为这不利于程序的维护和阅读，易产生错误。C#中的保留关键字和上下文关键字如表 2.5 所示。

表 2.5　C#中的保留关键字和上下文关键字

保留关键字						
abstract	as	base	bool	break	byte	case
catch	char	checked	class	const	continue	decimal
default	delegate	do	double	else	enum	event
explicit	extern	false	finally	fixed	float	for
foreach	goto	if	implicit	in	int	interface
internal	is	lock	long	namespace	new	null
object	operator	out	override	params	private	protected
public	readonly	ref	return	sbyte	sealed	short
sizeof	stackalloc	static	string	struct	switch	this
throw	true	try	typeof	uint	ulong	unchecked
unsafe	ushort	using	virtual	void	volatile	while
上下文关键字						
add	alias	ascending	descending	dynamic	from	get
global	group	into	join	let	orderby	partial
remove	select	set	—	—	—	—

2.3.4 标识符

标识符是程序员为常量、变量、数据类型、方法、函数、属性、类、程序等定义的名称。既然是名字，就肯定有命名规则。在命名标识符时，应遵守以下规则。

（1）标识符不能以数字开头，也不能包含空格。

（2）标识符可以包含大小写字母、数字、下画线和@字符。

（3）标识符必须区分大小写，即大写字母和小写字母被认为是不同的字母。

（4）@字符不仅可以加在字符串常量之前，使字符串不作转义之用；还可以加在变量名之前，使变量名与关键字不冲突，这种用法称为"逐字标识符"。

（5）不能使用 C#中的关键字。但是，@字符加关键字可以称为合法的标识符（建议不要这么做）。

（6）不能与 C#的类库名称相同。

（7）标识符要有意义，即尽量能够看到这个名称就能知道这个标识符的作用。这样，标识符就能起到代码注释的作用，在多数情况下可以减少代码注释工作量，并使程序更加易读。

如下的标识符是合法的：_number、@number、Number、@int 等。

如下的标识符是非法的：int、9number、9-number、9 number 等。

比较好的注释用标识符：IfMotorInMotion，这是一个属性，从字面意思就可以知道这是一个布尔型的属性，意思是电机是否在运行中，这样即使不注释，其他程序员也能知道这个属性的具体含义。

2.3.5　代码注释

在开发过程中，注释非常重要，因为现在很多大型的项目都需要多人协同开发，并引入工程化的方式来管理软件，此时，团队成员的沟通就变得很重要，所以良好的注释可以在很大程度上提高程序的可阅读性。单行注释采用"//"，对于本行中"//"后面所有的文字，编译器将不进行编译；多行注释采用"/*"和"*/"，对于包含在这两个符号之间的所有文字，编译器将不进行编译。举例如下。

单行注释：

```
//这是单行注释
```

多行注释：

```
/*
这是第一行
这是第二行
这是第三行
*/
```

注意：多行注释可以包含单行注释，注释可以出现在代码的任意位置，但是不能分割关键字和标识符。

2.4　C#代码编写规范

什么叫规范？在 C#语言中，不遵守编译器的规定，编译器在编译时就会报错，这个规定叫作规则。但是有一种规定，它是人为的、约定俗成的，即使不遵守也不会出错，这种规定就叫作规范。虽然不遵守规范也不会出错，但是代码会很乱。

在刚开始学习 C#语言时，第一步不是要把程序写正确，而是要写规范。因为如果养成一种非常不好的写代码的习惯，就会将代码写得乱七八糟，等将来工作面试时，这样的习惯可能会让我们失去机会。

代码规范化的第一个好处就是看着很整齐、很舒服。假如现在用不规范的格式写了 1万行代码，即使现在能看得懂，但等过了一段时间再回头看时可能会很吃力，更不要说给别人看了。因此，代码要写规范。例如，加注释就是代码规范化的一种思想；命名要规范，好的命名也能起到注释的作用。

第二个好处是代码规范化后程序不容易出错。如果按照不规范的格式写代码，那么会很容易出错。而代码规范化后，即使出错了，查错也会很方便。格式虽然不会影响程序的功能，但会影响其可读性。格式的清晰、美观是程序风格的重要构成元素。

智能制造的 C#实战教程

命名规范主要涉及命名空间、类型、接口、属性、方法、变量等相关命名。它在 C#代码编写中起到很重要的作用，不仅可以清晰地表达出程序规划的核心，还可以达到让人"望文生义"的效果。虽然不遵守命名规范程序也可以运行，但是使用命名规范可以很直观地了解代码代表的含义。下面介绍一些常用的命名规范。

2.4.1　字母大小写约定

1．Pascal 风格

Pascal 风格是指将标识符的首字母和后面连接的每个单词的首字母都大写，如 ForeColor、BackColor、AutoScaleMode、RightToLeft 等。

2．Camel 风格

Camel 风格是指将标识符的首字母小写，而其后面连接的每个单词的首字母都大写，如 foreColor、backColor、autoScaleMode、rightToLeft 等。

3．大写规范

大写规范是指将标识符中的所有字母都大写，仅对由两个或更少字母组成的标识符使用该约定，如 System.IO、System.Web.UI 等。

有时大写标识符必须维持与现有非托管符号方案的兼容性，在该方案中，所有大写字母经常用于枚举和表示常数值。

其实，字母大小写约定很容易理解，一般情况下都为 Pascal 风格，除了方法的参数使用 Camel 风格。微软的类库都是严格遵守这些约定的，如果不知道应该使用 Pascal 风格还是 Camel 风格，那么只要看一下微软的智能提示就可以了。

2.4.2　命名注意事项

（1）C#是区分大小写的。point、Point 和 POINT 是完全不同的 3 个名称，在使用时也尽量不要使用这种容易混淆的命名。命名应尽量做到使人"望文生义"，不要看到名称后还得思索一下到底使用的是哪个，这样很容易出错且意义不清晰，不利于程序的阅读与维护。

（2）命名空间的命名一般使用公司名称后跟技术名称和可选的功能与设计的形式：

```
CompanyName.TechnologyName[.Feature][.Design]
```

这样可以避免两个已经发布的命名空间名称相同。另外，不要使用和类名相同的命名空间命名。

例如：

```
    Microsoft.Media.Design
    NESC.Data.SQLHelper
```

（3）所有的接口声明前面都要加 I。例如：

```
public interface IConvertible{};
```

（4）命名空间、类、接口等的命名不要使用下画线字符。

（5）方法的命名一般为动宾短语。例如：

```
public void CreateFile(){};
```

（6）私有变量前面可以加上"_"。例如：

```
private int _age;
```

（7）属性、方法、公有变量等采用 Pascal 风格命名。

（8）函数接口中的变量可以采用 Camel 风格命名。

2.5　本章小结

本章是 C#的入门基础篇，首先介绍了 Visual Studio 开发环境，并使用 Visual Studio 2019 开发环境开发了 3 个应用程序，分别是 Console 控制台应用程序、类库应用程序、Windows 窗体应用程序；其次针对 Windows 窗体应用程序介绍了常用的 Windows 标准控件，以及控件属性和事件；然后讲解了如何在 Visual Studio 开发环境下生成、运行与调试 C#应用程序；最后介绍了 C#基本语法及 C#代码编写规范。其中，C#基本语法包括 C#程序结构、命名空间、关键字、标识符、代码注释。通过 C#代码编写规范可以写出规范的代码，使得程序结构清晰、可读、规范。

Visual Studio 开发环境是一个非常强大的开发平台，利用它可以轻松生成、运行与调试 C#应用程序。读者需要多用多练，从而可以熟能生巧，只有这样，才能对各种功能了然于心。

第 3 章　C#语言基础

C#语言中的数据类型、变量、常量、运算符、表达式、程序流程控制、数组、类、方法、接口等概念是 C#程序设计的基础，掌握这些基础知识是编写正确程序的前提。而且类、接口、方法是面向对象编程的基本概念，只有理解并掌握了它们，才能充分发挥 C#面向对象编程的优势。

3.1　数据类型

C#认可的基础数据类型并没有内置于 C#语言中，而是内置于.NET Framework 结构中。例如，在 C#中声明一个 int 类型的数据时，实际上声明的是.NET Framework 结构中 System.Int32 的一个实例。这听起来似乎很深奥，但其意义重大，表示在语法上可以把所有的基础数据类型看作支持某些方法的类。数据类型在概念上用.NET Framework 结构表示，因此没有性能损失。

C#的数据类型分成两大类：一类是值类型（Value Types），另一类是引用类型（Reference Types）。C#中有 15 个预定义类型，其中 13 个是值类型，2 个是引用类型（string 和 object）。

3.1.1　值类型

C#中的值类型包括简单类型、枚举类型和结构体类型。下面列出每个类型，以及它们的定义和对应的 CTS（Common Type System）类型的名称。所谓值类型，就是一个包含实际数据的变量，当定义一个值类型变量时，C#会根据所声明的类型，以堆栈方式分配一块大小相适应的存储区域给这个变量，对这个变量的读/写操作就直接在这块存储区域中进行。

例如：

```
int count=15;          //分配一个 32 位的存储区域给变量 count，并将 15 放入该存储区域
count = count + 10; //先从变量 count 中取出值，加上 10；再将计算结果 25 赋给 count
```

1．简单类型

C#的简单类型一共有 13 个，如表 3.1 所示。

表 3.1　C#的简单类型

C#关键字	.NET CTS 类型名	说　　明	范围和精度
bool	System.Boolean	逻辑值（真或假）	True，False
sbyte	System.SByte	8 位有符号整数类型	−128～127
byte	System.Byte	8 位无符号整数类型	0～255

续表

C#关键字	.NET CTS 类型名	说　　明	范围和精度
short	System.Int16	16 位有符号整数类型	−32768～32767
ushort	System.UInt16	16 位无符号整数类型	0～65535
int	System.Int32	32 位有符号整数类型	−2147483648～2147483647
uint	System.UInt32	32 位无符号整数类型	0～4294967295
long	System.Int64	64 位有符号整数类型	−9223372036854775808～9223372036854775807
ulong	System.UInt64	64 位无符号整数类型	0～18446744073709551615
char	System.Char	16 位字符类型	所有的 Unicode 编码字符
float	System.Single	32 位单精度浮点类型	$\pm(1.5\times10E-45～3.4\times10E38)$
double	System.Double	64 位双精度浮点类型	$\pm(5.0\times10E-324～3.4\times10E308)$
decimal	System.Decimal	128 位高精度十进制数类型	$\pm(1.0\times10E-28～7.9\times10E28)$

2. 枚举类型

枚举是一组被命名的的整型常量的集合。枚举类型是使用 enum 关键字声明的。

C#枚举是值类型。换句话说，枚举包含自己的值，且不能继承或传递继承。

声明枚举的一般语法如下：

```
enum <enum_name>
{
    enumeration list
};
```

其中，enum_name 指定枚举的类型名称，enumeration list 是一个用逗号分隔的标识符列表。

枚举列表中的每个符号代表一个整数值（一个比它前面的符号大的整数值）。在默认情况下，第一个枚举符号的值为 0。例如：

```
enum Days
{
    Sunday = 0,
    Monday = 1,
    Tuesday = 2,
    Wednesday = 3,
    Thursday = 4,
    Friday = 5,
    Saturday = 6
};
```

在实际调用时，获取枚举类型中设置的值使用的语句是"枚举变量名.枚举值"，在获取枚举类型中的每个枚举值对应的整数值时，需要将枚举类型的字符串值强制转换成整型。例如，Days. Tuesday 表示星期二，其值为 2。

这样做的好处就是可以把 Days 当作一个数值个数固定的变量，在书写时会很方便，且不容易出错。假设使用字符串值来判断是不是星期二，在输入时就有可能出错，如输入"Tuseday"，这是很难检查出来的，而枚举不会，编译器会检查，这样就可避免出错，也可避免输入不合理的取值。

3．结构体类型

在 C#中，结构体是值类型数据结构，使得一个单一变量可以存储各种数据类型的相关数据。用于创建结构体的关键字是 struct。

结构体可以用来代表一个记录。假设想要跟踪图书馆中书的动态，可能会想跟踪每本书的以下属性：Title、Author、Subject、Book_ID。

为了定义一个结构体，必须使用 struct 语句。struct 语句为程序定义了一个带有多个成员的新的数据类型。

例如，可以按照如下方式声明 Books 结构体：

```
struct Books
{
   public string Title;
   public string Author;
   public string Subject;
   public int Book_id;
};
```

C#中的结构体与传统的 C 或 C++中的结构体不同。C#中的结构体有以下特点。

（1）可带有方法、字段、索引、属性、运算符、方法和事件。

（2）可定义构造函数，但不能定义析构函数。不能为结构体定义无参构造函数，无参构造函数（默认）是自动定义的，且不能被改变。

（3）与类不同，结构体不能继承其他的结构体或类。

（4）不能作为其他结构体或类的基础结构体，不能被继承。

（5）可实现一个或多个接口。

（6）结构体成员不能指定为 abstract、virtual 或 protected。

（7）当使用 new 操作符创建一个结构体对象时，会调用适当的构造函数来创建。与类不同，结构体不使用 new 操作符即可被实例化。

（8）如果不使用 new 操作符，那么只有在所有的字段都被初始化之后，字段才能被赋值，对象才能被使用。

下面的例程定义了一个 Point 结构体，并且，在主程序中，p1 点不使用 new 操作符进行实例化，p2 点使用 new 操作符进行实例化。具体代码如下：

```
namespace Chapter3_1
{
    class Program
    {
      struct Point{
         public int x;
         public int y;
         public void ShowPosition()
         {
             Console.WriteLine(x+" "+y);
         }
      }
```

```
    static void Main()
    {
        Point p1;                    //不使用 new 操作符进行实例化
        p1.x = 1;                    //初始化数据成员 x
        p1.y = 2;                    //初始化数据成员 y
        p1.ShowPosition();           //初始化完后可以使用
        int x = p1.x;                //可单独使用数据成员 x
        int y = p1.y;                //可单独使用数据成员 y
        Point p2 = new Point();      //使用 new 操作符进行实例化
        p2.ShowPosition();
        Console.ReadKey();
    }
}
```

运行结果如下：

```
1 2
0 0
```

3.1.2　引用类型

引用类型包括 class（类）、interface（接口）、数组、delegate（委托），以及 object 和 string。其中 object 和 string 是两个比较特殊的引用类型。object 是 C#中所有类型（包括所有的值类型和引用类型）的基类。string 是一个从 object 中直接继承的密封类型（不能再被继承），其实例表示 Unicode 字符串。

可以使用以下方法之一来创建 string 对象。

（1）给 string 变量指定一个字符串。

（2）使用 String 类构造函数。

（3）使用字符串串联运算符（+）。

（4）检索属性或调用一个返回字符串的方法。

（5）通过格式化方法来转换一个值或对象为它的字符串表示形式。

一个引用类型的变量不存储其所代表的实际数据，而存储实际数据的引用。引用类型分 3 步创建：首先在栈内存上创建一个引用变量，然后在堆内存上创建对象本身，最后把这个对象所在内存的句柄（首地址）赋给引用变量。

例如：

```
string s1,s2;
s1 = "ABCD";
s2 = s1;
```

其中，s1、s2 都是指向字符串"ABCD"的引用变量，s1 的值是"ABCD"存放在内存中的地址（引用），两个引用变量之间的赋值使得 s1、s2 都成为对"ABCD"的引用，如图 3.1 所示。

智能制造的 C#实战教程

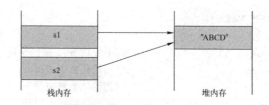

图 3.1　引用类型赋值示意图

引用类型的值是对引用类型实例的引用，特殊值 null 适合于所有引用类型，表明没有任何引用的对象。当然，也可能存在若干引用变量同时引用同一个对象的实例，此时对任何一个变量的修改都会导致该对象值的改变。

下面的实例演示了值类型和引用类型的使用差异：

```
namespace Chapter3_2
{
    class Program
    {
        public struct ValueType
        {
            public int Number;
        }
        public class RefType
        {
            public int Number;
        }
        static void Main(string[] args)
        {
            ValueType vt1 = new ValueType(); //值类型使用new操作符进行构造
            vt1.Number = 10;                 //赋值
            ValueType vt2 = vt1;             //值类型，使用=操作符赋值
            vt2.Number = 11;                 //重新赋值
            RefType rt1 = new RefType();     //引用类型使用new操作符进行构造
            rt1.Number = 21;                 //赋值
            RefType rt2 = rt1;               //引用类型，使用=操作符赋值
            rt2.Number = 22;                 //重新赋值
            Console.WriteLine("vt1.Number:{0}\t vt2.Number:{1};", vt1.
Number, vt2.Number);
            Console.WriteLine("rt1.Number:{0}\t rt2.Number:{1};", rt1.
Number, rt2.Number);
            Console.ReadKey();
        }
    }
}
```

运行结果如下：

```
vt1.Number:10    vt2.Number:11;
rt1.Number:22    rt2.Number:22;
```

在上面的例子中，vt1 和 vt2 的类型为 struct，是值类型；rt1 和 rt2 为 class，是引用类型。当使用=操作符时，值类型重新分配了内存，而引用类型并没有重新分配内存，而是指向了同一个内存区域。当修改 vt2 和 rt2 的变量值时，vt2 的 Number 变量重新分配了内存，因此改变了；而引用类型用于共享内存，从而对 rt1 和 rt2 的 Number 变量同时进行了修改。

3.1.3　装箱与拆箱

装箱是指将值类型转换为引用类型，拆箱是指将引用类型转换为值类型。

C#中值类型和引用类型的最终基类都是 object 类型（它本身是一个引用类型）。也就是说，值类型也可以被当作引用类型来处理。而这种机制的底层处理就是通过装箱与拆箱的方式来进行的，利用装箱与拆箱功能，可通过允许值类型的任何值与 object 类型的值相互转换，从而将值类型与引用类型链接起来。

例如，下面是一个装箱的过程，是将值类型转换为引用类型的过程：

```
int value = 100;
object obj = value;
Console.WriteLine ("对象的值 = {0}", obj);
```

运行结果如下：

```
对象的值 = 100
```

下面是一个拆箱的过程，是先将值类型转换为引用类型，再将引用类型转换为值类型的过程：

```
int val = 100;
object obj = val;
int num = (int) obj;
Console.WriteLine ("num: {0}", num);
```

运行结果如下：

```
num: 100
```

注意：

（1）只有经过装箱的对象才能被拆箱。

（2）当装箱操作把值类型转换为引用类型时，不需要进行强制类型转换；而当拆箱操作把引用类型转换为值类型时，则必须显式地进行强制类型转换。

（3）string 也是引用类型，当一个 string 类型变量的值被修改时，实际上是创建了另外一个内存，并由该变量指向新的内存。这也是由字符串长度不确定而必须重新分配内存的特点决定的。

3.2　数据类型之间的转换

在开发 C#应用程序的过程中，经常用到数据类型之间的转换，常用的方法有类型铸造、通过 string 进行类型转换、使用 as 操作符进行类型转换。

3.2.1 类型铸造

数据类型转换从根本上说是类型铸造，或者说把数据从一种类型转换为另一种类型。在 C#中，类型铸造有两种形式：隐式类型转换、显示类型转换。

3.2.1.1 隐式类型转换

隐式类型转换是 C#默认的以安全方式进行的转换，不会导致数据丢失。例如，从小的整数类型转换为大的整数类型、从派生类转换为基类。

从类型 A 到类型 B 的隐式类型转换可以在所有情况下进行，转换规则非常简单，可以让编译器执行转换操作。隐式类型转换不需要做任何工作，也不需要另外编写代码。例如，将 int 型数据转换成 double 型数据：

```
int a = 10;
double b = a;    //隐式类型转换
```

隐式类型转换规则是对于任何类型 A，只要其取值范围完全包含在类型 B 的取值范围内，就可以隐式转换为类型 B。基于这个转换规则，C#的隐式类型转换不会导致数据丢失。需要注意的是，比较常用的简单类型 bool 和 string 没有隐式类型转换。

3.2.1.2 显式类型转换

显式类型转换又称强制类型转换，需要用户明确指定转换类型。显式类型转换需要使用强制转换运算符，且有可能造成数据丢失。

从类型 A 到类型 B 的显示类型转换只能在某些情况下进行，转换规则比较复杂，应进行某种类型的额外处理。例如，将 double 型数据转换成 int 型数据：

```
double c = 10.5;
int d = (int)c;         //显示类型转换，d=10，不是四舍五入，而是舍弃
```

说明：

（1）显式类型转换可能会导致错误。在进行这种转换时，编译器将对转换进行溢出检测。如果有溢出，则说明转换失败，表明源类型不是一个合法的目标类型，无法进行显式类型转换。

（2）显式类型转换可能会造成数据丢失。例如，在上面的例子中，最终得到的 d 的值为 10，因为在转换过程中，多出来的部分被舍弃了。

3.2.2 通过 string 进行类型转换

除了通过显示类型转换或隐式类型转换进行数据类型之间的转换，还可以通过 string 进行类型转换。将数据类型转换为字符串是非常简单的，这是因为所有的数据类型都继承了 object 基类，所以都有 ToString()方法。这样，当需要转换为字符串时，只要使用 ToString() 方法就可以实现。

例如：

```
float f=12.05;
string s = f.ToString();          //s="12.05"
```

C#还提供了多种方法将字符串转化为值类型，比较常用的方法有 Parse()方法、TryParse()方法和 Convert 类。

1. Parse()方法

所有的值类型都提供了一个 Parse()方法，其语法如下：

```
public static Data_type Parse (string s);
```

其中 Data_type 可以是任何值类型。例如：

```
float f = float.Parse("12.05");          //f=12.05
```

在上面这个函数里，参数类型只支持 string 类型。在使用 Parse()方法进行数据类型转换时，string 的值不能是 null，不然系统会报错，无法通过转换。另外，被转换的字符串也必须和转换后的类型格式相同，否则会报错。例如，当将 string 类型转换为整型时，参数只能是各种整型，不能是浮点型，不然也无法通过转换，如 int.Parse("2.0")就无法通过转换，系统会报错。

2. TryParse()方法

所有的值类型都有一个 TryParse()方法。它与 Parse()方法类似，不同点在于它在无法转换成功的情况下仍然能正常执行并返回 0.0。也就是说，TryParse()方法比 Parse()方法多了一个异常处理，如果出现异常，则返回 false，并且将输出参数返回 0.0：

```
float value;
string str = null;
float.TryParse(str,out value);          //f=0.0;
```

3. Convert 类

Convert 类包含在命名空间 System 中，提供了多种转换方法。应该说，Convert 类是数据类型转换中最灵活的方法，能够将任意数据类型的值转换成任意数据类型，前提是不要超出指定数据类型的范围。具体的语法形式如下：

```
数据类型  变量名 = Convert.To 数据类型(变量名);
```

这里，Convert.To 后面的数据类型要与等号左边的数据类型相匹配。Convert 类常用的转换方法如表 3.2 所示。

表 3.2　Convert 类常用的转换方法

方　　法	说　　明
Convert.ToInt16()	转换为 16 位整型（short）
Convert.ToInt32()	转换为 32 位整型（int）
Convert.ToInt64()	转换为 64 位整型（long）
Convert.ToChar()	转换为字符型（char）
Convert.ToString()	转换为字符串型（string）
Convert.ToDateTime()	转换为日期型（datetime）
Convert.ToDouble()	转换为双精度浮点型（double）
Conert.ToSingle()	转换为单精度浮点型（float）

续表

方　法	说　明
Convert.ToBoolean()	转换为布尔型（bool）
Convert.ToByte()	转换为字节型（byte）
Convert.ToDecimal()	转换为小数型（decimal）

下面的例子使用 Convert 类对各种数据类型之间的转换进行了测试：

```
namespace Chapter3_3
{
    class Program
    {
        static void Main(string[] args)
        {
            float num1 = 14.52f;
            int num2;
            string str;
            num2 = Convert.ToInt32(num1);               //单精度浮点数转换为整数
            str = Convert.ToString(num1);               //单精度浮点数转换为字符串
            Console.WriteLine("转换为整型数据的值：{0}", num2);
            Console.WriteLine("转换为字符串：{0}", str);
            float num3 = Convert.ToSingle(str);         //字符串转换为单精度浮点型
            Console.WriteLine("转换为单精度浮点型数据的值：{0}", num3);
            short num4 = Convert.ToInt16("A5", 16);   //十六进制数转换为十进制数
            Console.WriteLine("十六进制数转换为十进制数据的值：{0}", num4);
            //十进制数转换为十六进制数
            string strNum4 = Convert.ToString(num4, 16);
            Console.WriteLine("十进制数转换为十六进制数据的值：{0}", strNum4);
        short num5 = Convert.ToInt16("11001010", 2); //二进制数转换为十进制数
            Console.WriteLine("二进制数转换为十进制数据的值：{0}", num5);
            //字符串转换为日期
            DateTime dateTime = Convert.ToDateTime("2022-4-7");
            Console.WriteLine("转换为日期型数据的值：{0}", dateTime);
            Console.ReadKey();
        }
    }
}
```

运行结果如下：

```
转换为整型数据的值：15
转换为字符串：14.52,
转换为单精度浮点型数据的值：14.52
十六进制数转换为十进制数据的值：165
十进制数转换为十六进制数据的值：a5
二进制数转换为十进制数据的值：202
转换为日期型数据的值：2022/4/7 0:00:00
```

从这个例子中可以看到，在用 Convert 类将单精度浮点型转换成整型时，使用了四舍五入的方法。使用 Convert 类也可以轻松实现字符串和各种数据类型之间的转换，非常方

便快捷，不过，如果字符串的格式不对，那么转换结果就不对，这是需要注意的地方。Convert 类还可以实现各种进制之间的转换，这也为各种数值之间的进制转换打开了方便之门。

3.2.3　使用 as 操作符进行类型转换

as 用于引用类型和可为空的数据类型的转换。使用 as 操作符有很多好处，当无法进行数据类型之间的转换时，系统会将对象赋值为 null，避免类型转换时报错或出现异常。当 C#抛出异常时，C#捕获异常并进行处理是很消耗资源的，如果只将对象赋值为 null，那么几乎不消耗资源（消耗很少的资源）。使用 as 操作符进行类型转换类似于强制转换，只是在转换失败时，as 操作符会返回 null。下面的例子展示了 as 操作符转换成功和不成功的情况：

```
namespace Chapter3_4
{
    class Program
    {
        static void Main(string[] args)
        {
            object obj1 = "你好，智能制造！";
            object obj2 = 1009;
            string str1 = obj1 as string;//转换成功，str1 = "你好，智能制造！"
            string str2 = obj2 as string;//转换失败，str2 = null
            Console.WriteLine("str1:"+str1);
            Console.WriteLine("str2:"+str2);
            Console.ReadKey();
        }
    }
}
```

运行结果如下：

```
str1:你好，智能制造！
str2:
```

3.3　常量与变量

无论编写任何应用程序，数据都必须以某些方式表示。在编写应用程序时，经常用到变量和常量，使代码更加易读和更容易维护。

3.3.1　常量

常量是固定值，其值在程序执行期间不会改变。常量可以是任何基本数据类型，如整数常量、浮点常量、字符常量、字符串常量及枚举常量。

常量可以被当作常规的变量，只是它们的值在定义后不能被修改。

1．整数常量

整数常量可以是十进制、八进制或十六进制的常量。前缀指定基数：0x 或 0X 表示十六进制，0 表示八进制，没有前缀表示十进制。

整数常量也可以有后缀，可以是 U 和 L 的组合。其中，U 和 L 分别表示 unsigned 与 long。后缀可以为大写或小写，多个后缀以任意顺序进行组合。

下面是一些整数常量的实例：

```
512        /* 合法 */
250u       /* 合法 */
0xFdeeL    /* 合法 */
079        /* 非法：9 不是一个八进制数字 */
052UU      /* 非法：不能重复使用后缀 */
```

下面是各种类型的整数常量的实例：

```
965        /* 十进制 */
0273       /* 八进制 */
0x5f       /* 十六进制 */
36         /* int */
36u        /* 无符号 int */
36l        /* long */
36ul       /* 无符号 long */
```

2．浮点常量

一个浮点常量由整数部分、小数点、小数部分和指数部分组成，可以使用小数形式或指数形式来表示浮点常量。

下面是一些浮点常量的实例：

```
3.141 5926        /* 合法 */
31415926E-5L      /* 合法 */
520E              /* 非法：不完全指数 */
250f              /* 非法：没有小数或指数 */
.e55              /* 非法：缺少整数或小数 */
```

说明：

（1）当使用浮点形式表示浮点常量时，必须包含小数点、指数部分或同时包含两者。

（2）当使用指数形式表示浮点常量时，必须包含整数部分、小数部分或同时包含两者。

（3）有符号的指数是用 e 或 E 表示的。

3．字符常量

字符常量被引在单引号里，如'x'，且可存储在一个简单的字符型变量中。一个字符常量可以是一个普通字符（如 'x'）、一个转义序列（如 '\t'）或一个通用字符（如 '\u02C0'）。

在 C# 中有一些特定的字符，当它们的前面带有反斜杠时有特殊的意义，可用于表示换行符（\n）或制表符 tab（\t）。表 3.3 所示为一些常用的转义序列字符。

表 3.3　一些常用的转义序列字符

转义序列	含　　义
\\	\ 字符
\'	' 字符
\"	" 字符
\?	? 字符
\a	Alert 或 bell
\b	退格键（BackSpace）
\f	换页符（Form feed）
\n	换行符（Newline）
\r	回车
\t	水平制表符 tab
\v	垂直制表符 tab
\o	八进制数
\x	十六进制数

下面是一些转义序列字符的实例：

```
namespace Chapter3_5
{
    class Program
    {
        static void Main(string[] args)
        {
            Console.WriteLine("你好，\t 智能制造！\n");
            Console.ReadLine();
            Console.ReadKey();
        }
    }
}
```

运行结果如下：

```
你好，    智能制造！
```

4. 字符串常量

字符串常量被引在双引号 "" 里，或者被引在 @"" 里。字符串常量包含的字符与字符常量相似，可以是普通字符、转义序列或通用字符。在使用字符串常量时，可以把一个很长的行拆成多行，使用空格分隔各部分。

下面是一些字符串常量的实例：

```
string a = "你好，智能制造";               // 你好，智能制造
string b = @"你好，智能制造";              // 你好，智能制造
string c = "你好，\t 智能制造";            // 你好，      智能制造
string d = @"你好，\t 智能制造";           // 你好，\t 智能制造
string e = "Duoduo said \"Hello\" to me";  // Duoduo said "Hello" to me
string f = @" Duoduo said ""Hello"" to me"; // Duoduo said "Hello" to me
string g = "\\\\server\\share\\file.txt";   // \\server\share\file.txt
string h = @"\\server\share\file.txt";      // \\server\share\file.txt
```

5. 定义常量

常量是使用 const 关键字来定义的。定义一个常量的语法如下：

```
const <data_type> <constant_name> = value;
```

下面的实例代码演示了如何在程序中定义和使用常量：

```
namespace Chapter3_6
{
    class Program
    {
        class ConstClass
        {
            public int x;
            public int y;
            public const int c1 = 5;
            public const int c2 = c1 + 5;

            public ConstClass(int p1, int p2)
            {
                x = p1;
                y = p2;
            }
        }
        static void Main(string[] args)
        {
            ConstClass cc = new ConstClass(11, 22);
            Console.WriteLine("x = {0}, y = {1}", cc.x, cc.y);
            Console.WriteLine("c1 = {0}, c2 = {1}", ConstClass.c1,
ConstClass.c2);
            Console.ReadKey();
        }
    }
}
```

运行结果如下：

```
x = 11, y = 22
c1 = 5, c2 = 10
```

3.3.2 变量

一个变量只不过是一个供程序操作的存储区的名字。在 C#中，每个变量都有一个特定的数据类型，数据类型决定了变量的内存大小和布局，取值范围内的值可以存储在内存中，C#可以对变量进行一系列操作。

C#允许定义其他值类型的变量，如 enum；也允许定义引用类型变量，如 class。这些将在以后的章节中进行讨论。在本节中，只研究基本变量类型。

C#中定义变量的语法如下：

```
<data_type> <variable_list>;
```

在这里，data_type 必须是一个有效的 C#数据类型，可以是 char、int、float、double 或其他用户自定义的数据类型；variable_list 可以由一个或多个用逗号分隔的标识符名称组成。

一些有效的变量定义如下：

```
int i, j, k;
char c, ch;
float f, salary;
double d;
```

也可以在定义变量时进行初始化（赋值）：

```
int i = 100;
```

变量通过在等号后跟一个常量表达式来进行初始化。初始化的一般形式为：

```
variable_name = value;
```

变量可以在声明时被初始化（指定一个初始值）：

```
<data_type> <variable_name> = value;
```

下面给出一些具体实例：

```
int d = 3, f = 5;              /* 初始化 d 和 f */
byte bit = 25;                 /* 初始化 bit */
double pi = 3.1415926;         /* 声明 pi 的近似值 */
char y = 'y';                  /* 变量 y 的值为 'y' */
```

正确地初始化变量是一个良好的编程习惯，否则有时程序会产生意想不到的结果。

3.4　运算符与表达式

运算符是一种告诉编译器执行特定的数学或逻辑操作的符号。C#具有丰富的内置运算符，具体如下。

- 算术运算符。
- 关系运算符。
- 逻辑运算符。
- 位运算符。
- 赋值运算符。
- 条件运算符。
- 其他运算符。

3.4.1　算术运算符

表 3.4 假设变量 x 的值为 11、变量 y 的值为 3，显示了 C#支持的所有算术运算符。

智能制造的 C#实战教程

表 3.4 C#支持的所有算术运算符

运 算 符	描 述	实 例
+	把两个操作数相加	x + y 将得到 14
−	从第一个操作数中减去第二个操作数	x − y 将得到 8
*	把两个操作数相乘	x * y 将得到 33
/	分子除以分母	x / y 将得到 3
%	取模运算符，整除后的余数	x % y 将得到 2
++	自增运算符，整数值增加 1	x++ 将得到 12
—	自减运算符，整数值减少 1	x— 将得到 10

说明：

（1）当"/"运算符作用的两个操作数都是整数时，其计算结果也是整数。例如：

```
4/2          //结果等于 2
5/2          //结果等于 2
5/2.0        //结果等于 2.5
```

（2）"++"和"−−"是一元运算符，其作用的操作数必须是变量，而不能是常量或表达式。它们既可以在操作数之前（前缀运算），又可以在操作数之后（后缀运算）。前缀和后缀有共同之处，也有很大的区别：++x 表示先将 x 加一个单位，再将计算结果作为表达式的值；x++表示先将 x 的值作为表达式的值，再将 x 加一个单位。例如：

```
int x,y;
x=5;y=++x;      //x=6，y=6
x=5;y=x++;      //x=6，y=5
```

下面的例子展示了这几种算术运算符的使用：

```
namespace Chapter3_7
{
    class Program
    {
        static void Main(string[] args)
        {
            //测试+、-、*、/、%、++、--运算符
            int num1 = 11;
            int num2 = 3;
            Console.WriteLine("num1 + num2 = {0}", num1 + num2);
            Console.WriteLine("num1 - num2 = {0}", num1 - num2);
            Console.WriteLine("num1 * num2 = {0}", num1 * num2);
            Console.WriteLine("num1 / num2 = {0}", num1 / num2);
            Console.WriteLine("num1 % num2 = {0}", num1 % num2);
            num1 = 11; Console.WriteLine("num1++ = {0}", num1++);
            num1 = 11; Console.WriteLine("num1-- = {0}", num1--);
            num1 = 11; Console.WriteLine("++num1 = {0}", ++num1);
            num1 = 11; Console.WriteLine("--num1 = {0}", --num1);
            Console.ReadKey();
        }
```

```
    }
}
```

运行结果如下：

```
num1 + num2 = 14
num1 - num2 = 8
num1 * num2 = 33
num1 / num2 = 3
num1 % num2 = 2
num1++ = 11
num1-- = 11
++num1 = 12
--num1 = 10
```

3.4.2　关系运算符

表 3.5 显示了 C#支持的所有关系运算符。关系运算符用来比较两个操作数的值，假设 x、y 是某相应类型的操作数，运算结果为布尔类型（True 或 False）。在表 3.5 中，假设变量 x 的值为 25、变量 y 的值为 34。

表 3.5　C#支持的所有关系运算符

运　算　符	描　　述	实　　例
==	检查两个操作数的值是否相等，如果相等则条件为真	(x == y) 为 False
!=	检查两个操作数的值是否相等，如果不相等则条件为真	(x != y) 为 True
>	检查左操作数的值是否大于右操作数的值，如果是则条件为真	(x > y) 为 False
<	检查左操作数的值是否小于右操作数的值，如果是则条件为真	(x < y) 为 True
>=	检查左操作数的值是否大于或等于右操作数的值，如果是则条件为真	(x >= y) 为 False
<=	检查左操作数的值是否小于或等于右操作数的值，如果是则条件为真	(x <= y) 为 True

说明：

（1）简单类型和引用类型都可以通过==或!=来比较它们的数据内容是否相等。对于简单类型，比较的是它们的数据值；对于引用类型，由于其内容是对对象实例的引用，所以，若相等则表示这两个引用指向同一个对象实例。如果操作数是 string 类型的，则比较字符串的长度和每个对应的字符位置上的字符，只有全部相等才认为是相等的。

（2）关系运算符>、>=、<、<=以大小顺序作为比较的标准，因此它要求操作数的数据类型只能是数值型。

（3）布尔类型的值只能比较是否相等，不能比较大小。

下面的实例演示了关系运算符的应用：

```
namespace Chapter3_8
{
    class Program
    {
        static void Main(string[] args)
        {
            int num1 = 25;
```

```
        int num2 = 34;
        Console.WriteLine("num1 == num2 的结果是：{0}",num1 == num2);
        Console.WriteLine("num1 != num2 的结果是：{0}", num1 != num2);
        Console.WriteLine("num1 > num2 的结果是：{0}", num1 > num2);
        Console.WriteLine("num1 < num2 的结果是：{0}", num1 < num2);
        Console.WriteLine("num1 >= num2 的结果是：{0}", num1 >= num2);
        Console.WriteLine("num1 <= num2 的结果是：{0}", num1 <= num2);
        Console.ReadKey();
    }
  }
}
```

运行结果如下：

```
num1 == num2 的结果是：False
num1 != num2 的结果是：True
num1 > num2 的结果是：False
num1 < num2 的结果是：True
num1 >= num2 的结果是：False
num1 <= num2 的结果是：True
```

3.4.3 逻辑运算符

逻辑运算符是用来对两个布尔类型的操作数进行逻辑运算的，运算结果也为布尔类型。表 3.6 显示了 C#支持的所有逻辑运算符。在表 3.6 中，假设变量 x 为布尔值 True、变量 y 为布尔值 False。

表 3.6　C#支持的所有逻辑运算符

运 算 符	描 述	实 例
&&	称为逻辑与运算符。如果两个操作数都非零，则条件为真	(x && y) 为 False
||	称为逻辑或运算符。如果两个操作数中有任意一个非零，则条件为真	(x || y) 为 True
!	称为逻辑非运算符。用来逆转操作数的逻辑状态，如果条件为真，则逻辑非运算符将使其为假	!(x && y) 为 True

下面的实例演示了逻辑运算符的应用：

```
namespace Chapter3_9
{
    class Program
    {
        static void Main(string[] args)
        {
            int num1 = 25;
            int num2 = 34;
            bool b1 = num1 > num2;        //b1 = False
            bool b2 = num1 != num2;       //b2 = True
            Console.WriteLine("b1 = {0}", b1);
            Console.WriteLine("b2 = {0}", b2);
            Console.WriteLine("b1 && b2 = {0}", b1 && b2);
```

```
        Console.WriteLine("!b1 = {0}", !b1);
        Console.WriteLine("b1 || b2 = {0}", b1 || b2);
        Console.ReadKey();
    }
  }
}
```

运行结果如下：

```
b1 = False
b2 = True
b1 && b2 = False
!b1 = True
b1 || b2 = True
```

3.4.4　位运算符

在计算机中，位是数据存储的最小单位。在二进制系统中，位称为比特，每个二进制数字 0 或 1 就是 1 位（bit），8 位为一个字节（Byte）。计算机中的 CPU 位数指的是 CPU 一次能处理的最大位数。位运算符一般用于位操作，并逐位执行。位运算符包括&、|、^、~、>>和<<。其中&、|和^的操作与逻辑运算符有点类似，不过这是在位上进行的操作，而逻辑运算符是对两个布尔类型变量进行操作。&、|和^位运算符的真值表如表 3.7 所示。

表 3.7　&、|和^位运算符的真值表

p	q	p & q	p|q	p^q
0	0	0	0	0
0	1	0	1	1
1	1	1	1	0
1	0	0	1	1

假设 x = 60、y = 13，现在以二进制格式表示它们，则有：

```
x = 0011 1100
y = 0000 1101
```

位操作就是指按照 x 和 y 的相对位进行位操作，即 x 的第 1 位和 y 的第 1 位进行位操作，x 的第 2 位和 y 的第 2 位进行位操作，依次类推。位操作的运算结果如下：

```
x&y = 0000 1100
x|y = 0011 1101
x^y = 0011 0001
~x  = 1100 0011
```

表 3.8 列出了 C#支持的位运算符。在表 3.8 中，假设变量 x 的值为 60、变量 y 的值为 13。

表 3.8　C#支持的位运算符

运　算　符	描　　述	实　　例
&	如果两个操作数的对应位都为 1，则这个位置 1，否则置 0	(x & y) 将得到 12，即 0000 1100

智能制造的 C#实战教程

续表

运　算　符	描　　述	实　　例
|	如果两个操作数的对应位有一个为1，则这个位置1，否则置0	(x|y) 将得到61，即0011 1101
^	如果两个操作数的对应位相同，则置0，否则置1	(x^y) 将得到49，即0011 0001
~	按位取反运算符是一元运算符，具有"翻转"位的效果，即0变成1、1变成0，包括符号位	(~x) 将得到-61，即1100 0011
<<	二进制左移运算符。左操作数的值向左移动指定的位数	x << 2 将得到 240，即 1111 0000
>>	二进制右移运算符。左操作数的值向右移动指定的位数	x>>2 将得到15，即0000 1111

下面的实例演示了位运算符的应用：

```
namespace Chapter3_10
{
    class Program
    {
        static void Main(string[] args)
        {
            int num1 = 60;
            int num2 = 13;
            Console.WriteLine("num1 & num2 的结果是：{0}", num1 & num2);
            Console.WriteLine("num1 | num2 的结果是：{0}", num1 | num2);
            Console.WriteLine("num1 ^ num2 的结果是：{0}", num1 ^ num2);
            Console.WriteLine("~num1 的结果是：{0}", ~num1 );
            Console.WriteLine("num1 << 2 的结果是：{0}", num1 << 2);
            Console.WriteLine("num1 >> 2 的结果是：{0}", num1 >> 2);
            Console.ReadKey();
        }
    }
}
```

运行结果如下：

```
num1 & num2 的结果是：12
num1 | num2 的结果是：61
num1 ^ num2 的结果是：49
~num1 的结果是：-61
num1 << 2 的结果是：240
num1 >> 2 的结果是：15
```

3.4.5　赋值运算符

赋值运算符用于将一个数据赋给一个变量、属性或引用，数据可以是常量、变量或表达式。表3.9列出了C#支持的赋值运算符。

表 3.9　C#支持的赋值运算符

运　算　符	描　　　　述	实　　　例
=	简单的赋值运算符，把右边操作数的值赋给左边操作数	z = x + y 将 x + y 的值赋给 z
+=	加且赋值运算符，把右边操作数加上左边操作数的结果赋给左边操作数	z += x 相当于 z = z + x
-=	减且赋值运算符，把左边操作数减去右边操作数的结果赋给左边操作数	z -= x 相当于 z = z - x
*=	乘且赋值运算符，把右边操作数乘以左边操作数的结果赋给左边操作数	z *= x 相当于 z = z * x
/=	除且赋值运算符，把左边操作数除以右边操作数的结果赋给左边操作数	z /= x 相当于 z = z / x
%=	求模且赋值运算符，把两个操作数的模赋给左边操作数	z %= x 相当于 z = z % x
<<=	左移且赋值运算符	z <<= 2 等同于 z = z << 2
>>=	右移且赋值运算符	z >>= 2 等同于 z = z >> 2
&=	按位与且赋值运算符	z &= 2 等同于 z = z & 2
^=	按位异或且赋值运算符	z ^= 2 等同于 z = z ^ 2
|=	按位或且赋值运算符	z |= 2 等同于 z = z | 2

下面的实例演示了赋值运算符的应用：

```
namespace Chapter3_11
{
    class Program
    {
        static void Main(string[] args)
        {
            int num = 101; Console.WriteLine("num=" + num);
            Console.WriteLine("num+=2 的运算结果为: " + (num += 2));
            num = 101; Console.WriteLine("num-=2 的运算结果为: " + (num -= 2));
            num = 101; Console.WriteLine("num*=2 的运算结果为: " + (num *= 2));
            num = 101; Console.WriteLine("num/=2 的运算结果为: " + (num /= 2));
            num = 101; Console.WriteLine("num%=2 的运算结果为: " + (num %= 2));
            num = 101; Console.WriteLine("num>>=2 的运算结果为: " + (num >>= 2));
            num = 101; Console.WriteLine("num<<=2 的运算结果为: " + (num <<= 2));
            num = 101; Console.WriteLine("num&=2 的运算结果为: " + (num &= 2));
            num = 101; Console.WriteLine("num|=2 的运算结果为: " + (num |= 2));
            num = 101; Console.WriteLine("num^=2 的运算结果为: " + (num ^= 2));
            Console.ReadLine();
        }
    }
}
```

运行结果如下：

```
num=101
num+=2 的运算结果为: 103
num-=2 的运算结果为: 99
num*=2 的运算结果为: 202
num/=2 的运算结果为: 50
num%=2 的运算结果为: 1
num>>=2 的运算结果为: 25
num<<=2 的运算结果为: 404
```

```
num&=2 的运算结果为: 0
num|=2 的运算结果为: 103
num^=2 的运算结果为: 103
```

3.4.6　条件运算符

条件运算符 "?:" 是 C#中唯一的一个三元运算符, 其语法形式为:

```
exp1?exp2:exp3;
```

其中, 表达式 exp1 的运算结果必须是一个布尔类型的值, 表达式 exp2 和 exp3 可以是任意数据类型, 但它们返回的数据类型必须一致。

首先计算 exp1 的值, 如果其值为 True, 则计算 exp2 的值, 这个值就是整个表达式的结果; 否则, 取 exp3 的值作为整个表达式的结果。

例如:

```
z=x>y?x:y;           //z 的值就是 x 和 y 中较大的一个, 用于取大数
z=x>=0?x:-x;         //z 的值就是 x 的绝对值
```

从上面的代码可以看出, 条件运算符非常简单实用, 大大简化了只有两种可能性的判断语句。

3.4.7　其他运算符

表 3.10 列出了 C#支持的其他重要的运算符, 包括 sizeof、typeof、is。

表 3.10　C#支持的其他重要的运算符

运　算　符	描　述	实　例
sizeof	返回数据类型的大小	sizeof(int), 将返回 4
typeof	返回 class 的类型	typeof(StreamReader);
is	判断对象是否为某一类型	If(Ford is Car), 检查 Ford 是否是 Car 类的一个对象

下面的实例演示了这几个运算符的应用:

```
namespace Chapter3_12
{
    class Program
    {
        public class Animal { }
        public class Giraffe : Animal { }
        static void Main(string[] args)
        {
            /* sizeof 运算符的示例 */
            Console.WriteLine("int 的大小是 {0}", sizeof(int));
            Console.WriteLine("short 的大小是 {0}", sizeof(short));
            Console.WriteLine("double 的大小是 {0}", sizeof(double));
            object giraffe = new Giraffe();
            // True
            Console.WriteLine("Giraffe is Animal:{0}", giraffe is Animal);
```

```
            Console.WriteLine("Type of Giraffe is Animal: {0}",giraffe.
GetType() == typeof(Animal));  // False
            Console.ReadLine();
        }
    }
}
```

运行结果如下：

```
int 的大小是 4
short 的大小是 2
double 的大小是 8
Giraffe is Animal: True
Type of Giraffe is Animal: False
```

3.4.8   运算符优先级

运算符优先级用于确定表达式中的项如何进行组合，这会影响到一个表达式如何进行计算。如果某些运算符比其他运算符有更高的优先级，则优先组合，如乘除运算符具有比加减运算符更高的优先级。

例如，x = 7 + 3 * 2，在这里，x 被赋值为 13，而不是 20，因为运算符*具有比运算符+更高的优先级，所以首先计算乘法 3*2，然后加上 7。

表 3.11 按照优先级从高到低的顺序给出了各种运算符的优先级和结合性，具有较高优先级的运算符出现在表格的上面，具有较低优先级的运算符出现在表格的下面。在表达式中，较高优先级的运算符会优先被计算。

表 3.11   各种运算符的优先级和结合性

类　　别	运　算　符	结　合　性
后缀	() [] .	从左到右
一元	+ - ! ~ ++ -- typeof sizeof	从右到左
乘除	* / %	从左到右
加减	+ -	从左到右
移位	<< >>	从左到右
关系	< <= > >=	从左到右
相等	== !=	从左到右
位与（AND）	&	从左到右
位异或（XOR）	^	从左到右
位或（OR）	|	从左到右
逻辑与（AND）	&&	从左到右
逻辑或（OR）	||	从左到右
条件	?:	从右到左
赋值	= += -= *= /= %= >>= <<= &= ^= |=	从右到左
逗号	,	从左到右

3.5　C#语言的结构

20 世纪 60 年代，为应对"软件危机"，结构化程序设计思想被提出，任何程序都可以且只能由 3 种基本结构构成，即顺序结构、分支结构和循环结构。

顺序结构是其中最简单的一种，即语句按照书写的顺序依次执行。

分支结构又称选择结构，它根据计算机所得的表达式的值判断应选择哪一个流程分支来执行。

循环结构是在一定条件下反复执行某一段语句的程序结构。

这 3 种基本结构构成了程序局部模块的基本框架，如图 3.2 所示。

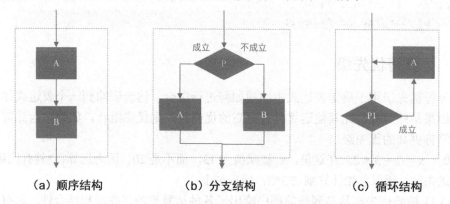

（a）顺序结构　　　　　（b）分支结构　　　　　（c）循环结构

图 3.2　结构化程序设计的 3 种基本结构

C#虽然是面向对象的语言，但是在局部语句块内部，仍然需要借助结构化程序设计的基本流程来组织语句，完成相应的逻辑功能。C#中有专门负责实现分支结构的条件语句和负责实现循环结构的循环语句，为了增强语言的灵活性，C#对其他各类非结构性的跳转编程机制也提供了完善的支持。

3.5.1　分支语句

分支语句就是条件判断语句，它能让程序在执行时根据特定条件是否成立选择执行不同的语句块。C#提供了两种分支语句结构：if 语句和 switch 语句。

3.5.1.1　if 语句

if 语句在使用时可以有几种典型的形式，分别是 if 框架、if/else 框架、if/else if 框架及嵌套的 if 语句。下面依次介绍这几种典型的形式。

1. if 框架

if 框架的语法形式如下：

```
if(条件表达式) 语句;
```

如果条件表达式为真，则执行语句。在语法上，这里的语句是指单个语句，若想执行一组语句，则可将这一组语句用"{"和"}"括起来构成一个语句块。在语法上，语句块就是一条语句，下面涉及的语句都是这个概念。

例如：

```
if(x<0)  x=-x;              //取 x 的绝对值
```

2．if/else 框架

if/else 框架的语法形式如下：

```
if(条件表达式)
    语句1;
else
    语句2;
```

如果条件表达式为真，则执行语句 1；否则执行语句 2。

例如：

```
if(a+b>c && b+c>a && a+c>b)                              //判断数据合法性
{
    p=(a+b+c)/2;
    s=Math.Sqrt(p*(p-a)*(p-b)*(p-c));                   //求三角形的面积
}
else
    Console.WriteLine("三角形的三条边数据有错！");
```

3．if/else if 框架

if/else if 框架的语法形式如下：

```
if(条件表达式1)
    语句1;
else if(条件表达式2)
    语句2;
else if(条件表达式3)
    语句3;
…
[else
    语句n;]
```

这种语句在执行时，按由上往下的顺序计算相应的条件表达式，如果结果为真，则执行相应的语句，跳过 if/else if 框架的剩余部分，直接执行框架后的下一条语句；如果结果为假，则继续往下计算相应的条件表达式，直到所有的条件表达式都不成立，执行最后部分 else 对应的语句，如果没有 else 语句，则程序终止。

例如：

```
if(score>=90)
    Console.WriteLine("成绩优秀");
else if(score>=80)
    Console.WriteLine("成绩良好");
else if(score>=60)
    Console.WriteLine("成绩及格");
else
```

```
Console.WriteLine("成绩不及格");
```

4. 嵌套的 if 语句

在 if 语句框架中，条件表达式为真或为假，将要执行的语句都有可能又是一个 if 语句，这种 if 语句包含 if 语句的结构就称为嵌套的 if 语句。为了避免二义性，C#规定 else 语句与和它处于同一模块最近的 if 相匹配。嵌套的 if 语句的语法形式如下：

```
if(条件表达式1)
{
    /* 当条件表达式 1 为真时执行 */
    if(条件表达式2)
    {
        /* 当条件表达式 2 为真时执行 */
    }
}
```

下面的实例用于求解一元二次方程，其中采用了多种结构的 if 语句。具体代码如下：

```
namespace Chapter3_13
{
    class Program
    {
        static void Main(string[] args)
        {
            Console.WriteLine("判断方程是不是一元二次方程：");
            Console.WriteLine("ax^2+b*x+c=0");
            Console.Write("请输入 a=");
            double a = double.Parse(Console.ReadLine());
            if (a == 0)
            {
                Console.WriteLine("此方程不是一元二次方程！");
            }
            else// a!=0
            {
                Console.Write("请输入 b=");
                double b = double.Parse(Console.ReadLine());
                Console.Write("请输入 c=");
                double c = double.Parse(Console.ReadLine());
                double de = b * b - 4 * a * c;
                if (de >= 0)
                {
                    if (de > 0)
                    {
                        Console.WriteLine("此方程有两个不同的实数根。");
                        double x1 = (-b + Math.Sqrt(de)) / (2 * a);
                        double x2 = (-b - Math.Sqrt(de)) / (2 * a);
                        Console.WriteLine("x1=" + x1 + ",x2=" + x2);
                    }
```

```
            else//de==0
            {
                Console.WriteLine("此方程有两个相同的实数根。");
                double x1 = (-b + Math.Sqrt(de)) / (2 * a);
                Console.WriteLine("x1=x2=" + x1);
            }
        }
        else  //de<0
        {
            Console.WriteLine("方程没有实数根！");
        }
    }
    Console.ReadKey();
    }
  }
}
```

运行结果如下：

```
判断方程是不是一元二次方程：
ax^2+b*x+c=0
请输入 a=1
请输入 b=-1
请输入 c=-6
此方程有两个不同的实数根。
x1=3,x2=-2
```

3.5.1.2　switch 语句

switch 语句是一个多分支结构的语句。它实现的功能与 if/else if 框架相似，但是在大多数情况下，switch 语句的表示方式更直观、简单、有效。switch 语句的语法形式如下：

```
switch(表达式)
{
    case 常量1：
      语句序列1；
      break；
    case 常量2：
      语句序列2；
      break；
    …
    default : /* 可选的 */
      语句序列n；
      break；
}
```

switch 语句必须遵循下面的规则。

（1）switch 语句中表达式的结果必须是整型、字符串型、字符型、布尔型等数据类型。

（2）如果 switch 语句中表达式的值与 case 后面的值相同，则执行相应的 case 后面的语

智能制造的 C#实战教程

句序列。

（3）如果所有的 case 后面的值与 switch 语句中表达式的值都不相同，则执行 default 后面的语句序列。default 语句是可以省略的。

（4）case 后面的值是不能重复的。

switch 语句的执行流程如图 3.3 所示。

图 3.3　switch 语句的执行流程

下面的实例用于判断月份和季节的关系，采用了 switch 语句：

```
namespace Chapter3_14
{
    class Program
    {
        static void Main(string[] args)
        {
            Console.WriteLine("请您输入一个月份： ");      //输出提示信息
            //声明一个 int 类型变量，用于获取用户输入的数据
            int month = int.Parse(Console.ReadLine());
            string seasonInfo;                          //声明一个字符串型变量
            switch (month)
            {
                //如果输入的数据是 12、1 或 2，则执行此分支
                case 12:
                case 1:
                case 2:
                    seasonInfo = "您输入的月份属于冬季！";
                    break;
                //如果输入的数据是 3、4 或 5，则执行此分支
                case 3:
                case 4:
                case 5:
                    seasonInfo = "您输入的月份属于春季！";
                    break;
                //如果输入的数据是 6、7 或 8，则执行此分支
                case 6:
```

```
            case 7:
            case 8:
                seasonInfo = "您输入的月份属于夏季! ";
                break;
            //如果输入的数据是 9、10 或 11，则执行此分支
            case 9:
            case 10:
            case 11:
                seasonInfo = "您输入的月份属于秋季! ";
                break;
            default://如果输入的数据不满足以上 4 个分支内容，则执行 default 语句
                seasonInfo = "月份输入错误! ";
                break;
            }
        Console.WriteLine(seasonInfo);                //输出字符串 seasonInfo
        Console.ReadLine();
        }
    }
}
```

运行结果如下：

请您输入一个月份：
10
您输入的月份属于秋季!

3.5.2　循环语句

循环语句是指在一定条件下重复执行一组语句。

C#提供了 4 种循环语句：while、do/while、for 和 foreach。其中 foreach 语句主要用于遍历集合中的元素。例如，对于数组对象，可以用 foreach 语句遍历数组的每个元素。

3.5.2.1　while 语句

while 语句的语法形式如下：

```
while(条件表达式)
    循环体语句;
```

如果条件表达式为真（True），则执行循环体语句。while 语句的执行流程如图 3.4 所示。

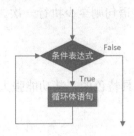

图 3.4　while 语句的执行流程

例如，用 while 语句求 $\sum_{i=1}^{100} i$：

```
int sum=0,i=0;
while(i<=100)
{
    sum+=i;
    i++;
}
```

3.5.2.2　do/while 语句

do/while 语句的语法形式如下：

```
do
    循环体语句;
while(条件表达式)
```

该循环语句首先执行循环体语句，再判断条件表达式。如果条件表达式为真（True），则继续执行循环体语句。do/while 语句的执行流程如图 3.5 所示。

图 3.5　do/while 语句的执行流程

例如，用 do/while 语句求 $\sum_{i=1}^{100} i$：

```
int sum=0, i=0;
do
{
    sum += i;
    i++;
}
while(i<=100)
```

do/while 语句与 while 语句很相似，区别仅在于 while 语句的循环体语句有可能一次也不执行，而 do/while 语句的循环体语句则至少执行一次。

3.5.2.3　for 语句

C#的 for 语句是循环语句中最具特色的，其功能强大、灵活多变、使用广泛。
for 语句的语法形式如下：

```
for(表达式 1;表达式 2;表达式 3)
    循环体语句;
```

for 语句的执行流程如图 3.6 所示。

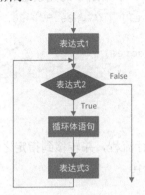

图 3.6　for 语句的执行流程

例如，用 for 语句求 $\sum\limits_{i=1}^{100} i$：

```
int sum=0;
for(int i=1;i<=100;i++)
    sum += i;
sum=0;
for(int i=100;i>0;i--)
    sum += i;                       //递减，与递加的结果是一样的
```

for 语句的特点如下。

（1）对于 for 语句，表达式 1 和表达式 3 可引入逗号运算符"，"，这样可以为若干变量赋初值或增值。例如：

```
for(int sum=0,i=1; i<=100;i++)
```

（2）for 语句内的 3 个表达式可以任意省略，甚至全部省略。

如果表达式 2 被省略，就约定它的值为 True。但不管哪个表达式被省略，表达式之间的"；"不能省略。例如：

```
for(; ; ;)
```

（3）可在 for 语句内部声明循环控制变量。

如果循环控制变量只是在这个循环内使用，那么为了更有效地使用变量，也可在 for 语句的初始化部分（表达式 1）声明该变量。当然，这个变量的作用域仅限于此循环体内。

3.5.2.4　foreach 语句

C#的 foreach 语句主要用于遍历集合中的每个元素，其语法形式如下：

```
foreach(类型 标识符 in 集合表达式)
    循环体语句;
```

其中，标识符是 foreach 语句的迭代变量，只在 foreach 语句中有效，并且是一个只读的局部变量，即在 foreach 语句中，不能改写这个变量；类型与集合的基本类型一致；集合表达式是被遍历的集合。

例如，利用 foreach 语句计算一个数组中的元素总和：

```
float[] scores = new float[] { 77, 88.5f, 90, 75.5f, 82, 91, 83, 59, 84 };
float totalScore=0;
foreach(float score in scores)
    totalScore += score;
```

3.5.3 跳转语句

跳转语句用于改变程序的执行流程，并转移到指定之处。下面介绍 C#中两种主要的跳转语句：continue 语句和 break 语句。

3.5.3.1 continue 语句

continue 语句的语法形式如下：

```
continue;
```

continue 语句只能用于循环语句中，作用是结束本轮循环，不再执行余下的循环体语句，转而执行下一轮循环。对于 while 和 do/while 结构的循环语句，在 continue 语句执行之后，就立刻测试循环条件，决定是否继续循环下去；对于 for 语句，在执行 continue 语句时，需要先计算表达式 3，再测试循环条件。如果 continue 语句存在于多重循环之中，那么它只对包含它的最内层循环有效。

例如，输出 1～200 内是 3 的倍数的整数：

```
for(int i=1;i<=200;i++)
{
    if(i%3 !=0)
        continue;
    Console.Write("{0}\t",i);
}
```

3.5.3.2 break 语句

break 语句的语法形式如下：

```
break;
```

break 语句只能用于循环语句或 switch 语句中。如果在循环语句中执行 break 语句，那么会导致循环立刻结束，跳转到循环之后的下一条语句。对于多重循环，break 语句只能从当前层跳出，进入上一层循环，而不会结束上一层循环。

例如，求 1～100 内的所有素数：

```
int num,j;
for(num=2;num<100;num++)
{
    for(j=2; j<num; j++)
    {
        if(num % j == 0)
```

```
            break;
    }
    if(j>=num)
        Console.Write("{0,-4}",num);
}
```

运行结果如下：

```
2   3   5   7   11  13  17  19  23  29  31  37  41  43  47  53  59  61  67  71
73  79  83  89  97
```

3.6　数组

数组是用来存储数据的集合，通常认为它是一个同一类型变量的集合。所有的数组都是由连续的内存位置组成的，最低的地址对应第一个元素，最高的地址对应最后一个元素。

1. 语法形式

数组的语法形式如下：

```
type[] arrayName;
```

其中，type 可以是 C#中任意的数据类型；[]表明后面的变量是一个数组类型，必须放在数组名之前；arrayName 是数组名，遵循标识符的命名规则。

例如：

```
float[] scores;   //定义用于存储学生成绩的数组
```

2. 初始化数组

声明一个数组不会在内存中初始化数组。当初始化数组变量时，可以赋值给数组。数组是一个引用类型，所以需要使用 new 关键字来创建数组的实例。

例如：

```
float[] scores = new float[100]; //创建一个能够存储 100 个学生成绩的数组 scores
```

3. 给数组赋值

可以通过使用索引号给一个单独的数组元素赋值。例如：

```
float[] scores = new float[100];
scores [0] = 92.5;
```

可以在声明数组的同时给数组赋值。例如：

```
float[] scores = { 92.5,88,79,95,…};
```

也可以创建并初始化一个数组。例如：

```
int [] marks = new int[5] { 99, 98, 92, 97, 95};
```

在上述情况下，也可以省略数组的大小。例如：

```
int [] marks = new int[] { 99, 98, 92, 97, 95};
```

也可以赋值一个数组变量到另一个目标数组变量中。在这种情况下，目标和源会指向相同的内存位置：

```
int [] marks = new int[] { 99, 98, 92, 97, 95};
int[] scores = marks;
```

当创建一个数组时，C#编译器会根据数组类型隐式初始化每个数组元素为一个默认值。例如，int 数组的所有元素都会被初始化为 0。

4. 访问数组元素

元素是通过带索引的数组名称来访问的，是通过把元素的索引放置在数组名称后的方括号中来实现的。例如：

```
double score = scores[9];
```

下面是一个示例，使用上面提到的 3 个概念，即声明、赋值、访问数组。

5. 示例

```
namespace Chapter3_17
{
    class Program
    {
        static void Main(string[] args)
        {
            int[] n = new int[10]; /* n 是一个含有 10 个整数的数组 */
            int i, j;
            /* 初始化数组 n 中的元素 */
            for (i = 0; i < 10; i++)
            {
                n[i] = i + 100;
            }
            /* 输出每个数组元素的值 */
            for (j = 0; j < 10; j++)
            {
                Console.WriteLine("Element[{0}] = {1}", j, n[j]);
            }
            Console.ReadKey();
        }
    }
}
```

运行结果如下：

```
Element[0] = 100
Element[1] = 101
Element[2] = 102
Element[3] = 103
Element[4] = 104
Element[5] = 105
Element[6] = 106
Element[7] = 107
Element[8] = 108
Element[9] = 109
```

3.7　类

在现实世界中，当读者想要描述一个对象时，可以通过描述其特征和行为来进行说明。在 C#中，也存在相似的用法，这个用法就是类，读者在代码中利用类描述一个对象，利用类的属性和方法描述对象的属性与方法。

类把这些具有相同属性和相同方法的对象进行封装。它就是个模子，确定了对象应该具有的属性和方法。对象是根据类创建出来的，类不占内存，对象占内存。

3.7.1　类的定义

类是一种数据结构，可以包含数据成员（常量和字段）、函数成员（方法、属性、事件、索引器、运算符、实例构造函数、静态构造函数和析构函数）及嵌套类型。

C#中的一切类型都为类，object 是所有类型的基类，除引用的命名空间外，所有的语句都必须位于类（或结构）内，因此类是 C#语言的核心和基本构成模块。

类是一种较为高级的数据结构，定义了数据和操作这些数据的代码。定义一个类，与定义变量和数组类似，首先要进行声明。

类的语法形式如下：

```
[类修饰符] class 类名[:基类]
{
[类体]
}
```

如表 3.12 所示，类修饰符可以是表中所列的几种之一或它们的有效组合，但是在类的声明中，同一修饰符不允许多次出现。

表 3.12　类修饰符

修 饰 符	作 用 说 明
public	表示不限制对类的访问。类的访问权限省略时默认为 public
protected	表示该类只能被这个类的成员或派生类成员访问
private	表示该类只能被这个类的成员访问
internal	表示该类能够由程序集中的所有文件使用，而不能由程序集之外的对象使用
new	只允许用在嵌套类中，表示所修饰的类会隐藏继承下来的同名成员
abstract	表示这是一个抽象类，该类含有抽象成员，因此不能被实例化，只能作为基类
sealed	表示这是一个密封类，不能从这个类中再派生出其他类。密封类不能同时为抽象类

类的基类定义了该类的直接基类和由该类实现的接口，当基类多于一项时，用逗号","分隔。类的基类包括它的直接基类和直接基类的基类。如果没有显式地指向直接基类，那么它的基类隐含为 object。

下面的代码演示了 PlcBase 这个类的结构：

```
namespace Device.PLC
{
    public interface IPlc                                //试压机 PLC
    {
```

```
        float GetPressure(ushort pressureAddress);   //根据存储地址提取压力值
    }
    public abstract class ModbusRtuBase : TcpOpBase, IModbusOp
    {
        public IModbusSerialMaster ModbusMaster { get; set; }
      public ModbusRtuBase(string ipAddressWithPort) : base(ipAddressWithPort)
        {
            //构建 ModbusRtu 连接
            ModbusMaster = ModbusSerialMaster.CreateRtu(TcpClient);
        }
    }
    public abstract class PlcBase : ModbusRtuBase,IPlc
    {
        public byte slaveId;

        public PlcBase(string ipAddressWithPort):base(ipAddressWithPort)
        {
        }
      //获取压力值
        public abstract float GetPressure(ushort pressureAddress);
    }
}
```

PlcBase 这个类的基类是 ModbusRtuBase，用于连接基于 ModbusRtu 协议的设备，这一部分代码会在第 10 章中进行讲解。这样，PlcBase 就继承了 ModbusRtuBase 的所有 public 和 protected 的函数；PlcBase 还实现了 IPlc 接口的 GetPressure 函数；ModbusRtuBase 和 IPlc 都是 PlcBase 的基类，它们之间通过“，”分隔。

3.7.2 类的成员

类的定义包括类头和类体两部分，其中类体用“{”和“}”括起来，用于定义该类的成员。

类的成员的来源有两部分：一部分是类体中以声明形式引入的成员，另一部分是直接从它的基类继承而来的成员。当成员声明中含有 static 修饰符时，表明它是静态成员，否则就是实例成员，静态成员无须进行实例化。

类的成员声明中可以使用以下访问修饰符中的一种：public、private、protected、internal、protected internal，默认约定的修饰符为 private。

1. 常数声明

常数声明的语法形式如下：

```
[常数修饰符] const 类型 标识符 = 常数表达式[,…]
```

其中各参数的含义如下。

（1）常数修饰符包括 new、public、protected、internal、private。

（2）类型包括 sbyte、byte、short、ushort、int、uint、long、ulong、char、float、double、 decimal、bool、string、枚举类型或引用类型。

（3）常数表达式的值类型应与目标类型一致，或者通过隐式类型转换规则转换为目标类型。

例如：

```
public class ConstClass
{
    private const int _grade = 7;
    public const double PI = 3.1415926;
}
```

注意：常数表达式的值应该是一个可以在编译时计算的值，常数声明不允许使用 static 修饰符，但它和静态成员一样能通过类被直接访问。

2. 字段声明

字段声明的语法形式如下：

[字段修饰符]　类型　变量声明列表

其中各参数的含义如下。

（1）变量声明列表是指标识符或用逗号","分隔的多个标识符，变量标识还可用赋值号"="设定初始值。

例如：

```
public class VarClass
{
    int count1=100, count2 = 200;
    float sum = 0;
}
```

（2）字符修饰符包括 new、public、protected、internal、private、static、readonly、volatile 等。

static 表示静态字段，不加 static 修饰符的字段是实例字段。静态字段不属于某个实例对象，而实例字段则属于实例对象。也就是说，一个类可以创建若干实例对象，每个实例对象都有自己的实例字段映像，而若干实例对象只能共享一个静态字段。因此，对静态字段的访问只与类相关联，而对实例字段的访问则要与实例对象相关联。

readonly 是只读字段，对它的赋值只能在声明的同时进行，或者通过类的实例构造函数或静态构造函数实现。在其他情况下，对只读字段只能读不能写，这与常量有共通之处，但 const 成员的值要求在编译时能计算，如果这个值只有到运行时刻才能给出，又希望这个值一旦赋值就不能改变，就可以把它定义成只读字段。

3.7.3　构造函数

类的构造函数是类的一个特殊的成员函数，在创建类的新对象时，就会执行构造函数。构造函数的作用是帮助用户初始化对象（给对象的每个属性依次赋值）。构造函数的名称与类的名称完全相同，没有任何返回类型。

智能制造的 C#实战教程

构造函数的声明格式如下：

```
[构造函数修饰符]标识符([参数列表])
[:base([参数列表])][:this([参数列表])]
{
    语句块;
}
```

其中各参数的含义，以及对该代码的解释如下。

（1）构造函数修饰符包括 public、protected、internal、private、extern。一般地，构造函数总为 public 类型，如果为 private 类型，则表明该类不能被外部类实例化。

（2）标识符([参数列表])即构造函数名，必须与其所在类同名。

（3）构造函数不声明返回类型，并且没有任何返回值。

（4）构造函数可以没有参数，也可以有一个或多个参数，这表明构造函数在类的声明中可以有函数名相同但参数个数不同或类型不同的多种形式，即所谓的构造函数重载。在用 new 运算符创建一个类的对象时，类名后的一对 "()" 提供初始化列表，这实际上就是提供给构造函数的参数，系统根据这个初始化列表的参数个数、类型和顺序调用不同的重载版本。

下面给出了一个求取立方体体积的实例：

```
namespace Chapter3_18
{
    class Program
    {
        public struct BoxDef
        {
            public double Length;
            public double Width;
            public double Height;
        }
        class Box
        {
            private double _length;                    // 长度
            private double _width;                     // 宽度
            private double _height;                    // 高度
            public Box(double length, double width, double height)
            {
                _length = length;
                _width = width;
                _height = height;
            }
            public Box(BoxDef box)
            {
                _length = box.Length;
                _width = box.Width;
                _height = box.Height;
            }
```

```
        public double Volumn
        {
            get
            {
                return _length * _width * _height;
            }
        }
    }
    static void Main(string[] args)
    {
        Box Box1 = new Box(5.0, 6.0, 7.0);          // 声明 Box1，类型为 Box
        BoxDef boxDef = new BoxDef();
        boxDef.Length = 10.0;
        boxDef.Width = 12.0;
        boxDef.Height = 13.0;
        Box Box2 = new Box(boxDef);                 // 声明 Box2，类型为 Box
        double volume = 0.0;                        // 体积
        // Box1 的体积
        volume = Box1.Volumn;
        Console.WriteLine("Box1 的体积：  {0}", volume);
        // Box2 的体积
        volume = Box2.Volumn;
        Console.WriteLine("Box2 的体积：  {0}", volume);
        Console.ReadKey();
    }
}
```

运行结果如下：

```
Box1 的体积：210
Box2 的体积：1560
```

3.7.4　析构函数

析构函数用于实现销毁类的实例的方法成员，并且不能继承或重载。析构函数不能有参数，也不能有任何修饰符，而且不能被调用。析构函数与构造函数的标识符不同，在析构函数前面需要前缀"~"以示区别。

析构函数在 C#里面不是必需的，如果系统中没有指定析构函数，那么编译器由 Windows 系统的 GC（Garbage Collection，垃圾回收机制）来决定什么时候释放资源。

声明析构函数的语法形式如下：

```
[extern]~标识符()
{
    函数体
}
```

其中各参数的含义及对代码的说明如下。

智能制造的 C#实战教程

（1）标识符必须与类名相同，前面必须加上"~"符号。

（2）析构函数不能由程序显式地调用，而由系统在释放对象时自动调用。如果对象是一个派生类对象，那么在调用析构函数时会产生链式反应，首先执行派生类的析构函数，然后执行基类的析构函数，如果这个基类还有自己的基类，那么该过程会不断地重复，直到调用 object 类的析构函数，其执行顺序正好与构造函数相反。

下面给出了构造函数和析构函数的实例：

```
namespace Chapter3_19
{
    class Line
    {
        private double length;    // 线条的长度
        public Line()             // 构造函数
        {
            Console.WriteLine("Line 对象已创建");
        }
        ~Line()                   //析构函数
        {
            Console.WriteLine("Line 对象已删除");
        }
        public void setLength(double len)
        {
            length = len;
        }
        public double getLength()
        {
            return length;
        }
    }
    class Program
    {
        static void Main(string[] args)
        {
            Line line = new Line();
            // 设置线条长度
            line.setLength(6.0);
            Console.WriteLine("线条的长度: {0}", line.getLength());
        }
    }
}
```

运行结果如下：

```
Line 对象已创建
线条的长度: 6
Line 对象已删除
```

3.8　方法

一个方法是把一些相关的语句组织在一起，用来执行一个任务的语句块。每个 C#程序至少有一个带有 Main()的类。要使用一个方法，需要完成以下工作。

（1）定义方法。

（2）调用方法。

3.8.1　方法的声明

方法是按照一定格式组织的一段程序代码，在类中用方法声明的方法来定义。

方法声明的语法形式如下：

```
[方法修饰符] 返回类型 方法名([形参表])
{
    方法体
}
```

其中各参数的含义如下。

（1）方法修饰符。方法支持的修饰符及其作用说明如表 3.13 所示。

方法修饰符中的 public、protected、private、internal 等属于访问修饰符，表示访问的级别，在默认情况下，方法的访问级别为 public。

表 3.13　方法支持的修饰符及其作用说明

修　饰　符	作用说明
new	在一个继承结构中，用于隐藏基类同名的方法
public	表示该方法可以在任何地方被访问
protected	表示该方法可以在它的类或派生类类体中被访问，但不能在类体外访问它
private	表示该方法只能在这个类体内被访问
internal	表示该方法可以被同处于一个工程中的文件访问
static	表示该方法属于类型本身，而不属于某特定对象
virtual	表示该方法可在派生类中重写，以此来更改该方法的实现
abstract	表示该方法仅仅定义了方法名及执行方式，但没有给出具体实现，因此包含这种方法的类是抽象类，有待于派生类的实现
override	表示该方法是从基类继承的 virtual()方法的新实现
sealed	表示这是一个密封方法，它必须同时包含 override 修饰符，以防止其派生类进一步重写该方法
extern	表示该方法从外部实现

（2）返回类型——方法返回值的类型。

方法可以有返回值也可以没有返回值，若有，则可以为任何一种 C#的数据类型，在方法内通过 return 语句将其交给调用者；若没有，则它的返回类型标为 void。

（3）方法名——每个方法都有一个名称，一般可以按标识符的命名规则命名。

Main()是为开始执行程序的主方法预留执行的标识符，不能使用 C#的关键字作为方法名。为了使方法名容易理解和记忆，建议命名尽可能地同方法所要执行的操作联系起来，即达到"望文生义"的效果。

智能制造的 C#实战教程

（4）形参表——由零个或多个用逗号分隔的形式参数组成，当形参表为空时，外面的圆括号不能省略。

（5）方法体——用花括号括起来的一个语句块，实现方法的操作和功能。

下面的例子给出了两个方法的实现，即 FindMax()和 FindMin()：

```csharp
namespace Chapter3_20
{
    class Program
    {
        //求一个数组中的最大值和最小值
        class NumOperator
        {
            public int FindMax(int[] numbers)      //计算最大值的方法
            {
                int result = int.MinValue;
                foreach(int num in numbers)
                {
                    if (num > result)
                        result = num;
                }
                return result;
            }
            public int FindMin(int[] numbers)      //计算最小值的方法
            {
                int result = int.MaxValue;
                foreach (int num in numbers)
                {
                    if (num < result)
                        result = num;
                }
                return result;
            }
        }
        static void Main(string[] args)
        {
            /* 局部变量定义 */
            int[] numbers = new int[10]{11,35,23,34,8,98,45,33,76,55};
            int ret;
            NumOperator n = new NumOperator();
            ret = n.FindMax(numbers);               //调用 FindMax()方法
            Console.WriteLine("最大值是：{0}", ret);
            ret = n.FindMin(numbers);               //调用 FindMin()方法
            Console.WriteLine("最小值是：{0}", ret);
            Console.ReadLine();
        }
    }
}
```

运行结果如下：

最大值是：98
最小值是：8

3.8.2　参数传递

参数的功能是使信息在方法中传入和传出。当声明一个方法时，包含的参数是形式参数（形参）；当调用一个方法时，给出的对应参数是实际参数（实参）。参数的传入和传出就是在实参与形参之间发生的。

在 C#中，有 3 种向方法传递参数的方式，如表 3.14 所示。

表 3.14　3 种向方法传递参数的方式

方　式	描　述
值参数	复制参数的实际值给函数的形参，实参和形参使用的是两个不同内存中的值。在这种情况下，当形参的值发生变化时，不会影响实参的值，从而保证了实参数据的安全
引用参数	复制参数的内存位置的引用给形参。这意味着当形参的值发生变化时，实参的值也会发生变化
输出参数	可以返回多个值

1．按值传递参数

按值传递参数是参数传递的默认方式。在这种方式下，当调用一个方法时，会为每个值参数创建一个新的存储位置。

下面的示例演示了这个概念：

```
namespace Chapter3_21
{
    class NumSwap
    {
        //用于交换两个数值
        public void swap(int x, int y)
        {
            int temp = x;      /* 保存 x 的值 */
            x = y;             /* 把 y 赋值给 x */
            y = temp;          /* 把 temp 赋值给 y */
        }
    }
    class Program
    {

        static void Main(string[] args)
        {
            NumSwap numSwap = new NumSwap();
            /* 局部变量定义 */
            int a = 100;
            int b = 200;
            Console.WriteLine("在交换之前，a 的值: {0}", a);
```

```
        Console.WriteLine("在交换之前，b 的值：{0}", b);
        /* 调用函数来交换值 */
        numSwap.swap(a, b);
        Console.WriteLine("在交换之后，a 的值：{0}", a);
        Console.WriteLine("在交换之后，b 的值：{0}", b);
        Console.ReadKey();
    }
  }
}
```

运行结果如下：

```
在交换之前，a 的值：100
在交换之前，b 的值：200
在交换之后，a 的值：100
在交换之后，b 的值：200
```

结果表明，即使在函数内改变了值，最终的返回值也没有发生任何变化。

2. 按引用传递参数

引用参数是一个对变量的内存位置的引用。当按引用传递参数时，与值参数不同的是，它不会为这些参数创建一个新的存储位置。引用参数表示与提供给方法的实参具有相同的内存位置。

在 C#中，使用 ref 关键字声明引用参数。下面的示例和上面的示例相比仅仅在传递参数里面增加了 ref，使用了按引用传递参数的方式，由于共享了内存，所以当执行完 swap 函数后，原来的数值也发生了变化：

```
namespace Chapter3_22
{
    class NumSwap
    {
        //用于交换两个数值
        public void swap(ref int x, ref int y)
        {
            int temp = x;      /* 保存 x 的值 */
            x = y;             /* 把 y 赋值给 x */
            y = temp;          /* 把 temp 赋值给 y */
        }
    }
    class Program
    {
        static void Main(string[] args)
        {
            NumSwap numSwap = new NumSwap();
            /* 局部变量定义 */
            int a = 100;
            int b = 200;
            Console.WriteLine("在交换之前，a 的值：{0}", a);
```

```
        Console.WriteLine("在交换之前，b 的值：{0}", b);
        /* 调用函数来交换值 */
        numSwap.swap(ref a, ref b);
        Console.WriteLine("在交换之后，a 的值：{0}", a);
        Console.WriteLine("在交换之后，b 的值：{0}", b);
        Console.ReadKey();
    }
  }
}
```

运行结果如下：

```
在交换之前，a 的值：100
在交换之前，b 的值：200
在交换之后，a 的值：200
在交换之后，b 的值：100
```

结果表明，swap 函数内的值发生了变化，原来的 a 和 b 的值也发生了变化，这是因为 a、b 和 swap 函数里面的参数共享内存。

3. 按输出传递参数

return 语句可用于只从函数中返回一个值。但是，可以使用输出参数来从函数中返回两个值或多个值。输出参数会把方法输出的数据赋给自己，其他方面与引用参数相似。在采用按输出传递参数方式时，需要在参数前使用 out 关键字。

在 3.8.1 节的例子中，最大值的获取和最小值的获取采用了两个不同的函数，这是因为返回值只有一个，所以采用了两个函数。如果采用按输出传递参数的方式，就可以只采用一个函数即可依次获取最大值和最小值。代码如下：

```
namespace Chapter3_23
{
    class Program
    {
        //求一个数组中的最大值和最小值
        class NumOperator
        {
            public void FindMaxMin(int[] numbers,out int max,out int min)
            {
                max = int.MinValue;
                min = int.MaxValue;
                foreach (int num in numbers)
                {
                    if (num > max)
                        max = num;
                    if (num < min)
                        min = num;
                }
            }
        }
```

```
        static void Main(string[] args)
        {
            /* 局部变量定义 */
            int[] numbers = new int[10] { 11, 35, 23, 34, 8, 98, 45, 33,
76, 55 };
            int max,min;
            NumOperator np = new NumOperator();
            np.FindMaxMin(numbers,out max,out min);//调用 FindMax Min()方法
            Console.WriteLine("最大值是: {0}", max);
            Console.WriteLine("最小值是: {0}", min);
            Console.ReadLine();
        }
    }
}
```

运行结果如下:

```
最大值是: 98
最小值是: 8
```

3.9 属性

使程序员可以创造新的声明性信息的种类称为属性。属性是对现实世界中实体特征的抽象,为访问自定义类型的注释信息提供通用的访问方式。

属性是字段的自然扩展。属性和字段都是类的成员,都具有相关的类型,并且用于访问字段和属性的语法也相同。然而,与字段不同的是,属性不会被归类为变量。因此,不能将属性作为 ref 或 out 参数传递,但是,属性有访问器,这些访问器指定在它们的值被读取或写入时需要执行的语句。

对类的实现来说,属性是两个代码块,分别是 get 访问器和 set 访问器。在读取属性时,执行 get 访问器的代码块;在为属性赋新值时,执行 set 访问器的代码块。通常将不带 set 访问器的属性视为只读,将不带 get 访问器的属性视为只写,将具有以上两个访问器的属性视为读/写。

属性声明的语法格式如下:

```
public 数据类型 属性名
{
    get
    {
        //获取属性的语句块
        return 值;
    }
    set
    {
        //设置属性得到语句块
    }
}
```

其中各参数的含义如下。

（1）get 访问器。

get 访问器用于获取属性的值，需要在 get 语句最后使用 return 关键字返回一个与属性数据类型相兼容的值。若在属性定义中省略了该访问器，则不能在其他类中获取此属性的值，因此也称为只写属性。

（2）set 访问器。

set 访问器用于设置字段的值，这里需要使用一个特殊的值 value，它就是给字段赋的值。若在属性定义中省略了 set 访问器，则无法在其他类中给字段赋值，因此也称为只读属性。通常属性名的命名使用的是 Pascal 风格命名法，即单词的首字母大写，如果是由多个单词构成的，那么每个单词的首字母大写。

由于属性都是针对某个字段赋值的，因此属性的名称通常是将字段中每个单词的首字母大写。例如，定义了一个名为 name 的字段，属性名为 Name。

下面的实例定义了一个图书信息类（Book），在类中定义了图书编号（id）、图书名称（name）、图书价格（price）3 个字段，并分别为这 3 个字段设置属性，分别是 Id、Name 和 Price。代码如下：

```
class Book
{
    private int id;
    private string name;
    private double price;
    //设置图书编号属性
    public int Id
    {
        get{ return id;}
        set{ id = value;}
    }
    //设置图书名称属性
    public string Name
    {
        get{return name;}
        set { name = value; }
    }
    //设置图书价格属性
    public double Price
    {
        get{return price;}
        set{price =value;}
    }
}
```

从这段代码中可以发现，private 类型的 3 个变量并没有什么用途，只是起到了一个中转的作用，并且 set 访问器仅仅是一个赋值操作，并没有多余的代码。在这种情况下，C#提供了一种更加便捷的方式来定义这个属性，就是省略语句块，语法如下：

```
public 数据类型   属性名{get;set;}
```

这就大大简化了代码。这种方式也被称为自动属性设置。简化后图书信息类中的属性设置的代码如下：

```
class Book
{
    public int Id { get; set; }
    public string Name { get; set; }
    public double Price { get; set; }
}
```

说明：这种用法仅仅适用于同时存在 get 访问器和 set 访问器的属性，如果仅仅存在一个，那么是不能用这种简化方式的。

在实际使用这种简化方式时，与字段赋值和调用比较类似。具体的访问代码如下：

```
class Program
{
    static void Main(string[] args)
    {
        Book book = new Book();
        book.Name = "智能制造的 C#实战教程";
        book.Price = 89;
        Console.WriteLine("书名：{0}\n 价格：{1}",book.Name,book.Price);
        Console.ReadKey();
    }
}
```

执行结果如下：

```
书名：智能制造的 C#实战教程
价格：89
```

3.10　接口

接口是用来定义一种程序的协定。它好比一种模板，定义了实现接口的对象必须实现的方法，目的就是让这些方法可以作为接口实例被引用。

接口定义了所有类继承接口时应遵循的语法规则，定义了语法规则"是什么"部分；派生类定义了语法规则"怎么做"部分。

接口定义中包括属性、方法和事件，这些都是接口的成员。接口只包含了成员的声明，成员的实现是派生类的责任。接口提供了派生类应遵循的标准结构，使得实现接口的类或结构在形式上保持一致。

抽象类在某种程度上与接口类似，但是它们大多只用在只有少数方法由基类声明由派生类实现时。接口本身并不实现任何功能，它只是与声明实现该接口的对象订立一个必须实现哪些行为的契约。抽象类不能直接被实例化，但允许派生出具体的、具有实际功能的类。

3.10.1　接口的概念

接口的定义如下：

```
interface   接口名称
{
    接口成员;
}
```

在 C# 语言中，类之间的继承关系仅支持单重继承，而接口是为了实现多重继承关系设计的。一个类能同时实现多个接口，还能在实现接口的同时继承其他类，并且接口之间也可以继承。无论是表示类之间的继承还是类实现接口的继承，都使用 ":" 来表示。

上述代码中各参数的含义如下。

（1）接口名称。通常以 I 开头，再加上其他的单词构成。例如，创建一个录入学生成绩并计算总成绩和平均成绩的接口，可以命名为 IStudent。

（2）接口成员。接口中定义的成员与类中定义的成员类似。

接口中定义的成员必须满足以下要求。

①接口中的成员不允许使用 public、private、protected、internal 访问修饰符。

②接口中的成员不允许使用 static、virtual、abstract、sealed 修饰符。

③在接口中不能定义字段。

④在接口中定义的方法不能包含方法体。

例如，创建一个录入学生成绩并计算总成绩和平均成绩的接口 IStudent，并在接口中分别定义计算总成绩、平均成绩的方法。根据题目要求，在该接口中定义学生的学号、姓名、语文成绩、数学成绩、英语成绩的属性，并定义计算总成绩和平均成绩的方法。

定义接口的代码如下：

```
interface IStudent
{
    int Id { get; set; }              //学号
    string Name { get; set; }         //姓名
    double Chinese { get; set; }      //语文成绩
    double Math { get; set; }         //数学成绩
    double English { get; set; }      //英语成绩
    void Total();                     //总成绩
    void Avg();                       //平均成绩
}
```

通过上面的代码即可完成一个接口的定义，但是由于该接口中的方法并没有具体的内容，所以直接调用该接口中的方法没有任何意义。在 C#语言中，规定不能直接创建接口的实例，只能通过类实现接口中的方法，下面给出接口的实现过程。

3.10.2　接口的实现

接口的实现实际上与类之间的继承是一样的，也是重写了接口中的方法，让其有了具体的实现内容。但需要注意的是，在类中实现一个接口时，必须将接口中的所有成员都实

智能制造的 C#实战教程

现，否则该类必须声明为抽象类，并将接口中未实现的成员以抽象方式实现。

在 C# 语言中实现接口的具体语法形式如下：

```
class 类名 : 接口名
{
    //类中的成员及实现接口中的成员
}
```

以抽象方式实现接口中的成员是指将接口中未实现的成员定义为抽象成员，示例代码
如下：

```
interface ITest
{
    string name { get; set;}
    void Print();
}
abstract class Test : ITest
{
    public abstract string name { get; set; }
    public abstract void Print();
}
```

从上面的代码中可以看出，在实现类 Test 中，将未实现的属性和方法分别定义为抽象
属性与抽象方法，并将实现类定义为抽象类。这是一种特殊的实现方式，在实际应用中通
常将接口中的所有成员全部实现。

在实现接口成员时有两种方式：一种是隐式实现接口成员，一种是显式实现接口成员。
在实际应用中，隐式实现接口成员的方式比较常用，由于在接口中定义的成员默认为 public
类型，隐式实现接口成员将接口中的所有成员以 public 访问修饰符修饰，显式实现接口是
指在实现接口时所实现的成员名称前含有接口名称作为前缀。需要注意的是，使用显式实
现接口成员不能再使用修饰符修饰，即 public、abstract、virtual、override 等。

接下来通过实例来演示在编程中如何隐式实现接口成员。

编写代码实现接口 IStudent 的成员，以学生类（Student）实现 IStudent 接口，为其添
加语文（Chinese）、数学（Math）、英语（English）学科成绩属性。代码如下：

```
class Student : IStudent
{
    public int Id { get; set; }              //隐式实现接口中的属性 Id
    public string Name { get; set; }         //隐式实现接口中的属性 Name
    public double Chinese { get; set; }      //隐式实现接口中的属性 Chinese
    public double Math { get; set; }         //隐式实现接口中的属性 Math
    public double English { get; set; }      //隐式实现接口中的属性 English
    public void Avg()                        //隐式实现接口中的方法 Avg()
    {
        double avg = (English + Math + Chinese) / 3;
        Console.WriteLine("平均成绩: " + avg.ToString("#0.0"));
    }
    public void Total()                      //隐式实现接口中的方法 Total()
    {
```

```
        double sum = English + Math + Chinese;
        Console.WriteLine("总成绩为: "+ sum);
    }
}
```

从上面的代码中可以看出，所有接口中的成员在实现类 Student 中都被 public 访问修饰符修饰。

主程序代码如下：

```
class Program
{
    static void Main(string[] args)
    {
        Student student = new Student();
        student.Id = 17;
        student.Name = "刘铄";
        student.Chinese = 102;
        student.Math = 117;
        student.English = 98;
        Console.WriteLine("学号: " + student.Id);
        Console.WriteLine("姓名: " + student.Name);
        Console.WriteLine("成绩信息如下: ");
        student.Total();
        student.Avg();
        Console.ReadKey();
    }
}
```

执行结果如下：

```
学号: 17
姓名: 刘铄
成绩信息如下:
总成绩为: 317
平均成绩: 105.7
```

3.11　本章小结

本章介绍了 C#语言的基础知识，包含的内容很多，首先，介绍了值类型和引用类型这两种数据类型，并梳理了如何实现数据类型之间的转换；其次，给出了变量与常量的概念，并对运算符与表达式进行了分类；再次，对 C#语言的结构及其语句（包括分支语句、循环语句和跳转语句）进行了详述；然后，由于数组也是一种引用类型的数据类型，所以书中对如何遍历数组给出了具体的思路；最后，对 C#中应用最多的类、方法和接口等进行了介绍。

经过本章的学习，读者可以编制一些简单的程序，正所谓熟能生巧，只有多学多练，才能更快、更好地掌握 C#的基础知识，为编制更加复杂且实用的 C#应用程序打下坚实的基础。

第 4 章 C#面向对象的编程技术

要学习编程，基本功是掌握编程语言，但编程的本质是逻辑，因此，编程思维的培养也很重要。面向过程和面向对象是两种重要的编程思想。本章会介绍这两种编程思想，并展开讨论面向对象的编程技术。

4.1 面向对象的概念

为了解释什么是面向对象，需要首先了解一下什么是面向过程。在面向对象出现之前，结构化程序设计是程序设计的主流。结构化程序设计又称为面向过程的程序设计（Procedure-Oriented Programming，POP）。那么，什么是面向过程的编程思想呢？

4.1.1 面向过程的编程思想

在面向过程的程序设计中，问题被看作一系列需要完成的任务，函数（在此泛指例程、函数、过程）用于完成这些任务，解决问题的焦点集中于函数。其中函数是面向过程的，即它的关注点在于如何根据规定的条件完成指定的任务。

面向过程是一种以事件为中心的编程思想，编程时先把解决问题的步骤分析出来，然后用函数将这些步骤实现，最后在一步一步的具体步骤中按顺序调用函数。Visual Basic 6.0 和 C 语言等使用的就是这种编程思想。

举个例子，对于下五子棋（GoBang），面向过程的设计思路是首先分析解决这个问题的步骤。

（1）开始游戏（Start）。

（2）黑子落子（BlackGo）。

（3）绘制画面（Drawing）。

（4）判断输赢（Judge1）。

（5）白子落子（WhiteGo）。

（6）绘制画面（Drawing）。

（7）判断输赢（Judge2）。

（8）返回步骤（2）。

（9）输出最后结果（DisplayResult）。

根据上面的步骤，可以为每个步骤编制相应的功能函数，分别是 Start、BlackGo、Drawing、Judge1/2、WhiteGo、DisplayResult。在下五子棋的主函数里，依次调用上面的函数就可以实现下五子棋的过程。具体代码如下：

```
GoBang()
{
    Start();
    //进入循环
    BlackGo();
    Drawing();
    Judge1();          //如果已经分出胜负，则退出循环；否则进入下一步
    WhiteGo();
    Drawing();
    Judge2();          //如果已经分出胜负，则退出循环；如果没有，则进入下一循环
}
```

Judge2 函数里面有判断胜负的变量，如果已经分出胜负，则退出当前的循环，并显示最后结果；如果没有分出胜负，则返回黑子落子或白子落子的状态，进入下一循环。

可见，面向过程始终关注的是怎么一步一步地判断棋局输赢，通过控制代码实现函数的顺序执行。

面向过程的优点是性能高，但是也存在明显的缺点：需要深入思考、耗费精力、代码重用性低、扩展能力差、后期维护难度比较大。这也就决定了面向过程的编程思想很难用于大型软件。

例如，对于《植物大战僵尸》游戏，植物、僵尸等角色交织在一起，如果采用面向过程的编程思想，那么实现的难度是十星级的，处理生死的机制实现起来会非常困难，处理整个流程的线程也是非常复杂的，在我看来就是不可能实现的。

实际上，《植物大战僵尸》这款游戏在计算机配置并不高的时代运行是非常流畅的，这是因为它使用了面向对象的编程思想，将所有的角色都看作对象，每个对象处理自己的形态、状态、生死、行为，这样，系统只要负责角色的创建和系统显示等功能就可以了，其他的一切都由角色自己控制，这就使得编程变得容易、高效。因此，面向对象的编程思想有力地弥补了面向过程的编程思想的缺陷，使得编程技术突飞猛进。面向对象的编程思想使得程序员能够以更趋近于人类的思维方式来编程，开发效率大大提高，编写的程序更易理解和维护。

4.1.2　面向对象的编程思想

面向对象编程（Object-Oriented Programming，OOP）简称 OOP 技术，是开发计算机应用程序的一种新方法、新思想。自然界中的各种人和事物都可以分类。例如，人、动物、星球、汽车、教师、学生、地板、天花板等都可以看作一个对象，而每个对象都有自己的属性和行为，对象与对象之间通过方法来交互。面向对象是一种以"对象"为中心的编程思想，把要解决的问题分解成各个对象，建立对象不是为了完成一个步骤，而是为了描叙某个对象在整个解决问题的步骤中的属性和行为。

OOP 技术并不是提供了新的计算能力，而是提供了一种新的思想，使得解决问题更加容易和自然，目前使用的大部分编程软件采取的都是这种编程思想，如 C#、Java、Python、Delphi 等。

还是以下五子棋为例，如果用面向对象的方法来解决，那么应首先将整个游戏分为以

下 3 个对象。

（1）Chess 类：黑白双方，它们的行为是一样的。

（2）ChessBoard 类：棋盘系统，负责绘制画面。

（3）Rules 类：规则系统，负责判定犯规、输赢等。

然后赋予每个对象特定的属性和行为：第一类对象（黑白双方）负责接受用户输入，并告知第二类对象（棋盘系统）棋子布局的变化，并负责在屏幕上显示出这种变化，同时利用第三类对象（规则系统）对棋局进行判定。

可以看出，面向对象是以功能来划分问题的，而不是以步骤来解决问题的。例如，对于绘制画面这个行为，在面向过程中分散在了多个步骤中，可能会出现不同的绘制版本，因此要考虑实际情况，进行各种各样的简化。而在面向对象的设计中，绘制画面只可能在棋盘系统这个对象中出现，从而保证了绘制画面的统一性，并且各个类保持相对的独立性，每个类只处理自己需要负责的事务，在执行的过程中，只需将状态传递给其他类就可以了，这样就大大提高了编程的灵活性和简洁性。

4.1.3　面向对象程序设计 3 原则

在面向对象的设计思想中，程序就是由许多对象组成的一个整体，而对象则是一个程序中的实体。面向对象的程序语言在处理对象时，必须遵循 3 个原则：封装（Encapsulation）、继承（Inheritance）和多态（Polymorphism）。

4.1.3.1　封装

什么是封装？封装是面向对象方法的重要原则，就是指把对象的属性和操作结合为一个独立的整体，并尽可能隐藏对象的内部实现细节，一般数据都被封装起来，外部不能直接访问对象的数据，只能通过对象提供的公共方法和属性进行访问。

微课：封装与继承

举个简单的例子：有一套房子，房子里面有厨房、卫生间、卧室、客厅等房间，每个房间都有各自的用途，而如果客人要来吃饭也好，闲聊也好，那么他只能从房子的门（对外暴露的接口）进来，这套房子就代表一个"封装"，这样的封装既保持了房子的功能，又保持了房子的私密性和安全性；孩子可能会有自己的小秘密，他们不希望父母随便进入他们的房间，而是希望敲门进入，此时这个房间对孩子来说就是封装，这样的封装保证了孩子的隐私和安全。

程序的封装也是如此，我们将对象封装成类，类本身是一个独立的个体，里面有很多私有的变量、属性和方法，这些都是类本体才能访问的，这就是类的"小秘密"。类也不是独立存在的，它要与其他的类有交流，否则这个类就失去了其存在的意义，这时它就需要把一些方法或属性展现给其他类，其他类利用这些方法和属性就可以访问这个类，并且其他类并不需要知道这些方法和属性是怎么实现的，只需关心怎么调用就可以了，这样就实现了类与类之间的解耦。

总之，封装的好处就是能让用户只关心对象的用法而不用关心对象的实现，它在为用户的访问提供便利的同时提高了程序的安全性。

4.1.3.2 继承

什么是继承？以我们所处的家庭为例，我们每个人都会继承来自父母的很多东西，如身高、相貌等基因，父母的房子、人脉等资源，但是每个人还是保持了自己独立的个性。例如，孩子的脾气和父母并不一样，甚至截然相反；孩子的性格和父母也有很大的差异，这些都表明父母和孩子之间存在一般化与具体化的关系，这些都可以用继承来实现。当然，孩子对父母的开放程度一般要比其他朋友或亲戚大得多，对其他朋友或亲戚的开放程度要比陌生人大得多，开放程度如何取决于这些人与孩子之间的关系。即使孩子继承自父母，父母也有自己的私有领地，不是所有的东西都无条件给了孩子。这些关系都是继承的一部分，也是继承的一些基本原则。

继承是允许重用现有类创建新类的过程，分类的原则是一个类派生出来的子类具有这个类的所有非私有的属性。继承是父类和子类之间共享数据与方法的机制，通常把父类称为基类、子类称为派生类。一个基类可以有任意数目的派生类，从基类派生出来的类还可以派生，一组通过继承相联系的类构成了类的树形层次结构。继承是面向对象编程技术的一块基石，通过它可以创建分等级层次的类。

例如，创建一个实体类 Entity，定义了实体的线型、线色、画笔、线宽等属性，这个已有的类可以通过继承的方法派生出新的子类，如 Line（线）、Circle（圆）、Arc（圆弧）、Rectangle（矩形）等，其中 Circle 也可以派生出三点圆、圆心半径圆等更具体的类，每个具体的类还可以增加自己的一些特有的属性。实体类的继承关系图如图 4.1 所示。

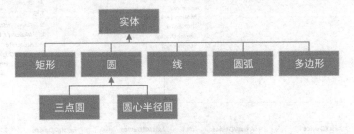

图 4.1　实体类的继承关系图

如果一个类有两个或两个以上的直接基类，那么这样的继承结构就称为多重继承。现实中这种模型屡见不鲜，如沙发床既具有沙发的功能，又具有床的功能。以孩子为例，孩子可以继承父母的财产，但是孩子也可以继承来自爷爷奶奶、姥姥姥爷的财产，甚至在某些特定情况下，继承来自其他亲戚或朋友的财产，这些就是多重继承。

但是在多重继承的实现上可能会引起集成方法或属性的冲突，这就会产生许多新问题。目前，很多编程语言已不再支持多重继承，C#也对继承的使用进行了限制，通过继承接口实现多重继承，接口可以包括方法、属性、事件和索引器等。一个典型的接口就是一个方法声明的列表，接口本身不提供它所定义的成员的实现，故不能被实例化，而由实现接口的类以适当的方式定义接口中的方法。

下面给出一个实现继承的实例，在运动控制领域，运动控制器或 PLC 是运动核心，各个电机轴是执行部件，无论是步进电机还是伺服电机，它们都有很多共同属性，如位置、速度、加速度，还会有一些公共方法，如运动、回零、停止等操作，因此，为了简化代码，可以采用继承的方案来实现运动代码。

在这个实例中，一共有 6 个电机轴，其相关联的类分别定义为 AxisX、AxisY、AxisW、AxisM1、AxisM2、AxisM3。为了实现这些电机的运动,定义与电机轴相关的接口 IAxisDevice，其定义了相关联的轴 Axis 和初始化函数 Initialize；定义与轴运动相关的接口 IMotion，其定义了与运动相关联的方法和属性，主要的属性有位置属性 Pos、速度属性 Speed、加速度属性 AccTime、运动状态属性 IfAxisStop，主要的方法有回参考点方法 SearchOrigin()、相对运动方法 Motion()、绝对运动方法 MotionTo()及运动停止方法 StopMotion()。AxisDeviceBase 为一个抽象类，对 IAxisDevice 和 IMotion 的接口方法进行了封装与实现。实际设备的 6 个电机轴类都继承自 AxisDeviceBase，从而继承了 AxisDeviceBase 的所有公有成员。

图 4.2 给出了这个系统的运动底层控制结构图。

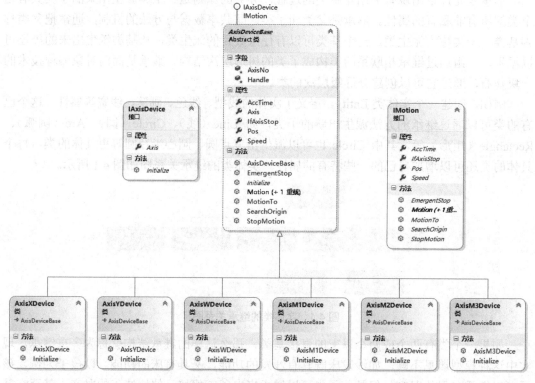

图 4.2　运动底层控制结构图

轴号定义代码如下：

```
public enum AxisDef
{
    W = 0,          //调宽电机
    M1 = 1,         //传送电机 1
    M2 = 2,         //传送电机 2
    M3 = 3,         //传送电机 3
    X = 4,          //上 X 轴
    Y = 5,          //上 Y 轴
}
```

IAxisDevice 和 IMotion 接口类的定义代码如下：

```
public interface IAxisDevice
{
    AxisDef Axis { get; set; }              //关联的轴
    void Initialize();                      //初始化
}
public interface IMotion
{
    float Speed { get; set; }               //设置速度
    float AccTime { get; set; }             //设置加速度
    void SearchOrigin();                    //回参考点
    void Motion(float distance);            //相对运动
    void Motion(ushort dir);                //单方向一直转动
    void MotionTo(float targetPos);         //绝对运动
    void StopMotion();                      //减速停止
    void EmergentStop();                    //紧急停止
    float Pos { get; set; }                 //位置
    bool IfAxisStop { get; }                //轴是否停止
}
```

AxisDeviceBase 继承自 IAxisDevice 和 IMotion，实现了对这些接口的封装和继承，其代码如下：

```
public abstract class AxisDeviceBase : IAxisDevice, IMotion
{
    protected ushort AxisNo = 0;
    protected IntPtr Handle;                            //运动控制器的句柄
    public virtual AxisDef Axis { get; set; }
    public abstract void Initialize();
    public AxisDeviceBase()
    {
    }
    public virtual bool IfAxisStop
    {
        get
        {
            int value = 0;
            //获取运动状态
            zmcaux.ZAux_Direct_GetIfIdle(Handle, AxisNo, ref value);
            return value != 0;              //0 表示运动中，1 表示停止
        }
    }
    public virtual float Pos
    {
        get
        {
            float value = 0;
```

```
        zmcaux.ZAux_Direct_GetDpos(Handle, AxisNo, ref value);  //获取位置
            return value;
        }
        set
        {
            zmcaux.ZAux_Direct_SetDpos(Handle, AxisNo, (float)value);  //设置位置
        }
    }
    public virtual float Speed
    {
        get
        {
            float value = 0;
            zmcaux.ZAux_Direct_GetVpSpeed(Handle, AxisNo, ref value);  //获取速度
            return value;
        }
        set
        {
            zmcaux.ZAux_Direct_SetSpeed(Handle, AxisNo, value);    //设置速度
        }
    }
    public virtual float AccTime
    {
        get
        {
            float value = 0;
            zmcaux.ZAux_Direct_GetAccel(Handle, AxisNo, ref value);//获取加速度
            return value;
        }
        set
        {
            zmcaux.ZAux_Direct_SetAccel(Handle, AxisNo, value);  //设置加速度
            zmcaux.ZAux_Direct_SetDecel(Handle, AxisNo, value);  //设置减速度
        }
    }
    public virtual void SearchOrigin()
    {
        zmcaux.ZAux_Direct_Single_Datum(Handle, AxisNo, 3); //启动回原点运动
    }
    public virtual void StopMotion()
    {
        zmcaux.ZAux_Direct_Single_Cancel(Handle, AxisNo, 0);//0 表示减速停止
    }
    public virtual void EmergentStop()
    {
        zmcaux.ZAux_Direct_Single_Cancel(Handle, AxisNo, 3);//3 表示立刻停止
    }
```

```
public virtual void MotionTo(float targetPos)
{
    //绝对运动
    zmcaux.ZAux_Direct_Single_MoveAbs(Handle, AxisNo, targetPos);
}
public virtual void Motion(float distance)
{
    zmcaux.ZAux_Direct_Single_Move(Handle, AxisNo, distance);//相对运动
}
public virtual void Motion(ushort dir)
{
    zmcaux.ZAux_Direct_Single_Vmove(Handle, AxisNo, dir);//单向一直运动
}
}
```

设备类 AxisXDevice、AxisYDevice、AxisWDevice、AxisM1Device、AxisM2Device、AxisM3Device 都继承自 AxisDeviceBase，直接继承了来自它的所有公有的属性和方法，即这些类都具有了 Pos、Speed、AccTime、Axis、IfAxisStop 属性，也都具有了其公有方法 Initialize()、SearchOrigin()、Motion()、MotionTo()。每个类因其特殊性（有的是步进电机，有的是伺服电机，转速不同、传动比不同等），其初始化过程肯定存在差异，为此在编码时需要体现出各自的差异性。由于这几个轴的代码相似性很高，所以下面以 AxisXDevice 作为代表，看看它的代码是如何实现的：

```
public class AxisXDevice : AxisDeviceBase
{
    public AxisXDevice(double resolution)
    {
        Initialize();
    }
    public override void Initialize()
    {
        Axis = AxisDef.X;
        AxisNo = (ushort)Axis.GetHashCode();
        //此处添加与本轴相关联的初始化代码
    }
}
```

在上面的代码中，对 Initialize()方法进行了重载，各自加入各自的初始化代码，这就体现了个体的差异性。关于重载，会在 4.3.1 节中进行详述。

4.1.3.3　多态

什么是多态？字面意思就是多种形式或多种形态，不同对象调用同一个方法功能的表现形式不一样。例如：①不同的两个对象，字符串的加法和整数的加法，同样是加法，实现的功能是不一样的；②两个对象之间没有任何直接继承关系，但是所有对象的最终父类都是基类 object。

扫一扫

微课：多态技术

所谓多态，就是指程序中定义的引用变量所指向的具体类型和通过该引用变量发出的方法调用请求在编程时并不确定，而是在程序运行期间才确定的，即一个引用变量到底会指向哪个类的实例对象，该引用变量发出的方法调用请求到底是哪个类中实现的方法，必须在程序运行期间才能确定。

因为只有在程序运行期间才确定具体的实现，所以不用修改源程序代码，就可以让引用变量绑定到各种不同的类实现上，从而导致该引用调用的具体方法随之改变，即不修改程序代码就可以改变程序运行期间所绑定的具体代码，让程序可以选择多个运行状态，这就是多态性。

多态分两种，即静态多态和动态动态。当在同一个类中直接调用一个对象的方法时，系统在编译时，根据传递的参数个数、类型和返回值类型等信息决定实现何种操作，这就是所谓的静态多态（静态绑定）。而当在一个有着继承关系的类层次结构中间接调用一个对象的方法时，调用要经过基类的操作，只有在系统运行时，才能根据实际情况决定实现何种操作，这就是动态多态（动态绑定）。C#同时支持这两种多态，在实现方式上可以有 3 种：接口多态、继承多态、通过抽象类实现的多态。

关于多态的实现，会在 4.3 节中进行展开讲解。

4.2 类的封装与继承的实现

封装与继承是面向对象语言的两个最基本特征，是实现代码复用的手段，它们都是通过类这一数据结构得以实现的。封装使得类可以把自己的数据和方法只让被信任的类或对象操作，对不可信任的类进行信息隐藏；继承使得在原有的类基础之上可以对原有的程序进行扩展，从而提高程序开发的速度，实现代码复用。

类通过继承使其产生的派生类或子类具有父类的属性和方法。继承不仅可以使用现有父类的所有公共功能，还可以对这些功能进行扩展。子类仍然可以继续派生出子类，这样就形成了类的层次。

那么，应该怎么判断两个类之间是否存在继承关系呢？对象的继承代表了一种"is-a"的关系，如果两个对象 A 和 B 可以描述为"B 是 A"，则表明 B 可以继承 A，如"猫是哺乳动物"就说明了猫和哺乳动物之间继承与被继承的关系。实际上，继承者还可以理解为对被继承者的特殊化，因为它除具备被继承者的属性外，还具备自己独有的属性。例如，猫拥有抓老鼠、爬树等独有属性。因而在继承关系上，继承者完全可以替换被继承者，反之则不成立。因此，在描述继承的"is-a"关系时，是不能相互颠倒的，如说"哺乳动物是猫"是不对的。

继承定义了类如何相互关联、共享特性。继承的工作方式是定义父类和子类（或叫作基类和派生类），其中子类继承父类的所有非私有特性。子类不但继承了父类的所有非私有特性，还可以定义新的特性。

学习继承需要记住 3 句话。

（1）子类拥有父类非 private 的属性和功能。

（2）子类具有自己的属性和功能，即子类可以扩展父类没有的属性和功能。

（3）子类还可以以自己的方式实现父类的功能（方法重写）。

对父类而言，如果其方法或属性的修饰符是 private，那么子类是没有访问权限的；如果是 public 修饰符，则任何人都可以按照父类提供的接口规范进行访问；如果是 protected 修饰符，则只对子类开放，对其他类不开放。

下面给出一个简单的实例，看看封装与继承是如何实现的。学校组织了一场大学生十大歌手唱歌比赛，学生可踊跃报名，音乐类型不限，可以是经典音乐、流行音乐、摇滚音乐、爵士音乐，裁判有 5 名，编号分别为 1～5，打分保留小数点后一位，取平均分作为歌手的成绩，歌手上台表演时必须进行自我介绍并报出演出曲目。

在这个实例中，首先要构造两个类：裁判类 Judge 和歌手类 Singer。根据要求，歌手类还可以分为经典音乐歌手、流行音乐歌手、摇滚音乐歌手、爵士音乐歌手，歌手除了类型不一样，其他都相同，因此，这几个类是可以继承自 Singer 的。具体代码如下：

```
enum SongType
{
    Pop,                                            //流行音乐
    Classic,                                        //经典音乐
    Rock,                                           //摇滚音乐
    Jazz                                            //爵士音乐
}
class Singer                                        //歌手类
{
    public Singer(string name)
    {
        Name = name;
        Scores = new List<float>();
    }
    public Singer(string name,string song)
    {
        Name = name;
        Song = song;
        Scores = new List<float>();
    }
    public SongType SongType{ get; set; }           //音乐类型
    public string Song{get;set;}                    //歌曲名称
    public string Name{ get; set; }                 //歌手名字
    public List<float> Scores{ get; set;            //歌曲得分
    public virtual string SelfIntroduce()           //自我介绍
{
    return "";
}
    public virtual void Sing()                      //开始演唱
    {
        Console.WriteLine( "我的名字叫: " + Name + ","+ SelfIntroduce() + "\t
我演唱的曲目是: " + Song);
    }
```

```
        public virtual string Result                          //最后宣布成绩
        {
            get
            {
                return Name + "的最后成绩是: " + Scores.Average().ToString("0.0");
            }
        }
    }
    class PopSinger : Singer                                  //流行音乐歌手类
    {
        public PopSinger(string name,string song): base(name,song)
        {
            SongType = SongType.Pop;
        }
        public override string SelfIntroduce()               //自我介绍
        {
            return "我是一名流行音乐歌手!";
        }
    }
    class ClassicalSinger : Singer                            //经典音乐歌手类
    {
        public ClassicalSinger(string name, string song)
            : base(name, song)
        {
            SongType = SongType.Classic;
        }
        public override string SelfIntroduce()               //自我介绍
        {
            return "我是一名经典音乐歌手!";
        }
    }
    class JazzSinger : Singer                                 //爵士音乐歌手类
    {
        public JazzSinger(string name, string song)
            : base(name, song)
        {
            SongType = SongType.Jazz;
        }
    }
    class RockSinger : Singer                                 //摇滚音乐歌手类
    {
        public RockSinger(string name, string song)
            : base(name, song)
        {
            SongType = SongType.Rock;
        }
    }
```

在上面的代码中，经典音乐歌手类 ClassicalSinger、流行音乐歌手类 PopSinger、摇滚音乐歌手类 RockSinger、爵士音乐歌手类 JazzSinger 都继承自 Singer 类，每个歌手都有姓名、歌曲名、成绩列表等，如果不采用继承的方式来写代码，那么所有的歌手都要构建姓名属性、歌曲名属性和成绩列表属性，这就需要为每类歌手思考如何构建代码，复杂度会提高。另外，如果仅仅有这 4 类歌手，那么工作量看似增加得不多，但是如果再增加更多的歌手类型，那么每位歌手的自我介绍也在不断变化，每个类都需要更改代码，这样工作量就会大大增加。而采用继承的方式，只需更改 Singer 类就可以了。

换句话说，如果不用继承，要修改功能，就必须在所有重复的方法中进行修改，代码越多，出错的可能性就越大，而继承的优点是使得所有子类公共的部分都放在了父类中，使得代码得到了共享，这就避免了重复。另外，继承可使得修改或扩展继承而来的实现都较为容易。

ClassicalSinger、PopSinger、RockSinger 和 JazzSinger 这几个类的构造函数中都使用了 base 关键字，base 表示基类，目的是调用 Singer 类的构造函数，并将 ClassicalSinger、PopSinger、RockSinger 和 JazzSinger 类的变量初始化。

base 关键字除了能调用基类对象的构造函数，还能调用基类的方法和属性。

同理，构建 Judge 类，裁判只负责打分，只需给出他们的编号和打分的代码就可以了。具体代码如下：

```csharp
class Judge                                          //裁判类
{
    public Judge(int number)
    {
        Number = number;
    }
    public int Number { get; set; }                  //裁判编号
    public void Mark(Singer singer, float score)     //裁判打分
    {
        Console.WriteLine(Number + "#裁判打分: " + score);
        singer.Scores.Add(score);
    }
}
```

Singer 类和 Judge 类搭建完成后来看看主程序。在主程序里，以两位歌手为例，展示如何使用 Singer 类和 Judge 类。具体代码如下：

```csharp
class Program
{
    static void Main(string[] args)
    {
        //一共有 5 名裁判，编号为 1~5
        Judge judge1 = new Judge(1);
        Judge judge2 = new Judge(2);
        Judge judge3 = new Judge(3);
        Judge judge4 = new Judge(4);
```

```
        Judge judge5 = new Judge(5);
        Singer singer1 = new ClassicalSinger("牛牛", "光辉岁月");
        singer1.Sing();
        judge1.Mark(singer1, 93.4f);
        judge2.Mark(singer1, 91.8f);
        judge3.Mark(singer1, 92.5f);
        judge4.Mark(singer1, 89.9f);
        judge5.Mark(singer1, 95.3f);
        Console.WriteLine(singer1.Result);
        Singer singer2 = new PopSinger("多多", "我是一只小小鸟");
        singer2.Sing();
        judge1.Mark(singer2, 94.3f);
        judge2.Mark(singer2, 95.1f);
        judge3.Mark(singer2, 95.2f);
        judge4.Mark(singer2, 94.5f);
        judge5.Mark(singer2, 94.0f);
        Console.WriteLine(singer2.Result);
        Console.ReadKey();
    }
}
```

运行结果如下：

```
我的名字叫：牛牛,我是一名经典音乐歌手！      我演唱的曲目是：光辉岁月
1#裁判打分: 93.4
2#裁判打分: 91.8
3#裁判打分: 92.5
4#裁判打分: 89.9
5#裁判打分: 95.3
牛牛的最后得分是: 92.6
我的名字叫：多多,我是一名流行音乐歌手！  我演唱的曲目是：我是一只小小鸟
1#裁判打分: 94.3
2#裁判打分: 95.1
3#裁判打分: 95.2
4#裁判打分: 94.5
5#裁判打分: 94
多多的最后得分是: 94.6
```

4.3 类的抽象与多态的实现

多态是指在编程时无法确定调用哪一个方法，只能在程序编译或执行过程中根据实际情况确定。多态使编程具有高度的灵活性。下面介绍与多态相关的几种技术。

4.3.1 方法重载

一个方法的名字、形参个数、修饰符及类型共同构成了这个方法的签名，应用中经常

需要为同名的方法提供不同的实现，如果一个类中有两个或两个以上的方法同名，但它们的形参个数或类型有所不同，那么这是允许的，称为方法重载。如果仅仅是返回类型不同的同名方法，那么编译器是不能识别的。在调用重载的方法时，系统是根据所传递参数的不同来判断调用的是哪个方法的。

这里给出一个具体实例：创建一个名为 SumClass 的类，在类中分别定义计算两个整数、两个小数、两个字符串类型的和，以及从 1 到给定整数的和。具体代码如下：

```csharp
class SumClass                                          //求和类
{
    public int Sum(int num1, int num2)                  //两个整数相加
    {
        return num1 + num2;
    }
    public double Sum(double num1, double num2)         //两个小数相加
    {
        return num1 + num2;
    }
    public string Sum(string num1, string num2)         //两个字符串相加
    {
        return num1 + num2;
    }
    public int Sum(int n)                               //从 1 到 n 相加
    {
        int sum = 0;
        for (int i = 1; i < n; i++)
            sum += i;
        return sum;
    }
}
```

从上面的程序可以看出，在该类中定义的 4 个方法名称都是 Sum，仅是参数的类型或个数不同而已，在实际运行时，C#会根据传入的参数的个数和类型自动判断调用哪一个方法。具体调用 SumClass 的主程序代码如下：

```csharp
class Program
{
    static void Main(string[] args)
    {
        SumClass sumClass = new SumClass();
        //调用两个整数相加的方法
        Console.WriteLine("两个整数相加的结果为: " + sumClass.Sum(34, 25));
        //调用两个小数相加的方法
        Console.WriteLine("两个小数相加的结果为: " + sumClass.Sum(8.2, 15.6));
        //调用两个字符串相加的方法
        Console.WriteLine("两个字符串相加的结果为: " + sumClass.Sum("你好", "智
能制造"));
        //输出 1 到 10（不包含 10）的和
```

```
            Console.WriteLine("1 到 10 的和为: " + sumClass.Sum(10));
            Console.ReadKey();
        }
    }
```

执行上面的代码，结果如下：

```
两个整数相加的结果为: 59
两个小数相加的结果为: 23.8
两个字符串相加的结果为: 你好智能制造
1 到 10 的和为: 45
```

4.3.2 运算符重载

第 3 章中介绍的运算符一般用于系统预定义的数据类型之间的运算，如果在类中定义运算符，就称为运算符重载。重载运算符是具有特殊名称的函数，是通过关键字 operator 后跟运算符来定义的，与其他函数一样，重载运算符有返回类型和参数列表。下面的代码演示了如何重载 "+" 运算符：

```
class Box
{
    public double Volumn          //体积
    {
        get { return Length * Width * Height; }
    }
    public double Length          //长度
    {
        get;
        set;
    }
    public double Width           //宽度
    {
        get;
        set;
    }
    public double Height          //高度
    {
        get;
        set;
    }
    // 重载 "+" 运算符来把两个 Box 对象相加
    public static Box operator +(Box box1, Box box2)
    {
        Box box = new Box();
        box.Length = box1.Length + box2.Length;
        box.Width = box1.Width + box2.Width;
        box.Height = box1.Height + box2.Height;
        return box;
```

```
    }
}
```

上面的类为用户自定义的类 Box，实现了加法运算符（+）的重载，这个 operator + 就是运算符重载。它把两个 Box 对象的属性相加，并生成相加后的新的 Box 对象。

注意：返回类型必须为 static 静态类型，否则系统会报错。

下面在主程序中看看如何使用这个重载运算符。代码如下：

```
class Program
{
    static void Main(string[] args)
    {
        Box Box1 = new Box();        // 声明 Box1，类型为 Box
        Box Box2 = new Box();        // 声明 Box2，类型为 Box
        Box Box3 = new Box();        // 声明 Box3，类型为 Box
        double volume = 0.0;         // 体积
        // Box1 详述
        Box1.Length = 10.3;
        Box1.Width = 6.6;
        Box1.Height = 5.5;
        // Box2 详述
        Box2.Length = 15.6;
        Box2.Width = 13.4;
        Box2.Height = 10.4;
        // Box1 的体积
        volume = Box1.Volumn;
        Console.WriteLine("Box1 的体积: {0}", volume);
        // Box2 的体积
        volume = Box2.Volumn;
        Console.WriteLine("Box2 的体积: {0}", volume);
        // 把两个对象相加
        Box3 = Box1 + Box2;
        // Box3 的体积
        volume = Box3.Volumn;
        Console.WriteLine("Box3 的体积: {0}", volume);
        Console.ReadKey();
    }
}
```

从上面的代码中可以看出，运算符在重载后，其使用与系统预定义的数据类型之间的运算是一样的，都是直接进行运算的。运行程序，结果如下：

```
Box1 的体积: 373.89
Box2 的体积: 2174.016
Box3 的体积: 8236.2
```

在上面的例子中，Box3 的体积并不是 Box1 和 Box2 的和，而是按照系统定义的方式求得的和，即对长度、宽度和高度都进行了累加，进而计算体积。

有些运算符可以被重载，有些不可以，表 4.1 描述了 C#中运算符重载的能力。

表 4.1　C#中运算符重载的能力

运　算　符	描　　述
+, -, !, ~, ++, --	这些一元运算符只有一个操作数, 且可以被重载
+, -, *, /, %	这些二元运算符带有两个操作数, 且可以被重载
==, !=, <, >, <=, >=	这些比较运算符可以被重载
&&, ||	这些条件逻辑运算符不能被直接重载
+=, -=, *=, /=, %=	这些赋值运算符不能被重载
=, ., ?:, ->, new, is, sizeof, typeof	这些运算符不能被重载

4.3.3　虚方法与方法覆盖

虚方法存在于相对需要实现多态的子类的父类当中, 同时是实现多态的最基本的方法: 父类的方法, 用 virtual 修饰。继承它的子类, 在内部用 override 进行重写。

在 4.2 节中讲解类的继承时, 就多次用到了虚方法。例如, 在 Singer 这个类中, 就用到了两个虚方法 SelfIntroduce()、Sing()和一个虚属性 Result:

```
public virtual string SelfIntroduce()              //自我介绍
{
    return "";
}
public virtual void Sing()                         //开始演唱
{
    Console.WriteLine( "我的名字叫: " + Name + ","+ SelfIntroduce() + "\t 我
演唱的曲目是: " + Song);
}
public virtual string Result                       //最后宣布成绩
{
    get
    {
        return Name + "的最后得分是: " + Scores.Average().ToString("0.0");
    }
}
```

以 SelfIntroduce()这个虚方法为例, 不管是经典音乐歌手、流行音乐歌手、摇滚音乐歌手还是爵士音乐歌手, 他们都需要进行自我介绍, 也许在另外一种规则下严禁歌手进行自我介绍。不管是进行还是不进行, 都可以提取出相同的部分, 即 SelfIntroduce(), 在不进行时, 将说的话置为空就可以了, 将 SelfIntroduce()方法实现为多态, 就可以使用 virtual。

在 Singer 类中, SelfIntroduce()有实现, 就是不进行自我介绍, 即所有类型的歌手如果不重载, 就都不进行自我介绍。如果需要特定的歌手进行自我介绍, 或者介绍不同的内容, 那么在构建子类时, 必须使用关键字 override 重载 SelfIntroduce()方法。实现代码如下:

```
class PopSinger : Singer                           //流行音乐歌手类
{
    public PopSinger(string name,string song): base(name,song)
```

```
        {
            SongType = SongType.Pop;
        }
        public override string SelfIntroduce()          //自我介绍
        {
            return "我是一名流行音乐歌手！";
        }
    }
    class ClassicalSinger : Singer                       //经典音乐歌手类
    {
        public ClassicalSinger(string name, string song)
            : base(name, song)
        {
            SongType = SongType.Classic;
        }
        public override string SelfIntroduce()           //自我介绍
        {
            return "我是一名经典音乐歌手！";
        }
    }
    class JazzSinger : Singer                             //爵士音乐歌手类
    {
        public JazzSinger(string name, string song)
            : base(name, song)
        {
            SongType = SongType.Jazz;
        }
        public override string SelfIntroduce()
        {
            return "爵士，贵族音乐！";
        }
    }
    class RockSinger : Singer                             //摇滚音乐歌手类
    {
        public RockSinger(string name, string song)
            : base(name, song)
        {
            SongType = SongType.Rock;
        }
        public override string SelfIntroduce()
        {
            return "摇滚嗨翻天！";
        }
    }
```

在上面的代码中，构建了 ClassicalSinger、PopSinger、RockSinger 和 JazzSinger4 个类，并使用 override 对其基类 Singer 的 SelfIntroduce()方法进行了重载，从而改变了不同类型歌

手的自我介绍的行为。

注意：

（1）不能将虚方法声明为静态的，因为多态性是针对对象的，不是针对类的。

（2）不能将虚方法声明为私有的，因为私有方法不能被派生类覆盖。

（3）覆盖方法必须与它相关的虚方法匹配，即它们的方法签名（方法名称、参数个数、参数类型、返回类型及访问属性等）应该完全一致。

4.3.4　抽象类与抽象方法

在上面的实例中，默认的 SelfIntroduce()方法的内容是空的，表示不需要进行自我介绍。但是，组委会有规定，必须进行自我介绍，否则会被淘汰。也就是说，Singer 类里面的 SelfIntroduce()的实现部分是没有意义的、不符合规则的。这时，就需要所有的子类都必须实现 SelfIntroduce()方法，即所有的子类在继承 Singer 的 SelfIntroduce()方法时都需要重载，因此没有必要在基类中实现，这时就可以使用抽象类和抽象方法。

抽象类是一种特殊的基类，用来模型化那些父类确定无须实现，而由其子类提供具体实现的对象的类。抽象类的定义使用关键字 abstract。

现在对上面的 Singer 类的 SelfIntroduce()方法进行如下修改：

```
abstract class Singer                                    //歌手类
{
    public Singer(string name)
    {
        Name = name;
        Scores = new List<float>();
    }
    public Singer(string name,string song)
    {
        Name = name;
        Song = song;
        Scores = new List<float>();
    }
    public SongType SongType{ get; set; }                //音乐类型
    public string Song{get;set;}                         //歌曲名称
    public string Name                                   //歌手名字
    { get; set; }
    public List<float> Scores                            //歌曲得分
    { get; set; }
    public abstract string SelfIntroduce();              //自我介绍
    public virtual void Sing()                           //开始演唱
    {
        Console.WriteLine( "我的名字叫: " + Name + ","+ SelfIntroduce() + "\t
我演唱的曲目是: " + Song);
    }
    public virtual string Result                         //最后宣布成绩
```

```
    {
        get
        {
            return Name + "的最后得分是: " + Scores.Average().ToString("0.0");
        }
    }
}
```

新的 Singer 类被标记为 abstract，表明这是一个抽象类；而 SelfIntroduce()方法也被标记为 abstract，没有具体实现。抽象类只能作为基类，由其他类继承，不能被实例化。也就是说，不能通过 new Singer ()来实例化 Singer。

说明：抽象类是用来被继承的，其子类必须重写父类的抽象方法，并提供方法体；若没有重写全部的抽象方法，则子类也必须是抽象类。

4.4　本章小结

本章学习了面向对象的编程技术，首先通过对比面向过程的编程思想和面向对象的编程思想，引出了面向对象程序设计 3 原则，即封装、继承和多态；然后通过几个具体实例详细讲解了如何实现封装、继承和多态。通过对多态的学习，可以掌握方法重载、运算符重载、虚方法与方法覆盖、抽象类、抽象方法等概念，这些都为学习 C#高级特性打下了基础，特别是设计模式的学习更是对封装、继承、多态等多种技术的灵活运用，为打开美丽代码的"绚丽多彩的大门"提供了一把"金钥匙"。

进阶篇

第 5 章　C#高级特性

C#功能强大，拥有多项高级功能，本章介绍 C#的几种高级特性：集合、泛型、委托与事件、多线程技术和反射技术。

5.1　集合

什么是集合（Collection）？集合就如同数组，用来存储和管理一组具有相同性质的对象，实现基本的数据处理功能。集合直接提供了各种数据结构及算法的实现，如队列、链表、排序等，可以让用户轻松完成复杂的数据操作。集合是一种特殊的类，就好比容器一样将一系列相似的项组合在一起。集合中包含的对象称为集合元素。

集合是专门用于数据存储和检索的类，这些类提供了对栈（Stack）、队列（Queue）、列表（List）和哈希表（Hashtable）的支持。大多数集合类实现了相同的接口，专业的说法是所有实现了 System.Collections.IEnumerable 接口的类的对象都是集合。

集合类服务于不同的目的，如为元素动态分配内存、基于索引访问列表项等，这些集合类用于创建 object 类的对象的集合。为了避免集合中的元素在转换时出现异常，C#语言提供了泛型集合来规范集合中的数据类型。泛型不仅可以在集合中使用，还可以定义泛型方法和泛型类等，这将在后面进行详细展开。

常用的集合类型有动态数组（ArrayList）类、哈希表（Hashtable）类、排序列表（SortedList）类、堆栈（Stack）类和队列（Queue）类。这些类都封装在 System.Collections 命名空间中，因此为了使用这些类，需要添加 System.Collections 引用。

表 5.1 是对这几种集合类型的一个简单归纳。

表 5.1　几种常用的集合类型

集合类型	描述和用法
动态数组	代表了可被单独索引的对象的有序集合。它基本上可以替代一个数组，与数组不同的是，用户可以使用索引在指定的位置添加和移除项目，动态数组会自动重新调整其大小。它也允许在列表中进行动态内存分配，以及增加、搜索、排序各项
哈希表	使用键访问集合中的元素。哈希表中的每一项都有一个键/值对，键用于访问集合中的项目
排序列表	是数组和哈希表的组合，包含一个可使用键或索引访问各项的列表。如果使用索引访问各项，则它是一个动态数组；如果使用键访问各项，则它是一个哈希表，集合中的各项总是按键值排序的
堆栈	代表了一个后进先出的对象集合。当在列表中添加一项时，称为推入元素；当从列表中移除一项时，称为弹出元素
队列	代表了一个先进先出的对象集合。当在列表中添加一项时，称为入队；当从列表中移除一项时，称为出队

5.1.1 动态数组类

ArrayList 类被设计成一个动态数组，其容量会随着需要而适当扩充。

表 5.2 和表 5.3 列出了 ArrayList 类的一些常用属性和方法。

表 5.2　ArrayList 类的一些常用属性

属　　性	描　　述
Capacity	获取或设置 ArrayList 可以包含的元素个数
Count	获取 ArrayList 中实际包含的元素个数
IsFixedSize	获取一个值，表示 ArrayList 是否具有固定大小
IsReadOnly	获取一个值，表示 ArrayList 是否只读
Item[Int32]	获取或设置指定索引处的元素

表 5.3　ArrayList 类的一些常用方法

方法及其语法	描　　述
int Add(object value);	在末尾添加一个对象
void AddRange(ICollection c);	在末尾添加 ICollection 的元素
void Clear();	移除所有的元素
bool Contains(object item);	判断某个元素是否在 ArrayList 中
ArrayList GetRange(int index, int count);	返回一个 ArrayList，表示源 ArrayList 中元素的子集
int IndexOf(object);	返回某个值第一次出现的索引，索引从零开始
void Insert(int index, object value);	在指定索引处插入一个元素
void InsertRange(int index, ICollection c);	在指定索引处插入某个集合元素
void Remove(object obj);	移除第一次出现的指定对象
void RemoveAt(int index);	移除指定索引处的元素
void RemoveRange(int index, int count);	移除某个范围的元素
void Reverse();	逆转 ArrayList 中元素的顺序
void SetRange(int index, ICollection c);	复制某集合的元素到 ArrayList 中某个范围的元素上
void Sort();	对 ArrayList 中的元素进行排序
void TrimToSize();	设置容量为 ArrayList 中元素的实际个数

下面的实例演示了 ArrayList 类的使用方法：

```
namespace Chapter5_1
{
    class Program
    {
        static void Main(string[] args)
        {
            ArrayList arrayList = new ArrayList();
            Console.WriteLine("Adding some numbers:");
            arrayList.Add(45.1f);
            arrayList.Add(78.4f);
            arrayList.Add(33.2f);
            arrayList.Add(56.9f);
            arrayList.Add(12.7f);
```

```
arrayList.Add(23.3f);
arrayList.Add(9.5f);
Console.WriteLine("Capacity: {0} ", arrayList.Capacity);
Console.WriteLine("Count: {0}", arrayList.Count);
Console.Write("Content: ");
//元素的遍历
foreach (float num in arrayList)
{
    Console.Write(num + " ");
}
Console.WriteLine();
Console.Write("Sorted Content: ");
//元素的排序和遍历
arrayList.Sort();
foreach (float num in arrayList)
{
    Console.Write(num + " ");
}
Console.WriteLine();
Console.ReadKey();
    }
  }
}
```

执行结果如下：

```
Adding some numbers:
Capacity: 8
Count: 7
Content: 45.1 78.4 33.2 56.9 12.7 23.3 9.5
Sorted Content: 9.5 12.7 23.3 33.2 45.1 56.9 78.4
```

5.1.2　哈希表类

哈希表类代表了一系列基于键的哈希代码组织起来的键/值对。

当使用键访问元素时，使用哈希表，而且可以识别一个有用的键值。

表 5.4 和表 5.5 列出了 Hashtable 类的一些常用属性和方法。

表 5.4　Hashtable 类的一些常用属性

属　　性	描　　述
Count	获取 Hashtable 中包含的键/值对个数
IsFixedSize	获取一个值，表示 Hashtable 是否具有固定大小
IsReadOnly	获取一个值，表示 Hashtable 是否只读
Item	获取或设置与指定的键相关的值
Keys	获取一个 ICollection，包含 Hashtable 中的键
Values	获取一个 ICollection，包含 Hashtable 中的值

智能制造的 C#实战教程

表 5.5 Hashtable 类的一些常用方法

方法及其语法	描 述
void Add(object key, object value);	添加一个带有指定的键和值的元素
void Clear();	移除所有的元素
bool ContainsKey(object key);	判断 Hashtable 是否包含指定的键
bool ContainsValue(object value);	判断 Hashtable 是否包含指定的值
void Remove(object key);	从 Hashtable 中移除带有指定的键的元素

下面的实例演示了 Hashtable 类的使用方法：

```csharp
namespace Chapter5_2
{
    class Program
    {
        static void Main(string[] args)
        {
            Hashtable hashTable = new Hashtable();          //构造哈希表
            hashTable.Add("001", "Jordan");                 //添加姓名
            hashTable.Add("002", "Kobe");
            hashTable.Add("003", "James");
            hashTable.Add("004", "Harden");
            hashTable.Add("005", "Curry");
            hashTable.Add("006", "Durant");
            hashTable.Add("007", "Embiid");
            hashTable.Add("008", "Paul");
            if (hashTable.ContainsValue("Yaoming"))         //判断值是否存在
            {
                Console.WriteLine("This star name is already in the list");
            }
            else
            {
                hashTable.Add("009", "Yaoming");
            }
            // 获取键的集合
            ICollection keys = hashTable.Keys;
            foreach (string key in keys)                    //获取所有的键值
            {
                Console.WriteLine(key + ": " + hashTable[key]);
            }
            Console.ReadKey();
        }

    }
}
```

运行结果如下：

```
006: Durant
007: Embiid
```

```
008: Paul
003: James
009: Yaoming
002: Kobe
004: Harden
001: Jordan
005: Curry
```

5.1.3　排序列表类

排序列表类代表了一系列按照键来排序的键/值对，这些键/值对可以通过键和索引来访问。集合中的各项总是按键值排序的。

表 5.6 和表 5.7 给出了 SortedList 类的常用属性和方法。

表 5.6　SortedList 类的常用属性

属　　性	描　　述
Capacity	获取或设置 SortedList 的容量
Count	获取 SortedList 中的元素个数
IsFixedSize	获取一个值，表示 SortedList 是否具有固定大小
IsReadOnly	获取一个值，表示 SortedList 是否只读
Item	获取或设置与 SortedList 中指定的键相关的值
Keys	获取 SortedList 中的键
Values	获取 SortedList 中的值

表 5.7　SortedList 类的常用方法

方法名及语法	描　　述
void Add(object key, object value);	添加一个带有指定的键和值的元素
void Clear();	移除所有的元素
bool ContainsKey(object key);	判断是否包含指定的键
bool ContainsValue(object value);	判断是否包含指定的值
object GetByIndex(int index);	获取指定索引处的值
object GetKey(int index);	获取指定索引处的键
IList GetKeyList();	获取 SortedList 中的键
IList GetValueList();	获取 SortedList 中的值
int IndexOfKey(object key);	返回 SortedList 中的指定键的索引，索引从零开始
int IndexOfValue(object value);	返回指定值第一次出现的索引，索引从零开始
void Remove(object key);	移除带有指定的键的元素
void RemoveAt(int index);	移除指定索引处的元素
void TrimToSize();	设置容量为 SortedList 中元素的实际个数

下面的代码演示了 SortedList 类的概念：

```
namespace Chapter5_3
{
    class Program
    {
```

```
        static void Main(string[] args)
        {
            SortedList sortedList = new SortedList();        //构造排序列表
            sortedList.Add("001", "Jordan");                 //添加姓名
            sortedList.Add("002", "Kobe");
            sortedList.Add("003", "James");
            sortedList.Add("004", "Harden");
            sortedList.Add("005", "Curry");
            sortedList.Add("006", "Durant");
            sortedList.Add("007", "Embiid");
            sortedList.Add("008", "Paul");
            if (sortedList.ContainsValue("Yaoming"))         //判断值是否存在
            {
                Console.WriteLine("This star name is already in the list");
            }
            else
            {
                sortedList.Add("009", "Yaoming");
            }
            // 获取键的集合
            ICollection keys = sortedList.Keys;
            foreach (string key in keys)                        //获取所有的键值
            {
                Console.WriteLine(key + ": " + sortedList[key]);
            }
            Console.ReadKey();
        }
    }
}
```

运行结果如下:

```
001: Jordan
002: Kobe
003: James
004: Harden
005: Curry
006: Durant
007: Embiid
008: Paul
009: Yaoming
```

5.1.4 堆栈类

因为堆栈代表了一个后进先出的对象集合,所以当需要对各项进行后进先出的访问时,使用堆栈。

表 5.8 和表 5.9 给出了 Stack 类的常用属性和方法。

表 5.8　Stack 类的常用属性

属　　性	描　　述
Count	获取 Stack 中包含的元素个数

表 5.9　Stack 类的常用方法

方法名和语法	描　　述
void Clear();	从 Stack 中移除所有的元素
bool Contains(object obj);	判断某个元素是否在 Stack 中
object Peek();	返回 Stack 顶部的对象，但不移除它
object Pop();	移除并返回 Stack 顶部的对象
void Push(object obj);	向 Stack 顶部添加一个对象
object[] ToArray();	复制 Stack 到一个新的数组中

下面的代码演示了 Stack 类的使用方法：

```
namespace Chapter5_4
{
    class Program
    {
        static void Main(string[] args)
        {
            Stack stack = new Stack();                    //构造堆栈
            Console.WriteLine("在堆栈中压入 4 个字符串......");
            stack.Push("Jordan");                         //压入 4 个字符串
            stack.Push("Kobe");
            stack.Push("James");
            stack.Push("Harden");
            Console.Write("当前堆栈的元素：");
            foreach (string str in stack)                 //查看堆栈中的元素
            {
                Console.Write(str + " ");
            }
            Console.WriteLine();
            Console.WriteLine("在堆栈中再次压入 3 个字符串......");
            stack.Push("Curry");
            stack.Push("Durant");
            stack.Push("Embiid");
            Console.Write("当前堆栈的元素：");
            foreach (string str in stack)
            {
                Console.Write(str + " ");
            }
            Console.WriteLine();
            Console.WriteLine("当前可以弹出的元素是：{0}",
            stack.Peek());
            Console.WriteLine("在堆栈中弹出 4 个元素......");
            stack.Pop();
```

```
            stack.Pop();
            stack.Pop();
            stack.Pop();
            Console.Write("当前堆栈的元素: ");
            foreach (string str in stack)
            {
                Console.Write(str + " ");
            }
            Console.ReadKey();
        }
    }
}
```

运行结果如下:

```
在堆栈中压入 4 个字符串......
当前堆栈的元素: Harden James Kobe Jordan
在堆栈中再次压入 3 个字符串......
当前堆栈的元素: Embiid Durant Curry Harden James Kobe Jordan
当前可以弹出的元素是: Embiid
在堆栈中弹出 4 个元素......
当前堆栈的元素: James Kobe Jordan
```

5.1.5 队列类

因为队列代表了一个先进先出的对象集合,所以当需要对各项进行先进先出的访问时,使用队列。

表 5.10 和表 5.11 给出了 Queue 类的常用属性和方法。

表 5.10 Queue 类的常用属性

属　　性	描　　述
Count	获取 Queue 中包含的元素个数

表 5.11 Queue 类的常用方法

方法名和语法	描　　述
void Clear();	从 Queue 中移除所有的元素
bool Contains(object obj);	判断某个元素是否在 Queue 中
object Dequeue();	移除并返回 Queue 开头的对象
void Enqueue(object obj);	向 Queue 的末尾添加一个对象
object[] ToArray();	复制 Queue 到一个新的数组中
void TrimToSize();	设置容量为 Queue 中元素的实际个数

下面的实例演示了 Queue 类的概念:

```
namespace Chapter5_5
{
    class Program
    {
        static void Main(string[] args)
```

```
    {
        Queue queue = new Queue();                              //构造队列
        Console.WriteLine("在队列中入队 4 个字符串......");
        queue.Enqueue("Jordan");                                //入队 4 个字符串
        queue.Enqueue("Kobe");
        queue.Enqueue("James");
        queue.Enqueue("Harden");
        Console.Write("当前队列的元素: ");
        foreach (string str in queue)                           //查看队列中的元素
            Console.Write(str + " ");
        Console.WriteLine();
        Console.WriteLine("在队列中再次入队 3 个字符串......");
        queue.Enqueue("Curry");
        queue.Enqueue("Durant");
        queue.Enqueue("Embiid");
        Console.Write("当前队列的元素: ");
        foreach (string str in queue)
            Console.Write(str + " ");
        Console.WriteLine();
        Console.WriteLine("测试出队......");
        string strDequeue = (string)queue.Dequeue();
        Console.WriteLine("出队一个，出队的元素是: {0}", strDequeue);
        strDequeue = (string)queue.Dequeue();
        Console.WriteLine("出队一个，出队的元素是: {0}", strDequeue);
        Console.ReadKey();
    }
  }
}
```

运行结果如下：

```
在队列中入队 4 个字符串......
当前队列的元素: Jordan Kobe James Harden
在队列中再次入队 3 个字符串......
当前队列的元素: Jordan Kobe James Harden Curry Durant Embiid
测试出队......
出队一个，出队的元素是: Jordan
出队一个，出队的元素是: Kobe
```

5.2　泛型

　　在编制程序时，经常会遇到功能非常相似的模块，只是它们处理的数据不一样。但没有办法，只能分别写多个方法来处理不同的数据类型。有没有一种办法，可以用同一个方法来处理传入的不同类型的参数呢？泛型的出现就是专门来解决这个问题的。

　　泛型在 System.Collections.Generic 命名空间中，用于约束类或方法中的参数类型。泛型的应用非常广泛，包括泛型方法、泛型类及泛型集合等。

5.2.1 泛型方法

如果没有泛型，那么方法中的参数类型都是固定的，不能随意更改。在使用泛型后，方法中的参数类型由指定的泛型来约束，即可以根据提供的泛型来传递不同类型的参数。

定义泛型方法需要在方法名和参数列表之间加上"<>"，并在其中使用 T 来代表参数类型。当然，也可以使用其他的标识符，但通常都使用 T 来表示，如果有两种以上的类型，则可以使用 T1、T2 等来表示。

下面通过实例来演示泛型方法的使用。例如，创建泛型方法，实现对两种任意类型参数的乘法运算：

```
namespace Chapter5_6
{
    class Program
    {
        static void Main(string[] args)
        {
            //将 T 设置为 double 类型
            Multiply<double>(13.3, 41.4);
            //将 T 设置为 int 类型
            Multiply<int>(166, 57);
            Multiply<float, string>(5.5f,"3.3");
            Console.ReadKey();
        }
        //采用单一类型的乘法运算
        private static void Multiply<T>(T t1, T t2)
        {
            double sum = double.Parse(t1.ToString()) * double.Parse
(t2.ToString());
            Console.WriteLine("两个{0}:{1}和{2}之间的乘积等于{3}",typeof(T),
t1,t2,sum);
        }
        //采用两种不同类型的乘法运算
        private static void Multiply<T1,T2>(T1 t1,T2 t2)
        {
            double sum = double.Parse(t1.ToString()) * double.Parse
(t2.ToString());
            Console.WriteLine("一个{0}—{1}和一个{2}—{3}之间的乘积等于{4}",
typeof(T1),t1,typeof(T2),t2, sum);
        }
    }
}
```

运行结果如下：

两个 System.Double:13.3 和 41.4 之间的乘积等于 550.62

两个 System.Int32:166 和 57 之间的乘积等于 9462

一个 System.Single—5.5 和一个 System.String—3.3 之间的乘积等于 18.15

从上面的例子中可以看到，第一个 Multiply()方法只有一种类型的参数，因此只用一个 T 就可以了；而第二个 Multiply()方法则有两种类型的参数，因此使用了 T1 和 T2。从上面的执行结果可以看出，使用泛型方法调用 Multiply()方法实现了指定不同的参数类型执行乘法运算。如果在调用 Multiply()方法时没有按照 <T> 中规定的类型传递参数，则会出现编译错误，这样就可以尽量避免程序在运行时出现异常。

5.2.2　泛型类

C# 语言中泛型类的定义与泛型方法类似，在泛型类的名称后面加上<T>。当然，也可以定义多个类型，即 "<T1,T2,...>"。具体的定义形式如下：

```
class 类名<T1,T2,...>
{
    //类的成员
}
```

这样，在类的成员中即可使用 T1、T2 等类型来定义。

下面通过实例来演示泛型类的使用。例如，定义泛型类，并在泛型类中定义数组，提供添加元素、计算数组中全部元素乘积的方法。代码如下：

```
namespace Chapter5_7
{
    class MyTest<T>
    {
        private T[] items = new T[4];
        private int index = 0;
        //向数组中添加项
        public void Add(T t)
        {
            if (index < 4)
            {
                items[index] = t;
                index++;
            }
            else
            {
                Console.WriteLine("数组已满！");
            }
        }
        //读取数组中的全部项，并计算这些项的乘积
        public double Multiply()
        {
            double sum = 1;
            foreach (T t in items)
```

```
                {
                    sum *= double.Parse(t.ToString());
                    Console.WriteLine(t);
                }
                return sum;
            }
    class Program
    {
        static void Main(string[] args)
        {
            MyTest<int> test1 = new MyTest<int>();        //传入 4 个整数
            test1.Add(10);
            test1.Add(20);
            test1.Add(30);
            test1.Add(45);
            Console.WriteLine("这几个数的乘积等于: " + test1.Multiply());
            MyTest<float> test2 = new MyTest<float>();    //传入 4 个浮点数
            test2.Add(10.5f);
            test2.Add(20.3f);
            test2.Add(30.9f);
            test2.Add(45.4f);
            Console.WriteLine("这几个数的乘积等于: " + test2. Multiply());
            Console.ReadKey();
        }
    }
}
```

在这个例子中定义了一个泛函类 MyTest<T>，这个 T 可以是任何一种数值型，并使用 Add<T>方法填充数组 items，使用 Multiply()方法计算数组中所有数的乘积。这样就可以实现不同类型参数的数组的内部数值乘积计算。

运行结果如下：

```
10
20
30
45
这几个数的乘积等于：270000
10.5
20.3
30.9
45.4
这几个数的乘积等于：299019.609
```

5.2.3 泛型集合

C# 语言中的泛型集合是泛型中最常见的应用，主要用于约束集合中存放的元素。由于在集合中能存放任意类型的值，在取值时经常会遇到数据类型转换异常的情况，因此推荐在定义集合时使用泛型集合。

前面已经介绍了非泛型集合中的 ArrayList、Hashtable，它们在泛型集合中分别使用 List<T> 和 Dictionary<K,V> 来表示，其他泛型集合均与非泛型集合一致。也就是说，C#使用 List<T> 和 Dictionary<K,V> 实现了对集合的封装，其中的 T、K、V 就是泛型参数。

下面以 List<T> 和 Dictionary<K,V> 为例介绍泛型集合的使用。

例 1：使用泛型集合 List<T> 实现对学生信息的添加和遍历。根据要求，将学生信息定义为一个类，并在该类中定义学号、姓名、年龄属性。在泛型集合 List<T> 中添加学生信息类的对象，并遍历该集合。实现的代码如下：

```
namespace Chapter5_8
{
    class Student
    {
        //提供有参构造方法，为属性赋值
        public Student(int id, string name, int age)
        {
            this.id = id;
            this.name = name;
            this.age = age;
        }
        //学号
        public int id { get; set; }
        //姓名
        public string name { get; set; }
        //年龄
        public int age { get; set; }
        //重写 ToString()方法
        public override string ToString()
        {
            return "#" + id + ": 姓名—" + name + ",年龄—" + age;
        }
    }
    class Program
    {
        static void Main(string[] args)
        {
            //定义泛型集合
            List<Student> list = new List<Student>();
            //向集合中存入 3 名学生
            list.Add(new Student(1, "小明", 20));
            list.Add(new Student(2, "小李", 21));
            list.Add(new Student(3, "小赵", 22));
            //遍历集合中的元素
            foreach (Student stu in list)
            {
```

```
                Console.WriteLine(stu);
            }
            Console.ReadKey();
        }
    }
}
```

运行结果如下：

```
#1: 姓名—小明,年龄—20
#2: 姓名—小李,年龄—21
#3: 姓名—小赵,年龄—22
```

从上面的执行结果可以看出，在该泛型集合 List<T>中存放的是 Student 类的对象，当从集合中取出元素时，并不需要将集合中元素的类型转换为 Student 类的类型，而只需直接遍历集合中的元素即可，这也是泛型集合的一个特点。

例 2：使用泛型集合 Dictionary<K,V> 实现学生信息的添加，并能够按照学号查询学生信息。

根据题目要求，将在例 1 中创建的学生信息类 Student 的对象作为 Dictionary<K,V> 集合中的 value 值部分，key 值部分使用学生信息类中的学号，这样能很容易地通过学号查询学生信息。

实现的代码如下：

```
namespace Chapter5_9
{
    class Student
    {
        //提供有参构造方法，为属性赋值
        public Student(int id, string name, int age)
        {
            this.id = id;
            this.name = name;
            this.age = age;
        }
        //学号
        public int id { get; set; }
        //姓名
        public string name { get; set; }
        //年龄
        public int age { get; set; }
        //重写 ToString()方法
        public override string ToString()
        {
            return "#" + id + ": 姓名—" + name + ",年龄—" + age;
        }
    }
    class Program
    {
```

```
        static void Main(string[] args)
        {
            Dictionary<int, Student> dictionary = new Dictionary<int,
Student>();
            Student stu1 = new Student(1, "小明", 20);
            Student stu2 = new Student(2, "小李", 21);
            Student stu3 = new Student(3, "小赵", 22);
            dictionary.Add(stu1.id, stu1);
            dictionary.Add(stu2.id, stu2);
            dictionary.Add(stu3.id, stu3);
            ConsoleKey key = ConsoleKey.Enter;
            while (key == ConsoleKey.Enter)
            {
                Console.WriteLine("请输入学号：");
                int id = int.Parse(Console.ReadLine());
                if (dictionary.ContainsKey(id))
                {
                    Console.WriteLine("学生信息为：{0}", dictionary[id]);
                }
                else
                {
                    Console.WriteLine("您查找的学号不存在！");
                }
            Console.WriteLine("如果继续查询，请按 Enter 键；如果退出，请按其他键：");
                ConsoleKeyInfo info = Console.ReadKey();
                key = info.Key;
            }

        }
    }
}
```

运行结果如下：

```
请输入学号：
2
学生信息为：#2：姓名—小李,年龄—21
如果继续查询，请按 Enter 键；如果退出，请按其他键：
请输入学号：
1
学生信息为：#1：姓名—小明,年龄—20
如果继续查询，请按 Enter 键；如果退出，请按其他键：
```

从上面的执行结果可以看出，根据输入的学号直接从 Dictionary<int,Student> 泛型集合中查询出所对应的学生信息，并且在输出学生信息时不需要进行类型转换，直接输出其对应的 Student 类的对象值即可。

5.3 委托与事件

委托是指向一个方法的指针，采取与调用方法一样的方式来调用它。在调用一个委托时，实际执行的是委托所引用的方法，可以动态更改一个委托所引用的方法。委托的优势是能引用多个方法。事件使用委托来封装触发时将要调用的方法，是一种函数成员。

扫一扫

微课：委托与事件

5.3.1 委托

C#语言中的委托与事件是其一大特色，它们在 Windows 窗体应用程序的应用中最为普遍。通过定义委托与事件可以方便方法重用，并提高程序的编写效率。

C#中的委托类似于 C 或 C++中函数的指针。委托是存有对某个方法的引用的一种引用类型变量，并且引用可在运行时被改变。

委托从字面上理解就是一种代理，类似于房屋中介，由租房人委托中介为其租赁房屋。在 C#语言中，委托是指委托某个方法来实现具体的功能。委托是一种引用类型，虽然在定义委托时与方法有些相似，但不能将其称为方法。

委托在使用时遵循 3 步走的原则，即定义声明委托、实例化委托及调用委托。

从数据结构来讲，委托与类一样是一种用户自定义类型。委托是方法的抽象，存储的就是一系列具有相同签名和返回类型的方法的地址。在调用委托时，其包含的所有方法将被执行。

委托是 C#语言中的一个特色，通常将委托分为命名方法委托、多播委托、匿名委托，其中命名方法委托是使用最多的一种委托。接下来分别讲解命名方法委托、多播委托、匿名委托的具体使用步骤。

5.3.1.1 命名方法委托

在 C#语言中，命名方法委托是最常用的一种委托，其定义的语法形式如下：

```
修饰符 delegate 返回值类型 委托名(参数列表);
```

从上面的定义可以看出，委托的定义与方法的定义是相似的。例如，定义一个不带参数的委托，代码如下：

```
public delegate void MyDelegate();
```

在定义好委托后就到了实例化委托的步骤，命名方法委托在实例化委托时必须带入方法的具体名称。实例化委托的语法形式如下：

```
委托名 委托对象名 = new 委托名(方法名);
```

委托中传递的方法名既可以是静态方法的名称，又可以是实例方法的名称。需要注意的是，在委托中所写的方法名必须与委托定义时的返回值类型和参数列表相同。

在实例化委托后即可调用委托，语法形式如下：

```
委托对象名(参数列表);
```

在这里，参数列表中传递的参数与委托定义的参数列表相同即可。下面分别通过两个实例来演示在委托中应用静态方法和实例方法。

例 1：创建委托，应用静态方法在委托中传入方法，于控制台输出"你好，委托！"。具体代码如下：

```
namespace Chapter5_10
{
    class Program
    {
        //定义委托
        public delegate void MyDelegate();
        static void FirstFunction()
        {
            Console.WriteLine("你好，委托！");
        }
        static void SecondFunction()
        {
            Console.WriteLine("发明委托的人绝对聪明绝顶！");
        }
        static void Main(string[] args)
        {
            //实例化委托 1
            MyDelegate firstDelegate = new MyDelegate(FirstFunction);
            //调用委托 1
            firstDelegate();
            //实例化委托 2
            MyDelegate secondDelegate = new MyDelegate(SecondFunction);
            //调用委托 2
            secondDelegate();
            Console.ReadKey();
        }
    }
}
```

执行结果如下：

```
你好，委托！
发明委托的人绝对聪明绝顶！
```

在上面的实例中，委托 MyDelegate 的参数个数为 0，返回值为 void，在实例化委托时，传入的方法的参数个数必须也为 0，返回值为 void，否则会出错。

在上述程序中定义了两个方法：FirstFunction()和 SecondFunction()。这两个方法的参数个数都为 0，返回值都为 void，利用委托 MyDelegate，在需要调用方法时，就先将这个方法委托给 MyDelegate，然后调用 MyDelegate 就可以执行这个方法了。

如果委托的方法在另外一个类中，那么也是可以委托的，在向委托中传递方法名时，只需用"类名.方法名"的形式就可以了。

例 2：应用实例方法使用委托完成将图书信息按照价格升序排序的操作。具体代码如下：

```
namespace Chapter5_11
{
    class Book : IComparable<Book>        //IComparable 接口是比较器接口
```

```csharp
{
    //定义构造方法，为图书名称和图书价格赋值
    public Book(string name, double price)
    {
        Name = name;
        Price = price;
    }
    //定义图书名称属性
    public string Name { get; set; }
    //定义图书价格属性
    public double Price { get; set; }
    //实现比较器中比较的方法，采用价格作为比较的基准
    public int CompareTo(Book other)
    {
        return (int)(this.Price - other.Price);
    }
    //重写 ToString()方法，返回图书名称和图书价格
    public override string ToString()
    {
        return Name + ": " + Price;
    }
    //图书信息排序
    public static void BookSort(Book[] books)
    {
        Array.Sort(books);
    }
}
class Program
{
    //定义对图书信息排序的委托
    public delegate void BookDelegate(Book[] books);
    static void Main(string[] args)
    {
        BookDelegate bookDelegate = new BookDelegate(Book.BookSort);
        Book[] books = new Book[3];
        books[0] = new Book("计算机应用", 50);
        books[1] = new Book("C#教程", 59);
        books[2] = new Book("VS2019 应用", 49);
        bookDelegate(books);
        foreach (Book book in books)
        {
            Console.WriteLine(book);
        }
        Console.ReadKey();
    }
}
}
```

执行结果如下：

```
VS2019 应用: 49
计算机应用: 50
C#教程: 59
```

在上面的实例中，委托 BookDelegate 的参数是 Book 数组，返回值为 void，因此实例化它的方法也必须有相同的参数和返回值。Book 类的 BookSort 函数符合这个要求，因此可以委托给 BookDelegate。实例化的方法是 BookDelegate bookDelegate = new BookDelegate (Book.BookSort);。IComparable 接口是一个比较器接口，用于按照一定的规则进行排序，其 CompareTo()方法是用来建立比较规则的。如果将 CompareTo()方法的实现改为：

```
public int CompareTo(Book other)
{
    return -(int)( this.Price - other.Price);
}
```

则变为降序排序，执行结果变为：

```
C#教程: 59
计算机应用: 50
VS2019 应用: 49
```

需要注意的是，由于 Book 数组是引用类型，因此通过委托调用后，其值也发生了相应的变化，即 books 数组中的值是完成了排序操作后的结果。

5.3.1.2　多播委托

在 C# 语言中，多播委托是指在一个委托中注册多个方法，在注册方法时，可以在委托中使用加号运算符或减号运算符来实现添加或撤销方法。在现实生活中，多播委托的实例是随处可见的。例如，某点餐应用程序既可以预定普通的餐饮，又可以预定蛋糕、鲜花、水果等商品。在这里，委托相当于点餐平台，每种类型的商品可以理解为在委托中注册的一个方法。下面通过实例来演示多播委托的应用。

例：男生 A 准备向其女朋友求婚，他找到他的好朋友 B，让他帮忙购买商品，委托给他准备戒指、准备项链、准备鲜花等工作，在这里，B 就是一个委托，A 把多件事委托给 B 就是一个多播委托。多播委托采用操作符"+="进行委托，撤销委托采用操作符"-="。具体代码如下：

```
namespace Chapter5_12
{
    class Program
    {
        //定义求婚委托
        public delegate void EngageDelegate();
        static void AcceptDelegate()
        {
            Console.WriteLine("我接受委托了！");
        }
        static void PrepareRing()
```

```
        {
            Console.WriteLine("准备戒指！");
        }
        static void PrepareNecklace()
        {
            Console.WriteLine("准备项链！");
        }
        static void PrepareFlower()
        {
            Console.WriteLine("准备鲜花！");
        }
        static void Main(string[] args)
        {
            Console.WriteLine("我准备求婚了，找一个人帮我准备礼物吧！");
            //实例化委托，将接受委托委托给求婚委托
            EngageDelegate engageDelegate = new EngageDelegate(AcceptDelegate);
            //向委托中注册多个方法，将准备戒指方法、准备项链方法和准备鲜花方法也委托给求婚委托
            engageDelegate += PrepareRing;
            engageDelegate += PrepareNecklace;
            engageDelegate += PrepareFlower;
            //调用委托，准备求婚
            engageDelegate();
            Console.ReadKey();
        }
    }
}
```

执行上面的代码，效果如下：

```
我准备求婚了，找一个人帮我准备礼物吧！
我接受委托了！
准备戒指！
准备项链！
准备鲜花！
```

如果已经准备了鲜花，那么在取消委托时也可以撤销，使用 -= 操作符即可。撤销准备鲜花操作的代码如下：

```
engageDelegate -= PrepareFlower;
```

添加了上述代码后，在执行结果中就取消了准备鲜花的操作。

在使用多播委托时需要注意，在委托中注册的方法的参数列表必须与委托定义的参数列表相同，否则不能将方法添加到委托中。

5.3.1.3 匿名委托

在 C# 语言中，匿名委托是指将匿名方法注册在委托上，首先需要定义一个委托，如下：

```
修饰符 delegate 返回值类型 委托名(参数列表);
```

定义委托完成后定义匿名委托，实际上是在委托中通过定义代码块来实现委托的作用。

具体的语法形式如下：

```
委托名 委托对象 = delegate
{
    //代码块
};
```

调用匿名委托的方法和调用委托类似，如下：

```
委托对象名 (参数列表);
```

通过上面 3 个步骤（定义委托、定义匿名委托、调用匿名委托）即可完成匿名委托的定义和调用。需要注意的是，在定义匿名委托时，代码块结束后，要在 {} 后加上分号。

下面通过实例来演示匿名委托的应用。

例：使用匿名委托计算长方形的面积。代码如下：

```
namespace Chapter5_13
{
    class Program
    {
        //定义委托
        public delegate void AreaDelegate(double length, double width);
        static void Main(string[] args)
        {
            Console.WriteLine("请输入长方形的长: ");
            double length = double.Parse(Console.ReadLine());
            Console.WriteLine("请输入长方形的宽: ");
            double width = double.Parse(Console.ReadLine());
            //定义匿名委托，求长方形的面积
            AreaDelegate areaDelegate = delegate
            {
                Console.WriteLine("长方形的面积为: " + length * width);
            };
            //调用匿名委托
            areaDelegate(length, width);
            Console.ReadKey();
        }
    }
}
```

执行结果如下：

```
请输入长方形的长:
15
请输入长方形的宽:
10
长方形的面积为: 150
```

从上面的执行结果可以看出，在使用匿名委托时，并没有定义静态方法，而是在实例化委托时直接实现了具体的操作。

智能制造的 C#实战教程

由于匿名委托并不能很好地实现代码重用，所以通常适用于实现一些仅需要使用一次委托的代码的情况，并且代码比较少。

5.3.1.4　Lamda 表达式

1. 什么是 Lamda 表达式

在 C# 2.0 之前的版本中，声明委托的唯一方法是使用命名方法。C# 2.0 引入了匿名方法，而在 C# 3.0 及更高的版本中，Lamda 表达式取代了匿名方法，作为编写内联代码的首选方式。Lamda 表达式是一个匿名函数，是一种高效的类似于函数式编程的表达式，简化了匿名委托的使用，减少了开发中需要编写的代码量。

所有 Lamda 表达式都使用 Lamda 运算符 "=>"，读作 goes to。Lamda 运算符的左边是输入参数（如果有），右边是表达式或语句块。Lamda 表达式 x => x * x 读作 x goes to x times x。

2. Lamda 表达式的语法

Lamda 表达式具体的语法形式如下：

```
(输入参数) =>表达式;
```

仅当 Lamda 表达式只有一个输入参数时，括号才是可选的，否则括号是必需的。括号内的两个或更多输入参数使用逗号加以分隔。例如：

```
(x, y) => x == y;
```

有时，编译器难以或无法推断输入类型，如果出现这种情况，就可以按下面代码中所示的方式显式指定类型：

```
(int x, string s) => s.Length > x;
```

使用空括号指定零个输入参数。例如：

```
() => SomeMethod();
```

当 Lamda 表达式中有多个语句时，写成如下形式：

```
(输入参数) => {//多个表达式}
```

下面的例子给出了这些语法的具体使用方法。具体代码如下：

```
namespace Chapter5_14
{
    class Program
    {
        delegate bool BoolDelegate1(int x, int y);
        delegate bool BoolDelegate2(int x, string y);
        delegate int MultiplyDelegate(int x, int y);
        delegate void NoParametersDelegate();
        delegate void TestDelegate(string str);
        static void Main(string[] args)
        {
            BoolDelegate1 boolFunc1 = (x, y) => x == y;
            bool b1 = boolFunc1(4, 5);              //b1=False
            Console.WriteLine("b1="+b1);
```

· 144 ·

```
            BoolDelegate2 boolFunc2 = (x, s) => s.Length > x;
            bool b2 = boolFunc2(3, "abcxyz");      //b2=True
            Console.WriteLine("b2=" + b2);
            MultiplyDelegate MultiplyFunc = (x, y) => x * y;
            int result = MultiplyFunc(12, 13);   //result = 156
            Console.WriteLine("result=" + result);
            NoParametersDelegate func = () => Console.WriteLine("我是无参数
Lamda 表达式");
            func();
            //采用 Lamda 表达式来实例化匿名委托
            TestDelegate myDel = str =>
            {
                string s = str + " " + "Lamda 表达式";
                Console.WriteLine(s);
            };
            myDel("你好");
            Console.ReadKey();
        }
    }
}
```

运行结果如下：

```
b1=False
b2=True
result=156
我是无参数 Lamda 表达式
你好 Lamda 表达式
```

3．Lamda 表达式在 IEnumerable<T>中的查询应用

Lamda 表达式在 C#中的应用较广，如在 IEnumerable<T>中的查询。下面给出一个实例，显示了 Lamda 表达式在 IEnumerable<T>中的查询的具体使用方法。具体代码如下：

```
namespace Chapter5_15
{
    public class People
    {
        public int age { get; set; }                //设置属性
        public string name { get; set; }             //设置属性
        public People(int age, string name)          //设置属性（构造函数构造）
        {
            this.age = age;                          //初始化属性值 age
            this.name = name;                        //初始化属性值 name
        }
    }
    class Program
    {
        private static List<People> LoadData()
```

```
        {
            List<People> people = new List<People>(); //创建泛型对象
            People p1 = new People(21, "小刘");          //创建 4 个 People 对象
            People p2 = new People(21, "小王");
            People p3 = new People(20, "小李");
            People p4 = new People(23, "小孙");
            people.Add(p1);                              //将这 4 个 People 对象添加到列表中
            people.Add(p2);
            people.Add(p3);
            people.Add(p4);
            return people;
        }
        static void Main(string[] args)
        {
            List<People> people = LoadData();            //初始化
            //使用 Lamda 表达式查询 people 中大于 20 岁的人的数量
            int count = people.Count(p => p.age > 20);
            Console.WriteLine("这些人中大于 20 岁的人一共有" + count + "个");
            //使用 Lamda 表达式查询 people 中所有大于 20 岁的人
            IEnumerable<People> results = people.Where(p=>p.age>20);
            foreach(People p in results)                 //显示结果
            {
                Console.WriteLine(p.name + ":" + p.age);
            }
            Console.ReadKey();
        }
    }
}
```

执行结果如下：

```
这些人中大于 20 岁的人一共有 3 个
小刘:21
小王:21
小孙:23
```

在上面的实例中，IEnumerable<T>的 Count()方法和 Where()方法都采用了 Lamda 表达式来查询符合条件的元素，使用方便、快捷。

4. Lamda 表达式、委托方法、匿名委托方法对比

下面给出一个实例，计算两个数的和，分别使用委托、匿名委托和 Lamda 表达式。具体代码如下：

```
namespace Chapter5_16
{
    class Program
    {
        delegate void AddDelegate(int x, int y);     //委托类型
        static void Add(int x, int y)
```

```
        {
            Console.WriteLine("使用委托方法计算的两个整数{0}和{1}的和为：{2}",x,
y,x+y);
        }
        static void Main(string[] args)
        {
            //使用委托方法实现计算两个数的和
            AddDelegate cal1 = new AddDelegate(Add);
            cal1(13, 15);
            //使用匿名委托方法实现计算两个数的和
            AddDelegate cal2 = delegate(int x, int y)
            {
              Console.WriteLine("使用匿名委托方法计算的两个整数{0}和{1}的和为：{2}", x,
y, x + y);
            };
            cal2(67,78);
            //使用 Lamda 表达式实现计算两个数的和
            AddDelegate cal3 = (x, y) =>Console.WriteLine("使用 Lamda 表达式
计算的两个整数{0}和{1}的和为：{2}", x, y, x + y);
            cal3(45,34);
            Console.ReadKey();
        }
    }
}
```

运行结果如下：

使用委托方法计算的两个整数 13 和 15 的和为：28
使用匿名委托方法计算的两个整数 67 和 78 的和为：145
使用 Lamda 表达式计算的两个整数 45 和 34 的和为：79

从上面的例子中可以看出，Lamda 表达式的简洁性要高于匿名委托方法，匿名委托方法的简洁性高于委托方法。

5.3.2　事件

无论是企业中使用的大型应用程序还是手机中安装的一个 App，都与事件密不可分。例如，在登录 QQ 软件时，需要输入用户名和密码，并单击"登录"按钮来登录，此时，单击按钮的动作会触发一个按钮的单击事件来完成执行相应的代码实现登录的功能。

在 C#语言中，Windows 应用程序离不开事件的应用。事件是一种引用类型，实际上也是一种特殊的委托，通常每个事件的发生都会产生发送方和接收方，发送方是引发事件的对象，接收方是获取、处理事件的对象。

事件要与委托一起使用。事件定义的语法形式如下：

访问修饰符 event 委托名 事件名；

在这里，由于在事件中使用了委托，因此需要在定义事件前定义委托。在定义事件后，

需要定义事件所使用的方法，并通过事件来调用委托。下面通过实例来演示事件的具体定义和调用方法。例如，通过事件完成在控制台输出"你好，事件！"语句。代码如下：

```
namespace Chapter5_17
{
    class Program
    {
        //定义委托
        public delegate void SayDelegate();
        //定义事件
        static event SayDelegate SayEvent;
        //定义委托中调用的方法
        static void SayHello()
        {
            Console.WriteLine("你好，事件！");
        }
        //创建触发事件的方法
        static void SayEventTrigger()
        {
            //触发事件，必须与事件是同名方法
            SayEvent();
        }
        static void Main(string[] args)
        {
            //实例化事件，使用委托指向处理方法
            SayEvent = new SayDelegate(SayHello);
            //调用触发事件的方法
            SayEventTrigger();
            Console.ReadKey();
        }
    }
}
```

执行结果如下：

你好，事件！

下面的例子对 Chapter 5_12 中的多播委托使用事件进行了修改，使用事件，采取多播委托完成求婚准备工作。实现的代码如下：

```
namespace Chapter5_18
{
    class Program
    {
        //定义求婚委托
        public delegate void EngageDelegate();
        //定义求婚事件
        public static event EngageDelegate EngageEvent;
        static void AcceptDelegate()
        {
```

```
        Console.WriteLine("我接受委托了！");
    }
    static void PrepareRing()
    {
        Console.WriteLine("准备戒指！");
    }
    static void PrepareNecklace()
    {
        Console.WriteLine("准备项链！");
    }
    static void PrepareFlower()
    {
        Console.WriteLine("准备鲜花！");
    }
    //创建触发事件的方法
    static void InvokeEvent()
    {
        //触发事件，必须和事件是同名方法
        EngageEvent();
    }
    static void Main(string[] args)
    {
        Console.WriteLine("我准备求婚了，找一个人帮我准备礼物吧！");
        //实例化事件，使用委托指向处理方法
        EngageEvent += new EngageDelegate(AcceptDelegate);    //接受委托
        EngageEvent += new EngageDelegate(PrepareRing);       //准备戒指
        EngageEvent += new EngageDelegate(PrepareNecklace);   //准备项链
        EngageEvent += new EngageDelegate(PrepareFlower);     //准备鲜花
        //调用触发事件的方法
        InvokeEvent();
        Console.ReadKey();
    }
    }
}
```

执行上面的代码，效果与 Chapter 5_12 的效果完全一致，如下：

```
我准备求婚了，找一个人帮我准备礼物吧！
我接受委托了！
准备戒指！
准备项链！
准备鲜花！
```

需要注意的是，在使用事件时，如果事件的定义和调用不在同一个类中，那么实例化的事件只能出现在+=或-=操作符的左侧。

事件是每个 Windows 应用程序中必备的，很多事件的操作都是自动生成的。例如，设计如图 5.1 所示的界面。

图 5.1　WinForm 界面

双击界面上的按钮，在 form1.designer.cs 文件中将自动生成一个事件，定义如下：

```
this.button1.Click += new System.EventHandler(this.button1_Click);
```

在 form1.cs 文件中将自动生成一个方法，定义如下：

```
private void button1_Click(object sender, EventArgs e)
{

}
```

这个方法里面没有任何内容，但是它已经和这个按钮的 Click 事件关联在一起了，只要修改这个方法，就可以在单击时执行这些操作。

5.4　多线程技术

在智能制造中，软件的多线程并发是普遍存在的。C#支持多线程操作，多线程可以同时完成多个任务，可以使程序的响应速度更快，可以让占用大量处理时间的任务或当前没有进行处理的任务定期将处理时间让给别的任务，可以随时停止任务，可以设置每个任务的优先级以优化程序性能等。下面讲解多线程相关的知识。

5.4.1　什么是线程

线程被定义为程序的执行路径。每个线程都定义了一个独特的控制流，如果应用程序涉及复杂的和耗时的操作，那么设置不同的线程执行路径往往是有益的，每个线程执行特定的工作。

线程是轻量级进程。一个使用线程的常见实例是现代操作系统中并行编程的实现，使用线程减少了 CPU 周期的浪费，同时提高了应用程序的效率。

到目前为止，我们编写的程序都采用单线程作为应用程序的运行实例，但是这样应用程序只能执行一个任务。为了同时执行多个任务，程序可以被划分为更小的线程。

5.4.2　线程生命周期

线程生命周期开始于 System.Threading.Thread 类的对象被创建时，结束于线程被终止或完成执行时。

线程的运行状态是一个枚举变量 ThreadState。在线程的整个生命周期中，主要存在如下几种状态。

（1）未启动状态（ThreadState.Unstarted）：线程实例被创建但 Start()方法未被调用时的状况。

（2）启动状态（ThreadState.Running）：线程准备好运行并等待 CPU 周期时的状况。

（3）不可运行状态（ThreadState.WaitSleepJoin）：在下面几种情况下，线程是不可运行的。

- 已经调用 Sleep()方法。
- 已经调用 Wait()方法。
- 通过 I/O 操作阻塞。

（4）线程挂起（TheadState.Suspended）：挂起实际上是让线程进入"非可执行"状态，在这个状态下，CPU 不会分给线程时间片。进入这个状态可以用来暂停一个线程的运行。在线程挂起后，可以通过重新唤醒线程来使之恢复运行。

（5）死亡状态（ThreadState.Stopped）：线程已完成执行或已终止时的状态。

5.4.3　主线程

在 C#中，System.Threading.Thread 类（Thread 类）用于线程工作，允许创建并访问多线程应用程序中的单个线程。进程中第一个被执行的线程称为主线程。

当 C#程序开始执行时，主线程自动创建，使用 Thread 类创建的线程被主线程的子线程调用。用户可以使用 Thread 类的 CurrentThread 属性访问当前线程。

下面的程序演示了主线程的执行情况：

```
namespace Chapter5_20
{
    class Program
    {
        static void Main(string[] args)
        {
            //获取主线程
            Thread thread = Thread.CurrentThread;
            thread.Name = "主线程";
            Console.WriteLine("这是{0}！", thread.Name);
            Console.ReadKey();
        }
    }
}
```

当上面的代码被编译和执行时，会产生下列结果：

```
这是主线程！
```

5.4.4　Thread 类的一些常用属性和方法

表 5.12 和表 5.13 列出了 Thread 类的一些常用属性和方法。

表 5.12　Thread 类的一些常用属性

属　　性	描　　述
CurrentContext	获取线程正在其中执行的当前上下文
CurrentCulture	获取或设置当前线程的区域性
CurrentThread	获取当前正在运行的线程
CurrentUICulture	获取或设置资源管理器使用的当前区域性以便在运行时查找区域性特定的资源
ExecutionContext	获取一个 ExecutionContext 对象，该对象包含当前线程的各种上下文信息
IsAlive	获取一个值，该值指示当前线程是否处于激活状态
IsBackground	获取或设置一个值，该值指示某个线程是否为后台线程
IsThreadPoolThread	获取一个值，该值指示线程是否属于托管线程池
ManagedThreadId	获取当前托管线程的唯一标识符
Name	获取或设置线程的名称
Priority	获取或设置一个值，该值指示线程的调度优先级
ThreadState	获取一个值，该值包含当前线程的运行状态

表 5.13　Thread 类的一些常用方法

方法名和语法	描　　述
void Abort();	调用此方法通常会终止线程
static AppDomain GetDomain();	返回当前线程正在其中运行的当前域
static AppDomain GetDomainID();	返回唯一的应用程序域标识符
void Interrupt();	中断处于不可运行状态的线程
void Join();	阻塞调用线程，直到某个线程终止
static void ResetAbort();	取消为当前线程请求的 Abort
void Start();	开始一个线程
static void Sleep(int millisecondsTimeout);	让线程暂停一段时间
static void SpinWait(int iterations);	导致线程等待由 iterations 参数定义的时间量

5.4.5　创建线程

线程是通过扩展 Thread 类来创建的，扩展的 Thread 类调用 Start() 方法开始子线程的执行。

Thread 类的构造方法语法如下：

```
public Thread (System.Threading.ThreadStart start);
public Thread (System.Threading.ParameterizedThreadStart start);
```

其中各参数的含义如下。

（1）ThreadStart 是一个委托，其语法如下：

```
public delegate void ThreadStart();
```

通过这个委托传递的方法有 0 个输入参数，返回类型为 void。也就是说，所有有 0 个输入参数、返回类型为 void 的方法都可以委托给 ThreadStart。

（2）ParameterizedThreadStart 也是一个委托，其语法如下：

```
public delegate void ParameterizedThreadStart(object obj);
```

这个委托的输入参数是一个 object 类型的变量。object 类型是所有类型的基类，即可以传递任何类型。利用 ParameterizedThreadStart 委托，可以向线程构造类传递任何参数。

　　启动线程的方法是 Start()。例如，子线程的名称是 thread1，使用 thread1.Start();语句即可启动子线程 thread1。

　　子线程启动后，将执行与子程序关联的方法，方法执行完成后，子线程就退出了。此时，主线程继续执行，直至整个程序退出，主线程才关闭。

　　一般情况下，线程之间是不需要传递参数的，在不传递参数的情况下，有多种方法可以实现线程的实例化，主要的有如下 4 种。

　　（1）采用 ThreadStart 委托来创建实例。ThreadStart 代理的方法只能有 0 个输入参数，返回类型为 void。

　　（2）采用静态方法建立实例。这种方法与 ThreadStart 委托相比缺少了 ThreadStart 委托的构造，系统自动处理成了 ThreadStart 委托。这种静态方法也采用了 0 个输入参数，返回类型为 void。

　　（3）采用匿名委托来创建实例。这种方法利用了匿名委托的优点，将功能代码块放在委托的构造函数中，相当于匿名构建了 ThreadStart 委托。

　　（4）采用 Lamda 表达式来创建实例。这种方法利用了 Lamda 表达式的优点，将功能代码块放在 Lamda 表达式中，相当于构建了 ThreadStart 委托。

　　下面的程序演示了如何使用这 4 种方法创建和启动线程：

```
namespace Chapter5_21
{
    class Program
    {
        static void CallChild1()
        {
            Console.WriteLine("当前线程是:{0},ThreadStart 委托调用的必须是无参数
void 返回的方法",Thread.CurrentThread.Name);
        }
        static void Main(string[] args)
        {
            //线程无参数时的构造方法
            //方法 1，使用委托 ThreadStart
            ThreadStart threadref = new ThreadStart(CallChild1);
            Thread thread1 = new Thread(threadref);
            thread1.Name = "Thread1";
            Console.WriteLine("主程序：正在创建子线程 1......");
            thread1.Start();
            //方法 2，使用静态方法
            Thread thread2 = new Thread(CallChild1);
            thread2.Name = "Thread2";
            Console.WriteLine("主程序：正在创建子线程 2......");
            thread2.Start();
            //方法 3，使用匿名委托
            Thread thread3 = new Thread(delegate() { Console.WriteLine("当
前线程是:{0},采用匿名委托构造线程", Thread.CurrentThread.Name); });
```

```
        thread3.Name = "Thread3";
        Console.WriteLine("主程序：正在创建子线程 3......");
        thread3.Start();
        //方法 4, 使用 Lamda 表达式
        Thread thread4 = new Thread(() => { Console.WriteLine("当前线程
是：{0},采用 Lamda 表达式构造线程", Thread.CurrentThread.Name); });
        thread4.Name = "Thread4";
        Console.WriteLine("主程序：正在创建子线程 4......");
        thread4.Start();
        Console.ReadKey();
        }
    }
}
```

当上面的代码被编译和执行后，运行结果如下：

```
主程序：正在创建子线程 1......
主程序：正在创建子线程 2......
主程序：正在创建子线程 3......
当前线程是：Thread1,ThreadStart 委托调用的必须是无参数 void 返回的方法
当前线程是：Thread2,ThreadStart 委托调用的必须是无参数 void 返回的方法
主程序：正在创建子线程 4......
当前线程是：Thread3,采用匿名委托构造线程
当前线程是：Thread4,采用 Lamda 表达式构造线程
```

在上面的实例中，创建子线程和启动子线程是并发的，谁先谁后由系统决定。由于子线程的启动是需要消耗时间的，消耗时间的长短是由系统决定的，因此，并发的线程不容易控制次序，如果必须控制次序，那么可以通过全局变量来控制，即只有当满足一定的条件时，子线程才启动。

有时，线程之间需要传递数据，这时就需要采用 ParameterizedThreadStart 委托传递 object 类型的变量或采用类的封装来实现线程构造和参数传递。下面给出一个具体实例来构造线程和传递参数，主要有如下 3 种方法。

（1）使用 ParameterizedThreadStart 委托构造线程、传递参数。ParameterizedThreadStart 代理的方法可以传递一个 object 类型的参数，由于 object 类是任何类型的基类，因此这个输入参数可以为任何类型。启动时，使用 Start(object parameter);语句进行参数传递，如果传递 1 个数，就可以在 Start()方法里面直接传递；如果想传递多个参数，则可以使用 List<T> 泛型集合传递。

（2）使用类对数据进行封装。

（3）将线程封装在类的方法里面，这个方法可以启动新线程，主线程只需调用这个类的方法就可以了。

下面的实例演示了这 3 种方法的使用。具体代码如下：

```
namespace Chapter5_22
{
    class MyThread
    {
```

```
        private int _data1;
        private string _data2;
        public MyThread(int data1, string data2)
        {
            _data1 = data1;
            _data2 = data2;
        }
        public void RunThread()
        {
            //直接把 Thread 类封装在这个类的方法里面,这样,调用类的方法就可以启动新线程
            Thread thread3 = new Thread(
                () => { Console.WriteLine("当前线程是:{0},传入的数据 1 为:{1},
传入的数据 2 为:{2}", Thread.CurrentThread.Name, _data1, _data2); }
                );
            Thread3.Name = "Thread3";
            Thread3.Start();
        }
    }
    class MyData
    {
        private int _data1;
        private string _data2;
        public MyData(int data1, string data2)
        {
            _data1 = data1;
            _data2 = data2;
        }
        //新开线程可以直接调用这个方法实现线程的实例化
        public void CallThreadMethod()
        {
            Console.WriteLine("当前线程是:{0},传入的数据 1 为:{1},传入的数据 2 为:
{2}", Thread.CurrentThread.Name, _data1, _data2);
        }
    }
    class Program
    {
        static void CallChild2(object myObject)
        {
            if (myObject is List<object>)
            {
                List<object> list = (List<object>)myObject;
                string str = "";
                foreach (object ob in list)
                {
                    str += ob + "\t";
                }
```

```
                   Console.WriteLine("当前线程是:{0},传入的 List 是:" + str, Thread.
CurrentThread.Name);
              }
         }
         static void Main(string[] args)
         {
             //线程传入多个参数时的构造方法
             //方法 1: 使用 ParameterizedThreadStart
             Thread thread1 = new Thread(CallChild2);
             thread1.Name = "Thread1";
             Console.WriteLine("主程序: 正在创建子线程 1......");
             thread1.Start(new List<object>() { 1, 2, 3, 4, 5 });
             //方法 2: 使用类来封装变量和方法
             MyData myData = new MyData(2, "线程号是 2");
             Thread thread2 = new Thread(myData.CallThreadMethod);
             thread2.Name = "Thread2";
             Console.WriteLine("主程序: 正在创建子线程 2......");
             thread2.Start();
             //方法 3: 直接把 Thread 的实例化和运行放在一个类的方法里面
             MyThread myThread = new MyThread(3, "直接把 Thread 的实例化和运行放
在一个类的方法里面");
             Console.WriteLine("主程序: 正在创建子线程 3......");
             myThread.RunThread();
             Console.ReadKey();
         }
    }
}
```

在这个实例中，使用 3 种方法实现了线程的创建和参数传递，方法 1 通过 List<object>泛型集合将数值传递给了 CallChild2()方法；方法 2 首先使用 MyData 类对传入的两个参数进行了封装，然后使用 Thread thread2 = new Thread(myData.CallThreadMethod);语句实现了 thread2 的实例化和参数传递；方法 3 直接将 thread3 封装在了 MyThread 类的 RunThread()方法中。

运行结果如下：

```
主程序: 正在创建子线程 1......
主程序: 正在创建子线程 2......
主程序: 正在创建子线程 3......
当前线程是: Thread2,传入的数据 1 为: 2，传入的数据 2 为: 线程号是 2
当前线程是: Thread1,传入的 List 是: 1      2      3      4      5
当前线程是: Thread3,传入的数据 1 为: 3，传入的数据 2 为: 直接把 Thread 的实例化和运行放
在一个类的方法里面
```

5.4.6　管理线程

Thread 类提供了各种管理线程的方法。下面介绍几个常用的方法。

（1）Sleep()方法：将当前线程挂起指定毫秒数。

Sleep()方法的语法如下：

```
public static void Sleep (int millisecondsTimeout);
```

其中，millisecondsTimeout 的单位是毫秒。

（2）Join()方法：只有在线程结束时才继续执行下面的语句。需要注意的是，这个调用要在另一个子线程里进行，而不要在主线程里进行，否则主线程会被阻塞，从而使系统处于假死机状态。

Joint()方法的语法如下：

```
public void Join ();
```

下面的实例演示了这两个方法的使用。具体代码如下：

```
namespace Chapter5_23
{
    class Program
    {
        static void ThreadMethod(object obj)
        {
            Thread.Sleep(int.Parse(obj.ToString()));
            Console.WriteLine(obj + "毫秒任务结束！");
        }
        static void JoinAllThread(object obj)
        {
            Thread[] threads = obj as Thread[];
            foreach(Thread thread in threads)
            {
                thread.Join();
            }
            //只有当 threads 里面的所有线程结束之后才能执行下面的语句
            Console.WriteLine("所有的线程结束！");
            Console.WriteLine("线程 4 结束！");
        }
        static void Main(string[] args)
        {
            Thread thread1 = new Thread(ThreadMethod);
            Thread thread2 = new Thread(ThreadMethod);
            Thread thread3 = new Thread(ThreadMethod);
            thread1.Start(3000);            //线程 1 的阻塞时间为 3000 毫秒
            thread2.Start(5000);            //线程 2 的阻塞时间为 5000 毫秒
            thread3.Start(7000);            //线程 3 的阻塞时间为 7000 毫秒
            Thread thread4 = new Thread(JoinAllThread);
            //将上面 3 个线程通过 Join()方法连接起来
            thread4.Start(new Thread[]{thread1,thread2,thread3});
            Console.ReadKey();
        }
    }
}
```

在这个实例中，thread1 调用了 Sleep(3000)，线程阻塞了 3000 毫秒；thread2 调用了 Sleep(5000)，线程阻塞了 5000 毫秒；thread3 调用了 Sleep(7000)，线程阻塞了 7000 毫秒；thread4 将这 3 个线程使用 Join()方法连接了起来，只有当这 3 个线程都执行完成后，才能执行下面的语句，thread4 才能执行结束。

运行结果如下：

```
3000 毫秒任务结束！
5000 毫秒任务结束！
7000 毫秒任务结束！
所有的线程结束！
线程 4 结束！
```

5.4.7　销毁线程

Abort()方法用于销毁线程，其语法格式如下：

```
public void Abort ();
```

Abort()方法通过抛出 ThreadAbortException 异常以在运行时中止线程。当这个异常不能被捕获时，如果有 finally 块，那么控制流程会被送至 finally 块。

下面的示例演示了如何使用 Abort 方法。具体代码如下：

```
namespace Chapter5_24
{
    class Program
    {
        static void CallChildThread()
        {
            try
            {
                Console.WriteLine("子线程启动");
                // 计数到 10
                for (int counter = 0; counter <= 10; counter++)
                {
                    Thread.Sleep(500);
                    Console.WriteLine(counter);
                }
                Console.WriteLine("子线程运行完成");
            }
            catch (ThreadAbortException e)
            {
                Console.WriteLine("线程销毁异常!");
            }
            finally
            {
                Console.WriteLine("获取不到销毁异常!");
            }
        }
```

```
        static void Main(string[] args)
        {
            ThreadStart childDelegate = new ThreadStart(CallChildThread);
            Console.WriteLine("主线程：创建子线程");
            Thread childThread = new Thread(childDelegate);
            childThread.Start();
            // 停止主线程一段时间
            Thread.Sleep(2000);
            // 现在中止子线程
            Console.WriteLine("主线程：销毁子线程");
            childThread.Abort();
            Console.ReadKey();
        }
    }
}
```

在这个例程中，子线程每隔 0.5 秒计数器加 1，直至 10。Abort()方法用于销毁线程，在主程序运行到 2 秒时，这个子线程被主线程调用 Abort()方法销毁，从而提前结束，即计数器累加了 4 次。

当上面的代码被编译和执行时，会产生下列结果：

```
主线程：创建子线程
子线程启动
0
1
2
3
主线程：销毁子线程
线程销毁异常！
获取不到销毁异常！
```

5.5　反射技术

反射（Reflection）是程序可以访问、检测和修改它本身状态或行为的一种能力。程序集包含模块，而模块包含类型，类型又包含成员。反射提供了封装程序集、模块和类型的对象，可以使用反射动态地创建类型的实例，将类型绑定到现有对象中或从现有对象中获取类型。反射可以动态构造已有的类、方法、委托、泛型等。

反射有下列用途。

（1）允许在运行时查看特性（Attribute）信息。

（2）允许审查集合中的各种类型，以及实例化这些类型。

（3）允许延迟绑定的方法和属性（Property）。

（4）允许在运行时创建新类型，并使用这些类型执行一些任务。

5.5.1　什么是反射

  .NET 框架的应用程序由以下几部分组成：程序集（Assembly）、模块（Module）、类型（Class）。而反射提供一种编程的方式，让程序员可以在程序运行期间获得这几个组成部分的相关信息。例如，Assembly 类可以获得正在运行的装配集信息，也可以动态地加载装配集，以及在装配集中查找类型信息，并创建该类型的实例；Type 类可以获得对象的类型信息，此信息包含对象的所有要素，如方法、构造器、属性等，通过 Type 类可以得到这些要素的信息，并调用它们；MethodInfo 类包含方法的信息，通过它可以得到方法的名称、参数、返回值等，并且可以调用它们。诸如此类，还有 FieldInfo、EventInfo 等，这些类都包含在 System.Reflection 命名空间下。

  装配集是.NET 应用程序执行的最小单位，编译出来的.dll、.exe 都是装配集。装配集和命名空间的关系不是一一对应的，也不互相包含，一个装配集里面可以有多个命名空间，一个命名空间也可以在多个装配集中存在。打个比方来说明一下命名空间和装配集的关系，假设类是一个人，那么命名空间说明这个人是哪个民族的，而装配集则表明这个人住在哪里。例如，有人住在北京、有人住在上海，北京有不同民族的人，上海也有不同民族的人，这是不矛盾的。

  既然装配集是一个类型居住的地方，那么在一个程序中要使用一个类，就必须告诉编译器这个类住在哪儿，只有这样编译器才能找到它，即必须引用该装配集。那么，如果在编写程序时不确定这个类在哪里，仅仅知道它的名称，那么能找到它并使用吗？反射就是这个作用，即在程序运行时提供该类的地址，并找到它。

  反射能够带来很多设计上的便利，合理地使用它能够大大提高程序的复用性和灵活性。本书在第 7 章及后面的几章中都有涉及反射技术的应用。

5.5.2　反射技术的应用

  利用反射技术可以获取类的所有信息，包括构造函数、属性、方法、变量等，也可以使用反射技术实例化类、方法等。下面通过一个实例来详细讲解反射技术的应用，这个应用分成多步实现。

1. 建立 Printer 类

  为了探究反射技术，先建立了一个 Printer 类，这个类包含了 1 个私有变量_description、1 个公有变量 Price、1 个属性 CarInfo、2 个构造函数、4 个方法。Printer 类的代码定义如下：

```
namespace Chapter5_25
{
    public class Printer
    {
        public int Price;                          //成本
        private string _description;               //描述
        public string CarInfo { get; set; }        //汽车信息
        public Printer()                           //无参数构造函数
        {
```

```
    }
    public Printer(int price, string description)      //2个参数的构造函数
    {
        Price = price;
        _description = description;
    }
    public void Print()                                //打印机打印
    {
        Console.WriteLine("打印机正在打印");
    }
    public void Sale(int money)                         //打印机销售
    {
        if (money < Price)
        {
            Console.WriteLine("您的钱不够买这台打印机");
        }
        else
        {
            Console.WriteLine("您的钱可以购买这台打印机");
        }
    }
    public void AdjustPrice(int discount)              //调整价格
    {
        Price += discount;
        Console.WriteLine("调整价格成功，当前价格: " + Price);
    }
    protected void ShowInfo()                          //显示信息
    {
        Console.WriteLine(_description + " 价格:" + this.Price);
    }
  }
}
```

2. 获取装配集

由于测试代码和 Printer 类都在同一个工程项目中，所以可以使用方法 Assembly.GetExecutingAssembly()来获取装配集，这个装配集就是当前的"Chapter5_25.exe"。代码如下：

```
Assembly assembly = Assembly.GetExecutingAssembly();
```

如果 Printer 类位于另外一个装配集中，就将其引用到本项目中。例如，将"Chapter5_24.exe"装配集引入本项目中，可以采用如下多种方法获取名称为 "Chapter5_24.exe" 的装配集：

```
Assembly assembly1 = Assembly.Load("Chapter5_24");
Assembly assembly2 = Assembly.LoadFrom("Chapter5_24.exe");
Assembly assembly3 = Assembly.LoadFile("E:\\Chapter5_24.exe");
```

这里 Load、LoadFrom、LoadFile 的参数都是字符串，但是三者有区别，Load 的参数是

智能制造的 C#实战教程

装配集的名称；LoadFrom 的参数是包含程序集清单的文件的名称或路径，因此这个参数可以是装配集的名称，也可以是文件全路径；LoadFile 的参数必须是文件的全路径。

3．获取类的类型

使用装配集的 GetType()方法获取类的类型，语法如下：

```
public virtual Type GetType (string name);
```

其中，name 是类的全名，即类的整个层次结构。具体代码如下：

```
Type type = assembly.GetType("Chapter5_25.Printer");
```

4．获取类的构造函数

获取类的构造函数使用 Type 类的 GetConstructors()方法，语法如下：

```
public abstract ConstructorInfo[] GetConstructors (BindingFlags bindingAttr);
```

其中，BindingFlags 是一个枚举变量，指定控制绑定，以及通过反射执行成员和类型搜索方式的标记。利用 GetConstructors()方法，程序就可以获取所有 Printer 类的构造函数，并将其存放到数组 ConstructorInfo[]中。ConstructorInfo 类用于封装类构造函数的属性，并提供对构造函数元数据的访问权限。

代码如下：

```
BindingFlags  flag = BindingFlags.Public | BindingFlags.NonPublic |
BindingFlags.Instance;
    //获取构造函数
ConstructorInfo[] constructors = type.GetConstructors(flag);
```

5．获取类的方法

获取类的方法使用 Type 类的 GetMethods()方法，语法如下：

```
public abstract MethodInfo[] GetMethods (BindingFlags bindingAttr);
```

利用 GetMethods()方法，程序就可以获取所有 Printer 类的方法，并将其存放到数组 MethodInfo[]中。

代码如下：

```
MethodInfo[] methods = type.GetMethods(flag);
```

6．获取类的字段

获取类的字段采用 Type 类的 GetFields()方法，语法如下：

```
public abstract FieldInfo[] GetFields (BindingFlags bindingAttr);
```

利用 GetFields()方法，程序就可以获取所有 Printer 类的字段，并将其存放到数组 FieldInfo[]中。FieldInfo 类用于封装字段的属性并提供对字段元数据的访问权限。

代码如下：

```
FieldInfo[] fieldInfos = type.GetFields(flag);
```

7．获取类的属性

获取类的属性采用 Type 类的 GetProperties()方法，语法如下：

```
PropertyInfo[] propertyInfos = type.GetProperties(flag);
```

利用 GetProperties()方法，程序就可以获取所有 Printer 类的属性，并将其存放到数组 PropertyInfo[]中。PropertyInfo 类用于封装属性（Property）的属性（Attribute）并提供对属性（Property）元数据的访问权限。

8．使用 Activator 类调用构造函数

Activator 类用于在本地或从远程创建对象类型，或者获取对现有远程对象的引用，其 CreateInstance()方法用于创建在程序集中定义的类型的实例，其语法如下：

```
public static object CreateInstance (Type type, params object[] args);
```

其中，type 是要创建的对象的类型；args 是与要调用的构造函数的参数的编号、顺序和类型匹配的参数数组，如果 args 为空数组或 null，则调用不带任何参数的构造函数（无参数构造函数）；返回的 object 是对新创建的对象的引用。

具体代码如下：

```
Printer printer = Activator.CreateInstance(type, new object[] { 1500,
"Pantum" }) as Printer;
printer.AdjustPrice(-250);
```

9．使用 MethodInfo 类调用方法

MethodInfo 类用于封装方法的属性并提供对方法元数据的访问权限，可以使用它的 Invoke()方法来调用这个封装方法，其语法格式如下：

```
public object Invoke (object obj, object[] parameters);
```

其中，obj 指的是在其上调用方法或构造函数的对象。如果方法是静态的，则忽略此参数；如果构造函数是静态的，则此参数必须是 null 或定义构造函数的类的实例。

parameters 指的是调用方法或构造函数的参数列表。此对象数组在数量、顺序和类型方面与要调用的方法或构造函数的参数相同。如果不存在任何参数，则 parameters 应为 null。

具体调用代码如下：

```
MethodInfo method1=type.GetMethod("Sale");
object[] para = new object[] {1280};
method1.Invoke(printer,para);
```

利用 GetMethod()方法就可以通过名称获取方法，这里获取了名为 Sale 的方法。para 传递了 Sale()方法的参数。在实际应用中，Sale()方法只有 1 个输入参数，这里先传入一个整型量 1280，然后调用 Invoke()方法就能够调用 Sale()方法了。

10．程序代码

```
namespace Chapter5_25
{
    class Program
    {
        static void Main(string[] args)
        {
            //Assembly assembly1 = Assembly.Load("Chapter5_24");
            //Assembly assembly2 = Assembly.LoadFrom("Chapter5_24.exe");
            //Assembly assembly3 = Assembly.LoadFile("E:\\Chapter5_24.exe");
```

智能制造的 C#实战教程

```
            //获取当前正在执行的装配集
            Assembly assembly = Assembly.GetExecutingAssembly();
            Console.WriteLine(assembly.FullName);
            Type type = assembly.GetType("Chapter5_25.Printer");
            BindingFlags flag = BindingFlags.Public | BindingFlags.
NonPublic | BindingFlags.Instance;
            //获取构造函数
            ConstructorInfo[] constructors = type.GetConstructors(flag);
            Console.WriteLine("构造函数: ");
            for (int i = 0; i < constructors.Length; i++)
            {
                ConstructorInfo constructor = constructors[i];
                //获取构造函数的参数
                ParameterInfo[] infos = constructor.GetParameters();
                Console.Write(type.Name+"(");
                for (int j = 0; j < infos.Length; j++)
                {
                 Console.Write(infos[j].ParameterType.Name+" "+infos[j].Name);
                    if (j!=infos.Length-1)
                    {
                        Console.Write(",");
                    }
                }
                Console.Write(")");
                Console.WriteLine();
            }
            //获取方法
            MethodInfo[] methods = type.GetMethods(flag);
            Console.WriteLine("共有{0}个方法: ",methods.Length);
            for (int i = 0; i < methods.Length; i++)
            {
                MethodInfo method = methods[i];
                //获取方法的参数
                ParameterInfo[] infos = method.GetParameters();
                Console.Write(method.Name + "(");
                for (int j = 0; j < infos.Length; j++)
                {
                    Console.Write(infos[j].ParameterType.Name + " " +
infos[j].Name);
                    if (j != infos.Length - 1)
                    {
                        Console.Write(",");
                    }
                }
                Console.Write(")");
                Console.WriteLine();
            }
```

· 164 ·

```
        //获取字段
        FieldInfo[] fieldInfos = type.GetFields(flag);
        Console.WriteLine("共有{0}个变量: ",fieldInfos.Length);
        for (int i = 0; i < fieldInfos.Length; i++)
        {
            Console.WriteLine(fieldInfos[i].FieldType.Name + " " +
fieldInfos[i].Name);
        }
        //获取属性
        PropertyInfo[] propertyInfos = type.GetProperties(flag);
        Console.WriteLine("共有{0}个属性: ",propertyInfos.Length);
        for (int i = 0; i < propertyInfos.Length; i++)
        {
            PropertyInfo property = propertyInfos[i];
            Console.Write(property.PropertyType.Name+"  "+property.Name
+"{");
            Console.Write(property.GetMethod!=null?"Get;":"");
            Console.Write(property.SetMethod != null ? "Set;" : "");
            Console.Write("}");
            Console.WriteLine();
        }
        //调用构造函数
        Printer printer = Activator.CreateInstance(type, new object[]
{ 1500, "Pantum" }) as Printer;
        printer.AdjustPrice(-250);
        //使用反射调用方法
        MethodInfo method1=type.GetMethod("Sale");
        object[] para = new object[] {1280};
        method1.Invoke(printer,para);
        Console.ReadKey();
        }
    }
}
```

5.5.3　反射技术的优/缺点

反射技术的优点如下。

（1）提高了程序的灵活性和扩展性。

（2）降低了耦合性，提高了自适应能力。

（3）允许程序创建和控制任何类的对象，无须提前硬编码目标类。

反射技术的缺点如下。

（1）性能问题。使用反射基本上是一种解释操作，在用于字段和方法接入时要远慢于直接代码。因此，反射机制主要应用在对灵活性和拓展性要求很高的系统框架上，普通程序不建议使用。

（2）使用反射会模糊程序内部逻辑。程序员希望在源代码中看到程序的逻辑，反射却绕过了直接代码的逻辑，因而会带来维护方面的问题。反射代码比相应的直接代码更复杂。

5.6　本章小结

本章对 C#的几种常用的高级特性进行了详细介绍，主要包括集合、泛型、委托与事件、多线程技术和反射技术。

集合用来存储和管理一组具有相同性质的对象，实现基本的数据处理功能。集合直接提供了各种数据结构及算法的实现功能，如队列、链表、排序等，可以让用户轻松完成复杂的数据操作。常用的集合类型有动态数组类、哈希表类、排序列表类、堆栈类和队列类，本章对这些类进行了介绍并通过具体实例讲解了如何使用这些类。

泛型允许程序员在强类型程序设计语言中编写代码时使用一些以后才会指定的类型，在实例化时作为参数指明这些类型。泛型的应用非常广泛，包括泛型方法、泛型类及泛型集合等。

委托是指向一个方法的指针，而且采取与调用方法一样的方式来调用它。在调用一个委托时，实际执行的是委托所引用的方法。可以动态更改一个委托所引用的方法，委托的优势是能引用多个方法。委托在使用时遵循 3 步走的原则，即定义委托、实例化委托及调用委托。事件是一种特殊的委托，使用委托来封装触发时将要调用的方法。事件是一种函数成员。

在智能制造中，软件的多线程并发是普遍存在的。C#支持多线程操作，多线程可以同时完成多个任务，可以使程序的响应速度更快，可以让占用大量处理时间的任务或当前没有进行处理的任务定期将处理时间让给别的任务，可以随时停止任务，可以设置每个任务的优先级以优化程序性能。

最后讲解了反射技术。反射是程序可以访问、检测和修改它本身状态或行为的一种能力。程序集包含模块，而模块包含类型，类型又包含成员。反射提供了封装程序集、模块和类型的对象，可以使用反射技术动态地创建类型的实例，将类型绑定到现有对象中或从现有对象中获取类型。反射技术可以动态构造已有的类、方法、委托、泛型等。

通过对 C#高级特性的学习，读者已经掌握了编写复杂程序的基础知识。这些技术为复杂的智能制造系统的开发提供了大量的技术手段。

第 6 章 C#图形图像编程

计算机视觉的基础是图形图像处理，随着计算机技术的发展，应用程序越来越多地使用图形和多媒体，用户界面更加美观，人机交互也更加友好。利用.NET 框架所提供的 GDI+接口，可以很容易地绘制出这类图形，处理各种图像。

6.1 GDI+绘图基础

图形设备接口（Graphics Device Interface，GDI）的主要任务是负责系统与绘图程序之间的信息交换，处理所有 Windows 程序的图形输出。在 Windows 操作系统下，绝大多数具备图形界面的应用程序都离不开 GDI，利用 GDI 所提供的众多函数可以方便地在屏幕、打印机及其他输出设备上输出图形。GDI 的出现使程序员无须关心硬件设备及驱动就可将程序的输出转化为硬件设备上的输出，实现程序开发者与硬件设备的隔离，大大方便了开发工作。

从程序设计的角度看，GDI 包括两部分：一部分是 GDI 对象，另一部分是 GDI 函数。GDI 对象定义了 GDI 函数使用的工具和环境变量，而 GDI 函数则使用 GDI 对象绘制各种图形。在 C#中，进行图形程序编写时用到的是 GDI+，GDI+是 GDI 的进一步扩展，使编程更加方便。

GDI+是微软在 Windows 2000 以后的操作系统中提供的新的图形设备接口，其通过一套部署为托管代码的类来展现，这套类被称为 GDI+的"托管类接口"。GDI+主要提供了以下 3 类服务。

（1）二维矢量图形。GDI+提供了存储图形基元自身信息的类（或结构体）、存储图形基元绘制方式信息的类及实际进行绘制的类。

（2）图像处理。大多数图像都难以划定为直线和曲线的集合，无法使用二维矢量图形方式进行处理。因此，GDI+提供了 Bitmap、Image 等类，可用于显示、操作和保存 BMP、JPG、GIF 等图像格式。

（3）文本显示。GDI+支持使用各种字体、字号和样式来显示文本。

要进行图形编程，就必须先讲解 Graphics 类，同时必须掌握画笔（Pen）、画刷（Brush）等多个与绘图相关的类。

6.1.1 Graphics 类

Graphics 类封装了一个 GDI+绘图图面，提供将对象绘制到显示设备上的方法，与特定的设备上下文关联。绘图方法都被包括在 Graphics 类中，在绘制任何对象（如 Circle、

智能制造的 C#实战教程

Rectangle）时，首先要创建一个 Graphics 类实例，这个实例相当于建立了一块画布，只有有了画布才可以用各种绘图方法绘图。

绘图程序的设计过程一般分为以下两个步骤。

（1）创建 Graphics 对象。

（2）使用 Graphics 对象的方法绘图、显示文本或处理图像。

WinForm 中的坐标轴与我们平时接触的平面直角坐标轴不同，其中的坐标轴 Y 轴方向完全相反：窗体的左上角为原点(0,0)，水平向左是 X 增大的方向，垂直向下是 Y 增大的方向。

通常使用下述 3 种方法创建一个 Graphics 对象。

（1）Paint 事件。Paint 事件在重绘控件时发生。

在窗体或控件的 Paint 事件中接收对图形对象的引用，作为 PaintEventArgs（PaintEventArgs 指定绘制控件所用的 Graphics）的一部分，在为控件创建绘制代码时，通常会使用此方法来获取对图形对象的引用。

例如，窗体的 Paint 事件的响应方法代码如下：

```
private void form1_Paint(object sender, PaintEventArgs e)
{
    Graphics g = e.Graphics;
}
```

也可以直接重载控件或窗体的 OnPaint()方法来获取 Graphics 对象。具体代码如下：

```
protected override void OnPaint(PaintEventArgs e)
{
    Graphics g = e.Graphics;
}
```

（2）CreateGraphics()方法。

调用某控件或窗体的 CreateGraphics()方法以获取对 Graphics 对象的引用，该对象表示该控件或窗体的绘图图面。如果想在已存在的窗体或控件上绘图，则通常会使用此方法。

例如：

```
Graphics g = this.CreateGraphics();
```

（3）Graphics.FromImage()静态方法。

Graphics.FromImage()方法允许由从 Image 中继承的任何对象创建 Graphics 对象。在需要更改已存在的图像时，通常会使用此方法。例如：

```
//名为 g1.jpg 的图片位于当前路径下
Image img = Image.FromFile("g1.jpg");//创建 Image 对象
Graphics g = Graphics.FromImage(img);//创建 Graphics 对象
```

6.1.2 Graphics 类的常用方法

Graphics 类的常用方法如表 6.1 所示。

表 6.1　Graphics 类的常用方法

名　　称	说　　明
DrawArc	绘制一段圆弧，表示由一对坐标、一个宽度和一个高度指定的椭圆部分
DrawBezier	绘制由 4 个 Point 结构定义的立体的贝塞尔曲线
DrawBeziers	用 Point 结构数组绘制一系列贝塞尔样条曲线
DrawClosedCurve	绘制由 Point 结构数组定义的闭合基数样条曲线
DrawCurve	绘制经过一组指定的 Point 结构的基数样条曲线
DrawEllipse	绘制一个由边框（该边框由一对坐标、一个高度、一个宽度指定）定义的椭圆
DrawImage	在指定位置按照原始大小绘制指定的 Image
DrawLine	绘制一条连接由坐标对指定的两个点的线条
DrawPath	通过路径绘制线和曲线
DrawPie	绘制一个饼图，该形状由一个坐标对、一个宽度、一个高度及两条射线所指定的椭圆定义
DrawPolygon	绘制由一组 Point 结构定义的多边形
DrawRectangle	绘制由坐标对、宽度、高度指定的矩形
DrawString	在指定位置用指定的 Brush 和 Font 对象绘制文本字符串
FillEllipse	填充椭圆
FillPath	填充路径
FillPie	填充饼图
FillPolygon	填充多边形
FillRectangle	填充矩形
FillRectangles	填充矩形组
FillRegion	填充区域

在 .NET 中，GDI+ 的所有绘图功能都被包含在 System、System.Drawing、System.Drawing.Imaging、System.Drawing.Darwing2D 和 System.Drawing.Text 等命名空间中，因此，在用 GDI+类之前，需要先引用相应的命名空间。

6.1.3　Graphics 绘制实例

下面是一个 WinForm 类型的实例，窗体上只有一个 PictureBox 控件，采用了 6.1.1 节的各种不同的生成 Graphics 对象的方法生成了多个 Graphics 对象并使用它们绘制了不同的图形。具体代码如下：

```
namespace Chapter6_1
{
    public partial class Form1 : Form
    {
        public Form1()
        {
            InitializeComponent();
        }
        private void Form1_Paint(object sender, PaintEventArgs e)
        {
```

智能制造的 C#实战教程

```
        //方法1: 通过窗体的 Paint 事件的 PaintEventArgs 参数获得 Graphics 对象
        Graphics g = e.Graphics;
        g.DrawLine(Pens.Red, new Point(10, 10), new Point(200, 200));
    }
    private void pictureBox1_Paint(object sender, PaintEventArgs e)
    {
        //方法2: 通过 PictureBox 控件的 Paint 事件的 PaintEventArgs 参数获得
Graphics 对象
        Image image = pictureBox1.Image;
        Graphics g = Graphics.FromImage(image);
        g.DrawString("直接在这张图片上写字了！", new Font("宋体",16),
Brushes.Red, new Point(10, 10));
        pictureBox1.Invalidate();
    }
    protected override void OnPaint(PaintEventArgs e)
    {
        //方法3: 通过重写 OnPaint 事件获得 Graphics 对象
        Graphics g1 = e.Graphics;
        g1.DrawEllipse(Pens.Green,new Rectangle(10,10,190,190));
        //方法4: 直接利用 CreateGraphics()方法创建新的 Graphics 对象
        Graphics g2 = this.CreateGraphics();
        g2.DrawRectangle(Pens.Blue, new Rectangle(10, 10, 190, 190));
        base.OnPaint(e);
    }
}
}
```

具体的运行结果如图 6.1 所示。

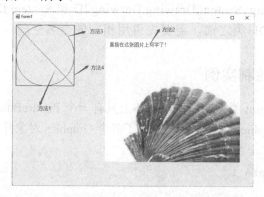

图 6.1　不同 Graphics 绘图工具绘制的图形

在这个实例中，方法1使用窗体Form1的Paint事件的PaintEventArgs参数获得Graphics对象，并在 Form1 上绘制了一条直线。

方法2使用Graphics.FromImage(image)参数获得Image图像的Graphics对象，并利用这个对象在 pictureBox1 控件的 Image 里面写了一段文字"直接在这张图片上写字了！"。

方法3通过重写OnPaint事件并利用PaintEventArgs参数获得Graphics对象，并在窗体内绘制了一个圆。

方法 4 直接利用 CreateGraphics()方法创建新的 Graphics 对象，并在窗体内绘制了一个矩形。

6.2　绘制图形

在 6.1.2 节中，学习了 Graphics 类的常用方法，可以绘制直线、矩形、圆、多边形、文字等。另外，绘制图形还需要多种绘图对象，包括画刷（Brush）、画笔（Pen）、颜色（Color）、字体（Font）等。本节详细讲解如何利用这些绘图对象绘图。

6.2.1　常用绘图对象

在创建了 Graphics 对象后，就可以开始用它绘图了，可以绘制线、填充图形、显示文本等，其中主要用到的绘图对象还有以下几种。

- Pen（画笔）：用来绘制线和多边形，包括矩形、圆和饼形等。
- Color（颜色）：用来描述颜色。
- Font（字体）：用来给文字设置字体格式。
- Brush（画刷）：用来用 patterns（图案）、colors（色彩）或 bitmaps（位图）进行填充。
- Rectangle（矩形）：表述一个矩形，用来定义一个矩形包围盒。
- Point（点）：描述一对有序的 x、y 坐标值，用来定义坐标点。

6.2.1.1　画笔类

画笔类即 Pen 类，用来绘制指定宽度和样式的直线。Pen 类有一个重要的属性：线型 DashStyle。可以使用 DashStyle 属性绘制不同样式的实线或虚线。

DashStyle 是一个枚举变量，其定义如下：

```
public enum DashStyle              //指定用 Pen 对象绘制的虚线的样式
{
    Solid = 0,                     //指定实线
    Dash = 1,                      //指定由画线段组成的直线
    Dot = 2,                       //指定由点构成的直线
    DashDot = 3,                   //指定由重复的画线点图案构成的直线
    DashDotDot = 4,                //指定由重复的画线点点图案构成的直线
    Custom = 5,                    //指定用户自定义的画线段样式
}
```

在使用画笔时，需要先实例化一个画笔对象，主要有以下几种方法：

```
public Pen(Color);                 //用指定的颜色实例化一支画笔
public Pen(Brush);                 //用指定的画刷实例化一支画笔
public Pen(Brush, float);          //用指定的画刷和宽度实例化一支画笔
public Pen(Color, float);          //用指定的颜色和宽度实例化一支画笔
```

实例化画笔的语句格式如下：

```
Pen pen=new Pen(Color.Blue);       //创建一支蓝色的画笔
```

```
Pen pen=new Pen(Color.Blue,100);      //创建一支蓝色的画笔，宽度是 100 像素
```

Pen 类常用的属性如表 6.2 所示。

表 6.2 Pen 类常用的属性

名　　称	说　　明
DashStyle	获得或设置画笔的线型，默认为实线
DashPattern	获取或设置自定义的数组，指定虚线中交替出现的短画线和空白区域的长度
Color	获得或设置画笔的颜色
Width	获得或设置画笔的宽度

6.2.1.2 颜色结构

自然界中的色彩由透明度（A）和 3 基色（R、G、B）组成，在 GDI+中，通过 Color（颜色）结构封装对颜色的定义。在 Color 结构中，除提供(A,R,G,B)的描述方法以外，还提供许多系统定义的颜色，如 Pink（粉色）、Purple（紫色）、Gray（灰色）等。另外，Color 结构还提供了多个静态成员，用于对颜色进行操作。

Color 结构的基本属性如表 6.3 所示。

表 6.3 Color 结构的基本属性

名　　称	说　　明
A	获取此 Color 结构的透明度分量值，取值为 0～255
B	获取此 Color 结构的蓝色分量值，取值为 0～255
G	获取此 Color 结构的绿色分量值，取值为 0～255
R	获取此 Color 结构的红色分量值，取值为 0～255
Name	获取此 Color 结构的名称，将返回用户自定义的颜色的名称或已知颜色的名称（如果该颜色是根据某个名称创建的），对于用户自定义的颜色，将返回 RGB 值

Color 结构的基本（静态）方法如表 6.4 所示。

表 6.4 Color 结构的基本（静态）方法

名　　称	说　　明
FromArgb	根据 4 个 8 位 ARGB 分量（透明度 A、红色 R、绿色 G 和蓝色 B）值创建 Color 结构
FromKnownColor	根据指定的预定义颜色创建一个 Color 结构
FromName	根据预定义颜色的指定名称创建一个 Color 结构

Color 结构变量可以通过已有颜色构造，也可以通过 RGB 3 基色建立。例如：

```
Color color1= Color.FromArgb(122,25,255);
//KnownColor 为枚举类型
Color color2 = Color.FromKnownColor(KnownColor.Brown);
Color color3 = Color.FromName("SlateBlue");
```

图像处理可以在像素层面上进行颜色的操作，获取或设置像素的颜色值，使用的方法是 GetPixel()和 SetPixel()，语法如下：

```
public System.Drawing.Color GetPixel (int x, int y);
public void SetPixel (int x, int y, System.Drawing.Color color);
```

其中，x 是要设置的像素的 x 坐标，y 是要设置的像素的 y 坐标，color 是分配到指定像素的颜色的 Color 结构。

例如，获取一幅图像的某个像素颜色值的具体步骤如下。

（1）定义 Bitmap：

```
Bitmap myBitmap = new Bitmap("c:\\ TestImage.bmp");
```

（2）定义一个颜色变量，把在指定位置取得的像素值存入该颜色变量中：

```
Color color = new Color();
color = myBitmap.GetPixel(10,10);//获取此 Bitmap 中指定像素（第 10 行第 10 列）的颜色
```

（3）将颜色值分解出单色分量值：

```
int r,g,b;
r= color.R;
g= color.G;
b= color.B;
```

6.2.1.3　字体类

Font（字体）类定义特定文本格式，包括字体、字号和字形属性。

Font 类的常用构造函数是：

```
public Font (string familyName, float fontSize, FontStyle fontStyle);
```

其中，fontSize 和 fontStyle 为可选项，familyName 为 Font 的 FontFamily 的字符串表示形式，FontFamily 就是 Windows 系统中经常用到的字体，如宋体、黑体、楷体、Times New Roman、Arial 等，在定义 FontFamily 时，可以直接使用字体的名称。下面是定义一个 Font 对象的代码：

```
FontFamily fontFamily = new FontFamily("Arial");
Font font = new Font(fontFamily,16,FontStyle.Regular);
```

字体常用属性如表 6.5 所示。

表 6.5　字体常用属性

名　　称	说　　明
Bold	是否为粗体
FontFamily	字体成员
Height	字体的高度
Italic	是否为斜体
Name	字体名称
Size	字体的尺寸
SizeInPoints	获取此 Font 对象的字号，以磅为单位
Strikeout	是否有删除线
Style	字体类型
Underline	是否有下画线
Unit	字体尺寸单位

6.2.1.4　画刷类

Brush（画刷）类是一个抽象的基类，因此不能被实例化，我们总是用它的派生类实例化一个画刷对象，当要对图形内部进行填充时，就会用到 Brush 类。表 6.6 列出了 C#中常用的几种画刷的类型。

表 6.6　C#中常用的几种画刷的类型

类　型	说　明
SolidBrush	画刷的最简单形式，用纯色进行绘制
HatchBrush	允许从大量预设的图案中选取绘制时要使用的图案，而不是纯色
TextureBrush	使用纹理（如图像）进行绘制
LinearGradientBrush	使用渐变混合的两种颜色进行绘制
PathGradientBrush	基于开发人员定义的唯一路径，使用复杂的渐变混合色进行绘制

6.2.2　绘制功能

Graphics 类的绘制功能有很多，常用的包括绘制直线（DrawLine）、绘制矩形（DrawRectangle）、绘制椭圆（DrawEllipse）、绘制圆弧（DrawArc）、绘制多边形（DrawPolygon）、绘制文本（DrawString）和图形填充等。

6.2.2.1　绘制直线

功能：绘制一条连接两个 Point 结构的线。

语法：

```
public void DrawLine (
    Pen pen,
    Point startP,
    Point endP
)
```

其中各参数的含义如下。

pen：画笔，确定线条的颜色、宽度和样式。

startP：Point 结构，表示要连接的第一个点。

endP：Point 结构，表示要连接的第二个点。

6.2.2.2　绘制矩形

功能：绘制由 Rectangle 结构指定的矩形。

语法：

```
public void DrawRectangle (
    Pen pen,
    Rectangle rect
);
```

或

```
public void DrawRectangle (
   Pen pen,
   int x, int y, int width, int height
);
```

其中各参数的含义如下。

pen：画笔，确定线条的颜色、宽度和样式。

rect：要绘制矩形的 Rectangle 结构。

x：要绘制矩形的左上角的 x 坐标。

y：要绘制矩形的左上角的 y 坐标。

width：要绘制矩形的宽度。

height：要绘制矩形的高度。

6.2.2.3　绘制椭圆

功能：绘制一个由 Rectangle 结构（该矩形由一对坐标、一个高度和一个宽度指定）定义的椭圆。

语法：

```
public void DrawEllipse (
   Pen pen,
   Rectangle rect
);
public void DrawEllipse (
   Pen pen,
   int x, int y, int width, int height
);
```

其中各参数的含义如下。

pen：画笔，确定线条的颜色、宽度和样式。

rect：要绘制椭圆的包围盒 Rectangle 结构。

x：要绘制椭圆的左上角的 x 坐标。

y：要绘制椭圆的左上角的 y 坐标。

width：要绘制椭圆的宽度。

height：要绘制椭圆的高度。

6.2.2.4　绘制圆弧

功能：绘制一段弧线，表示一个由 Rectangle 结构、起始角度和圆弧角度指定的椭圆部分。

语法：

```
public void DrawArc (Pen pen, Rectangle rect, float startAngle, float sweepAngle);
```

其中各参数的含义如下。

pen：画笔，确定线条的颜色、宽度和样式。

rect：要绘制圆弧的 Rectangle 结构，用于定义圆弧的边界。

startAngle：从 x 轴到弧线的起始点沿顺时针方向度量的角（以°为单位）。

sweepAngle：从 x 轴到弧线的结束点沿顺时针方向度量的角（以°为单位）。

6.2.2.5　绘制多边形

功能：绘制由一组 Point 结构定义的多边形。

语法：

```
public void DrawPolygon(Pen pen, Point[] points);
```

其中各参数的含义如下。

pen：画笔，确定线条的颜色、宽度和样式。

points：PointF 结构体数组，这些结构表示多边形的顶点。

6.2.2.6　绘制文本

功能：在指定位置用指定的 Brush 和 Font 对象绘制指定的文本字符串。

语法：

```
public void DrawString (string s, Font font, Brush brush, PointF point);
```

其中各参数的含义如下。

s：要绘制的字符串。

font：定义字符串的文本格式。

brush：确定所绘制文本的颜色和纹理。

point：PointF 结构，指定所绘制文本的左上角的点坐标。

6.2.2.7　图形填充

Graphics 对象提供绘制各种线条和形状的方法，而使用画刷则可以用丰富的色彩（纯色、透明色、用户定义的渐变混合色）或图案纹理来填充各种简单或复杂的图形。图形填充函数和图形绘制函数的参数非常类似，只是函数名把 Draw 变成 Fill。下面列出这些常用的图形填充函数，对于具体的参数的含义，这里不再进行进一步解释，请参照相应的图形绘制函数。

1．FillRectangle

功能：填充由一对坐标、一个宽度和一个高度指定的矩形的内部。

语法：

```
public void FillRectangle (Brush brush, Rectangle rect);
public void FillRectangle (Brush brush, int x, int y, int width, int height);
```

2. FillEllipse

功能：填充由矩形结构定义的椭圆的内部，该矩形结构由一对坐标、一个宽度和一个高度指定。

语法：

```
public void FillEllipse (Brush brush, Rectangle rect);
```

3. FillPie

功能：填充由一个矩形结构及两条射线指定的椭圆所定义的扇形区的内部。

语法：

```
public void FillPie (Brush brush, Rectangle rect, float startAngle, float
sweepAngle);
```

4. FillPolygon

功能：填充由 Point 结构指定的点数组所定义的多边形的内部。

语法：

```
public void FillPolygon (Brush brush, Point[] points);
```

6.2.3　综合实例

综合实例模拟 Windows 画图程序制作了一个简单的绘图板程序，可以使用鼠标实现直线、空心椭圆、实心椭圆、空心矩形、实心矩形、空心圆、实心圆的绘制，也可以使用铅笔工具自由绘制。在绘制时，当按下鼠标左键时，鼠标位置保存在一个 Point 结构_point1 中，这个点作为被绘制图形包围盒的第一点，当绘制圆形时，作为圆心使用；移动鼠标，在移动时，如果是铅笔工具，则会实时绘制；当抬起鼠标左键时，将鼠标位置保存在第二个 Point 结构_point2 中，这个点作为被绘制图形包围盒的第二点，当绘制圆形时，作为圆的半径的终点使用。橡皮工具用于擦除已经绘制的图形，清空工具用于重新绘制。具体的图形界面如图 6.2 所示。

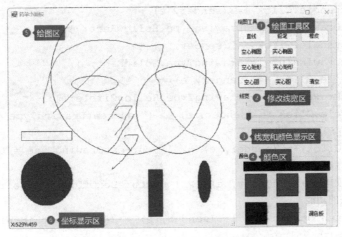

图 6.2　具体的图形界面

智能制造的 C#实战教程

在这个界面中，区域①为绘图工具区，包含直线、铅笔、橡皮、空心椭圆、实心椭圆、空心矩形、实心矩形、空心圆、实心圆、清空工具；区域②为修改线宽区，通过调整跟踪条控件的位置来调整线宽；区域③为线宽和颜色显示区，线宽和绘图颜色调整后，将在这个区域实时显示出来；区域④为颜色区，用户可以实时修改绘图的颜色，如红色、绿色、蓝色、黑色、紫色，也可以调用系统的调色板来定义更多的颜色；区域⑤为绘图区，在这里，用户可以自由作画；区域⑥为坐标显示区。

下面对部分重要的代码做详细介绍。

（1）绘图变量的定义：

```
private Color _currentColor = Color.Red;                    //当前颜色
private DrawingType _currentDrawingType = DrawingType.Pencil;//默认工具为铅笔
private int _currentLineWidth = 1;                          //线宽
private Pen _currentPen;                                    //当前画笔
private Brush _currentBrush;                                //当前画刷
private Point _point1, _point2;                             //鼠标移动的起始点和结束点
private Graphics _graphics;                                 //自定义绘图图形类
```

（2）设置按钮和跟踪条的功能。

设置绘图工具相关的按钮功能，btnEraser 为橡皮工具，用于擦除画面；btnEmpty 用于清除画面；btnPencil 为铅笔绘制工具；btnLine 为直线绘制工具；btnDrawEllipse 为空心椭圆绘制工具；btnFillEllipse 为实心椭圆绘制工具；btnDrawRectangle 为空心矩形绘制工具；btnFillRectangle 为实心矩形绘制工具；btnDrawCircle 为空心圆绘制工具；btnFillCircle 为实心圆绘制工具。具体代码如下：

```
btnPencil.Click += (sender, e) => { _currentDrawingType = DrawingType.
Pencil; };
btnLine.Click += (sender, e) =>{_currentDrawingType = DrawingType.Line;};
btnDrawEllipse.Click += (sender, e) =>
{ _currentDrawingType = DrawingType.HollowEllipse; };
btnFillEllipse.Click += (sender, e) => { _currentDrawingType = DrawingType.
SolidEllipse; };
btnDrawRectangle.Click += (sender, e) =>
{ _currentDrawingType = DrawingType.HollowRect; };
btnFillRectangle.Click += (sender, e) =>
{ _currentDrawingType = DrawingType.SolidRect; };
btnDrawCircle.Click += (sender, e) =>
{ _currentDrawingType = DrawingType.HollowCircle; };
btnFillCircle.Click += (sender, e) => { _currentDrawingType = DrawingType.
SolidCircle; };
btnEraser.Click += (sender, e) => { _currentDrawingType = DrawingType.
Eraser; };
btnEmpty.Click += (sender, e) => { pictureBoxOfDrawing.Refresh(); };
//线宽跟踪条的功能
trackbarLineWidth.Scroll += (sender, e) => { _currentLineWidth =
trackbarLineWidth.Value;
```

```
      txtLineWidth.Text = _currentLineWidth.ToString(); ChangeToColor
(_currentColor); };
   /* * 颜色区, 用于修改画笔或画刷的颜色。btnRed 为红色, btnPurple 为紫色, btnGreen 为
绿色, btnBlack 为黑色, btnBlue 为蓝色, btnColorPanel 用于调用 Windows 系统的调色板工具,
并选取颜色 * */
   btnRed.Click += (sender1, e1) => { ChangeToColor(Color.Red); };
   btnPurple.Click += (sender1, e1) => { ChangeToColor(Color.Purple); };
   btnGreen.Click += (sender1, e1) => { ChangeToColor(Color.Green); };
   btnBlack.Click += (sender1, e1) => { ChangeToColor(Color.Black); };
   btnBlue.Click += (sender1, e1) => { ChangeToColor(Color.Blue); };
   btnColorPanel.Click += (sendere1, e1) => {
      ColorDialog colorDialog = new ColorDialog();
      if (colorDialog.ShowDialog() == DialogResult.OK)
      {
         ChangeToColor(colorDialog.Color);
      }
   };
```

（3）改变画笔或画刷颜色后的相关操作函数。

修改颜色后将进行一系列相关操作, 包括修改颜色区的背景色、修改_currentColor 变量、修改画刷和画笔颜色、使用位图画刷在 Demo 画板上展示当前的线宽和颜色等。具体代码如下:

```
private void ChangeToColor(Color color)
{
   picCurrentColor.BackColor = color;           //修改颜色区的背景色
   _currentColor = color;                       //修改_currentColor 变量
   _currentBrush = new SolidBrush(_currentColor);        //修改画刷颜色
   _currentPen = new Pen(_currentColor, _currentLineWidth); //修改画笔颜色
   //使用位图画刷在 Demo 画板上展示当前的线宽和颜色
   Bitmap bit = new Bitmap(pictureBoxOfDemo.Width, pictureBoxOfDemo.Height);
   Graphics graphicsOfDemo = Graphics.FromImage(bit);
   graphicsOfDemo.DrawLine(_currentPen, new Point(0, pictureBoxOfDemo.
Height / 2),
      new Point(pictureBoxOfDemo.Width, pictureBoxOfDemo.Height / 2));
   pictureBoxOfDemo.Image = bit;
}
```

（4）鼠标相关操作。

按下鼠标左键时, 将记录下此时的坐标点, 并保存在_point1 中。代码如下:

```
private void pictureBox1_MouseDown(object sender, MouseEventArgs e)
{
   if (e.Button == MouseButtons.Left)
   {
      _point1.X = e.X;
      _point1.Y = e.Y;
   }
}
```

智能制造的 C#实战教程

移动鼠标时，可以使用鼠标左键以铅笔作图，也可以用于擦除画板。代码如下：

```csharp
private void pictureBox1_MouseMove(object sender, MouseEventArgs e)
{
    toolStripStatusLabel1.Text = "X:" + e.X.ToString() + "Y:" + e.Y.
ToString();
    if (e.Button == MouseButtons.Left)
    {

        if (_currentDrawingType == DrawingType.Pencil)
        {
            Pen pen1 = new Pen(picCurrentColor.BackColor, _currentLineWidth);
            _point2.X = e.X;
            _point2.Y = e.Y;
            _graphics.DrawLine(pen1, _point1, _point2);
            _point1 = _point2;
        }
        else if (_currentDrawingType == DrawingType.Eraser)
        {
            Pen pen2 = new Pen(Color.White, _currentLineWidth);
            _point2.X = e.X;
            _point2.Y = e.Y;
            _graphics.DrawLine(pen2, _point1, _point2);
            _point1 = _point2;
        }
    }
}
```

抬起鼠标左键时，完成直线、矩形、椭圆、圆的绘制工作。代码如下：

```csharp
private void pictureBox1_MouseUp(object sender, MouseEventArgs e)
{
    if (e.Button == MouseButtons.Left)
    {
        _point2.X = e.X;
        _point2.Y = e.Y;
        switch (_currentDrawingType)
        {
            case DrawingType.Line:                    //绘制直线
                _graphics.DrawLine(_currentPen, _point1, _point2);
                break;
            case DrawingType.HollowEllipse:           //绘制空心椭圆
                _graphics.DrawEllipse(_currentPen, GetNormalRect(_point1, _point2));
                break;
            case DrawingType.SolidEllipse:            //绘制实心椭圆
                _graphics.FillEllipse(_currentBrush, GetNormalRect
(_point1, _point2));
                break;
            case DrawingType.HollowRect:              //绘制空心矩形
```

· 180 ·

```
            _graphics.DrawRectangle(_currentPen, GetNormalRect
(_point1,_point2));
            break;
         case DrawingType.SolidRect:              //绘制实心矩形
            _graphics.FillRectangle(_currentBrush, GetNormalRect
(_point1,_point2));
            break;
         case DrawingType.HollowCircle:           //绘制空心圆
            _graphics.DrawEllipse(_currentPen, GetRectForCircle());
            break;
         case DrawingType.SolidCircle:            //绘制实心圆
            _graphics.FillEllipse(_currentBrush,GetRectForCircle());
            break;
         default:
            break;
      }
   }
}
```

（5）用于处理被绘制图形包围盒的代码。

当用鼠标左键作图时，画板左上角的坐标最小，右下角的坐标最大。此时，存在_point2 的 X、Y 值小于_point1 的 X、Y 值的情况，需要将_point1、_point2 组成的矩形正交化，只有这样才能保证图形绘制的正确性。具体代码如下：

```
private Rectangle GetNormalRect(Point firstP, Point secondP)
{
    int left = secondP.X > firstP.X ? firstP.X : secondP.X;
    int top = secondP.Y > firstP.Y ? firstP.Y : secondP.Y;
    int width = Math.Abs(secondP.X - firstP.X);
    int height = Math.Abs(secondP.Y - firstP.Y);
    return new Rectangle(left,top,width,height);
}
```

在绘制圆形时，按下鼠标左键时为圆心坐标，抬起鼠标左键时半径确定，以此为依据生成圆的包围矩形。具体代码如下：

```
private Rectangle GetRectForCircle()
{
    int radius = (int)Math.Sqrt((_point2.X - _point1.X) * (_point2.X -
_point1.X) + (_point2.Y - _point1.Y) * (_point2.Y - _point1.Y));
    Point location = new Point(_point1.X - radius, _point1.Y - radius);
    return new Rectangle(location, new Size(2 * radius, 2 * radius));
}
```

6.3　图像处理

GDI+支持的图像格式有 BMP、GIF、JPEG、EXIF、PNG、TIFF、ICON、WMF、EMF

等，几乎涵盖了所有的常用图像格式，使用 GDI+可以显示和处理多种格式的图像文件。GDI+提供了 Image 和 Bitmap 等类，用于进行图像处理，为用户进行图像格式的加载、转换和保存等提供了方便。

1．Image 类

Image 类是为 Bitmap 类和 Metafile 类提供功能的抽象基类。

2．Bitmap 类

Bitmap 类的基类是 Image 类，用于封装 GDI+位图，此位图由图形图像及其属性的像素数据组成。Bitmap 是用于处理由像素数据定义的图像的对象，属于 System.Drawing 命名空间，该命名空间提供了对 GDI+基本图形功能的访问权限。

Bitmap 类整体操作的常用方法和属性如表 6.7 所示。

表 6.7　Bitmap 类整体操作的常用方法和属性

名　　称	说　　明
公共属性	
Height	获取此 Image 对象的高度
RawFormat	获取此 Image 对象的格式
Size	获取此 Image 对象的宽度和高度
Width	获取此 Image 对象的宽度
公共方法	
MakeTransparent	使用默认的透明颜色对此 Bitmap 进行透明操作
RotateFlip	旋转、翻转或同时旋转和翻转 Image 对象
Save	将 Image 对象以指定的格式保存到指定的 Stream 对象中
SetResolution	设置此 Bitmap 的分辨率

Bitmap 类有多种构造函数，因此可以通过多种形式建立 Bitmap 对象。具体如下。

（1）根据指定的现有图像建立 Bitmap 对象：

```
Bitmap bitmap =new Bitmap(pictureBox1.Image);
```

（2）根据指定的图像文件建立 Bitmap 对象：

```
Bitmap bitmap =new Bitmap("C: \\TestImage.bmp");
```

其中，"C:\\TestImage.bmp"为已存在的图像文件。

（3）根据现有的 Bitmap 对象建立新的 Bitmap 对象：

```
Bitmap bitmap= new Bitmap(bitmap1);
```

其中，bitmap 位图为已经存在的位图。

6.3.1　图像的读取、保存和转换

要想对图像进行处理，首先要将其读取到内存中，这是图像输入过程；读取完成后，可以对图像进行进一步的操作，如保存和格式之间的转换。

下面给出具体的设计和编码过程，如图 6.3 所示，建立了一个 Windows 窗体程序，其

主要功能是实现图像的读取、保存和转换。

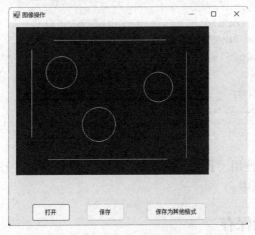

图 6.3　图像的读取、保存和转换实例界面

6.3.1.1　图像的输入

在窗体或图形框内输入图像有两种方法。

方法 1：在进行窗体设计时，使用图形框对象的 Image 属性输入。具体操作如下。

（1）在窗体上建立一个图形框对象（pictureBox1），选择图形框对象属性中的 Image 属性。

（2）单击 Image 属性右侧的"…"按钮，将弹出一个"选择资源"对话框，如图 6.4 所示。在该对话框中，选择"本地资源"单选按钮。单击"导入"按钮，将弹出一个"打开文件"对话框。

（3）选择图像文件后，单击"打开"按钮。

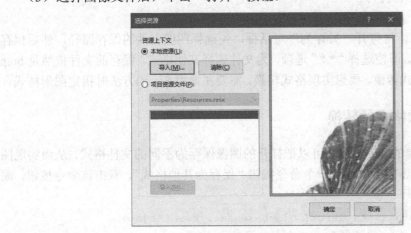

图 6.4　"选择资源"对话框

方法 2：使用"打开文件"对话框输入图像。

在窗体上添加一个命令按钮（btnOpen）和一个图形框对象（pictureBox1），双击命令按钮，在对应方法的事件函数中输入如下代码：

```
private void btnOpen_Click(object sender, EventArgs e)
{
    OpenFileDialog ofdlg = new OpenFileDialog();
    ofdlg.Filter = "BMP File(*.bmp)|*.bmp|所有文件(*.*)|*.*";
    if (ofdlg.ShowDialog() == DialogResult.OK)
    {
        Bitmap bitmap = new Bitmap(ofdlg.FileName);
        pictureBox1.Image = bitmap;        //显示图像
    }
}
```

在执行该程序时，使用"打开文件"对话框选择图像文件，该图像将会被打开，并显示在 pictureBox1 图形框中。

6.3.1.2　图像的保存

保存图像的步骤如下。

（1）在界面中加入"保存"按钮 btnSave。

（2）"保存"按钮的单击事件的响应函数代码如下：

```
private void btnSave_Click(object sender, EventArgs e)
{
    string str;
    Bitmap bitmap = new Bitmap(pictureBox1.Image);
    SaveFileDialog sfdlg = new SaveFileDialog();
    sfdlg.Filter = "bmp 文件(*.BMP)|*.BMP|All File(*.*)|*.*";
    sfdlg.ShowDialog();
    str = sfdlg.FileName;
    bitmap.Save(str);
}
```

在执行该过程时，将打开"另存为"对话框，先选择图像文件的保存路径，然后保存即可。需要注意的是，即使选择"*.*"选项，为文件选择其他格式，保存的文件依然是 bmp 类型的，并不进行格式转换。要想实现格式转换，需要在调用 Save()方法时指定图形格式。

6.3.1.3　图像格式的转换

使用 Bitmap 对象的 Save()方法可以把打开的图像保存为不同的文件格式，从而实现图像格式的转换。在上述例子中添加一个命令按钮"保存为其他格式"，双击该命令按钮，编辑其相应事件代码如下：

```
private void btnSaveAs_Click(object sender, EventArgs e)
{
    string filename;
    Bitmap bitmap = new Bitmap(pictureBox1.Image);
    SaveFileDialog sfdlg = new SaveFileDialog();
    sfdlg.Filter = "Jpeg 文件(*.jpeg)|*.jpeg|tiff 文件(*.tif)|*.tiff|Png 文
件(*.png)|*.png";
```

```
    sfdlg.ShowDialog();
    filename = sfdlg.FileName;
    ImageFormat format=ImageFormat.Bmp;
    if (filename.EndsWith("jpeg"))
        format = ImageFormat.Jpeg;
    else if (filename.EndsWith("tif"))
        format = ImageFormat.Tiff;
    else if (filename.EndsWith("png"))
        format = ImageFormat.Png;
    bitmap.Save(filename, format);
}
```

Bitmap 对象的 Save()方法中的第二个参数指定了图像保存的格式。在上面的例子中，实现了将 BMP 格式转换为 JPEG 文件、TIFF 文件和 PNG 文件。Imaging.ImageFormat 支持的格式还有很多，如表 6.8 所示。

表 6.8　Imaging.ImageFormat 支持的格式

格　　式	说　　明
Bmp	位图（BMP）图像格式
Emf	增强型 Windows 图元文件（EMF）图像格式
Exif	可交换图像文件（EXIF）格式
Gif	图形交换格式（GIF）图像格式
Icon	Windows 图标图像格式
Jpeg	联合图像专家组（JPEG）图像格式
MemoryBmp	内存位图图像格式
Png	W3C 可移植网络图形（PNG）图像格式
Tiff	标签图像文件格式（TIFF）图像格式
Wmf	Windows 图元文件（WMF）图像格式

6.3.2　图像的复制和粘贴

图像的复制和粘贴是图像处理的基本操作之一，通常有两种方法来完成图像的复制和粘贴：一种方法是使用剪切板，另一种方法是使用 AxPictureClip 控件。

1. 使用剪切板复制和粘贴图像

剪切板是在 Windows 系统中单独预留出来的一块内存，用来暂时存放在 Windows 应用程序间要交换的数据，使用剪切板对象可以轻松实现应用程序间的数据交换，这些数据包括图像或文本。在 C#中，剪切板通过 Clipboard 类来实现。Clipboard 类的常用方法如表 6.9 所示。

表 6.9　Clipboard 类的常用方法

名　　称	说　　明
Clear	从剪切板中移除所有数据
ContainsData	指示剪切板中是否存在指定格式或可转换成此格式的数据

名　称	说　明
ContainsImage	指示剪切板中是否存在 Bitmap 格式或可转换成此格式的数据
ContainsText	指示剪切板中是否存在文本数据
GetData	从剪切板中检索指定格式的数据
GetDataObject	检索当前位于系统剪切板中的数据
GetFileDropList	从剪切板中检索文件名的集合
GetImage	检索剪切板中的图像
GetText	从剪切板中检索文本数据
SetAudio	将 WaveAudio 格式的数据添加到剪切板中
SetData	将指定格式的数据添加到剪切板中
SetDataObject	将数据置于系统剪切板中
SetImage	将 Bitmap 格式的 Image 添加到剪切板中
SetText	将文本数据添加到剪切板中

剪切板的使用主要有以下两个步骤。

（1）将数据置于剪切板中。

可以通过 SetDataObject()方法将数据置于剪切板中。SetDataObject()方法有以下 3 种形式的定义：

```
Clipboard.SetDataObject(Object); //将非持久性数据置于系统剪切板中
//将数据置于系统剪切板中，并指定在退出应用程序后是否将数据保留在剪切板中
Clipboard.SetDataObject(Object,Boolean);
//尝试指定的次数，以将数据置于系统剪切板中，且两次尝试之间具有指定的延迟
Clboard.SetDataObject(Object,Boolean,Int32,Int32);
//可以选择在退出应用程序后将数据保留在剪切板中
```

将字符串置于剪切板中的语句如下：

```
string str = "Writing data to the Clipboard";
Clipboard.SetDataObject(str)
```

（2）从剪切板中检索数据。

可以通过 GetDataObject()方法从剪切板中检索数据，返回 IDataObject，其语法如下：

```
public static IDataObject GetDataObject();
```

首先使用 IDataObject 接口的 GetDataPresent()方法检测剪切板中存放的是什么类型的数据，然后使用 IDataObject 接口的 GetData()方法获取剪切板中相应的数据类型的数据。下面的例子使用 GetDataObject()方法从剪切板中检索字符串数据：

```
IDataObject iData = Clipboard.GetDataObject();
if (iData.GetDataPresent(DataFormats.Text))
{
    string str =(String)iData.GetData(DataFormats.Text);
}
```

在下面的实例中，我们设计了两个按钮，一个是 btnCopy，用于将图形框 1 中的图像复制到剪切板中；另一个是 btnPaste，用于从剪切板中复制数据，判断其类型，如果是位图，

则复制到图形框 2 中。

复制与粘贴实例界面如图 6.5 所示。

具体代码如下：

```
private void btnCopy_Click(object sender, EventArgs e)
{
    //将图形框 1 中的图像复制到剪切板中
    Clipboard.SetDataObject(pictureBox1.Image);
}
private void btnPaste_Click(object sender, EventArgs e)
{
    //从剪切板中复制数据，判断其类型，如果是位图，则复制到图形框 2 中
    IDataObject iData = Clipboard.GetDataObject();
    if (iData.GetDataPresent(DataFormats.Bitmap))
    {
        pictureBox2.Image = (Bitmap)iData.GetData(DataFormats.Bitmap);
    }
}
```

运行结果如图 6.6 所示。

图 6.5　复制与粘贴实例界面　　　　　　图 6.6　运行结果

在上面的例子中，两个图形框的大小有差异，这是因为图形框 1 的 SizeMode 属性为 Zoom，图形框 2 的 SizeMode 属性为 Normal。因此，图形框 2 显示的图像为正常大小，没有缩放，而图形框 1 则根据显示容器的大小对图像进行了缩放。

2. 使用 AxPictureClip 控件复制和粘贴图像

AxPictureClip 控件不是常规控件，而是一个 ActiveX 控件。因此，工具箱中没有该控件，要想使用该控件，必须把该控件添加到工具箱中，具体步骤如下。

（1）右击工具箱的空白处，在弹出的快捷菜单中执行"选择项"命令，弹出"选择工具箱项"对话框，如图 6.7 所示。

智能制造的 C#实战教程

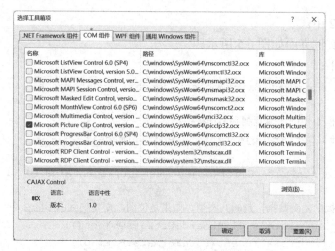

图 6.7 "选择工具箱"对话框

（2）在该对话框的"COM 组件"选项卡中选中"Microsoft Picture Clip Control,version6"复选框，并单击"确定"按钮，该控件就被添加到工具箱中了。

注意：如果没有 PICCLP32.OCX 控件，就需要自行下载或复制 PICCLP32.OCX 控件到本机，并通过注册程序 REGSVR32 注册该组件。例如，如果该文件在 C:\WINDOWS\system32\路径下，就可以通过如下命令行语句实现注册：

```
REGSVR32  C:\WINDOWS\system32\PICCLP32.OCX
```

AxPictureClip 控件可用随机访问方法或枚举访问方法在指定源位图中进行区域剪切。使用随机访问方法可以剪切选择源位图的任何部分，通过使用 ClipX 和 ClipY 属性指定剪切区域的左上角，使用 ClipHeight 和 ClipWidth 属性确定剪切区域的尺寸，当想要查看位图的一部分时，此方法很有用；使用枚举访问方法可以将源位图分成许多行和许多列，每一部分称为一个矩阵单元，并将其统一编号，编号序列为 0、1、2 等，通过使用 GraphicCell 属性来访问单个单元。

例如，使用 AxPictureClip 控件剪切和粘贴图像。

（1）在窗体上添加两个图形框控件 pictureBox1 和 pictureBox2，以及 3 个命令按钮控件，分别为"打开""复制与粘贴""指定像素范围复制"，并添加一个 AxPictureClip 控件。

（2）双击"打开"命令按钮，在其对应的事件代码中输入如下代码，将图像打开：

```
private void btnOpen_Click(object sender, EventArgs e)
{
        OpenFileDialog ofdlg = new OpenFileDialog();
        ofdlg.Filter = "BMP File(*.bmp)|*.bmp";
        if (ofdlg.ShowDialog() == DialogResult.OK)
        {
            Bitmap image = new Bitmap(ofdlg.FileName);
            pictureBox1.Image = image;
        }
}
```

（3）双击"复制与粘贴"命令按钮，输入如下代码，将图像分成 3 行 6 列，将其中的第 4 个图像块取出并复制 1 粘贴到图形框 2 中：

```
private void btnCopyAndPaste_Click(object sender, EventArgs e)
{
    //使用枚举访问方法
        axPictureClip1.Picture = pictureBox1.Image;
        axPictureClip1.Cols = 6;//将图像分成 6 列
        axPictureClip1.Rows = 3;//将图像分成 3 行
    //取出第 4 个图像块
        pictureBox2.Image = axPictureClip1.get_GraphicCell(4);
}
```

（4）运行程序。单击"打开"命令按钮，选择一个图像文件将其打开。单击"复制与粘贴"命令按钮，运行效果如图 6.8 所示。

（5）上面的复制与粘贴代码只能实现大致范围的复制，如果要精确控制，则可以指定剪切板控件的 ClipX、ClipY、ClipHeight、ClipWidth，这几个参数定义的矩形范围内的内容将被复制。代码如下：

```
private void btnCopyPixels_Click(object sender, EventArgs e)
{
    //指定剪切板的复制像素范围
    axPictureClip1.Picture = pictureBox1.Image;
    axPictureClip1.ClipX = 150;
    axPictureClip1.ClipY = 150;
    axPictureClip1.ClipHeight = 150;
    axPictureClip1.ClipWidth = 200;
    pictureBox2.Image = axPictureClip1.Clip;
}
```

执行结果如图 6.9 所示。

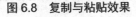

图 6.8　复制与粘贴效果　　　　　　　图 6.9　指定像素范围复制效果

6.3.3　彩色图像处理

图像像素的颜色是由 3 种基本色，即红（R）、绿（G）、蓝（B）有机组合而成的，称为 3 基色。每种基色可取 0～255 内的值，因此由 3 基色可组合成 256×256×256=1677 万种颜色，每种颜色都有其对应的 R、G、B 值。

图像的分辨率就是指画面的清晰度，表示由多少像素构成，数值越大，图像就越清晰。

智能制造的 C#实战教程

我们通常看到的分辨率都以乘法形式表现。例如，2K分辨率指的是 2560×1920，其中，"2560"
表示屏幕上水平方向显示的点数，"1920"表示垂直方向显示的点数。图像的分辨率越高，
越能表现更丰富的细节。图像的分辨率决定了图像与原物的逼近程度，对同一大小的图像，
其像素数越多，即将图像分割得越细，图像越清晰，称为分辨率高，反之为分辨率低，分
辨率的高低取决于采样操作。

6.3.3.1 像素层面操作的常用方法和属性

可以利用 Bitmap 类在像素层次上对图像进行处理。Bitmap 类在像素层面上操作的相
关方法和属性如下。

（1）PixelFormat 属性：返回图像的像素格式。

（2）Palette 属性：获取和设置图像所使用的调色板。

（3）Height 属性：图像高度。

（4）Width 属性：图像宽度。

（5）GetPixel()方法：获取一幅图像的指定像素的颜色。

（6）SetPixel()方法：设置一幅图像的指定像素的颜色。

（7）LockBits()方法：锁定系统内存中的位图像素。

（8）UnlockBits()方法：解锁系统内存中的位图像素。

在基于像素点的图像处理方法中，使用 LockBits()和 UnlockBits()方法是一种很好的
方式，这两个方法可以使由指定像素的范围来控制位图的任意一部分，从而避免通过循环
对位图的像素进行逐个处理。每调用一次LockBits()方法之后都应该调用一次UnlockBits()
方法。

在存储位图信息时，还会用到 BitmapData 类，用于存储位图数据，其主要属性如下。

（1）Height 属性：被锁定位图的高度。

（2）Width 属性：被锁定位图的宽度。

（3）PixelFormat 属性：数据的实际像素格式。

（4）Scan0 属性：被锁定数组的首字节地址，如果整个图像被锁定，则为图像的首字节
地址。

（5）Stride 属性：步幅，也称为扫描宽度。

例如，获取像素值的代码如下：

```
Color c = new Color();
c = bmp1.GetPixel(i,j);        //获取 bmp1 位图的第 i 行第 j 列的像素点的颜色
```

设置像素值的代码如下：

```
Color color = Color.FromArgb(255,0,0);
bmp1.SetPixel(i,j,color);        //将 bmp1 位图的第 i 行第 j 列的像素点设置为红色
```

6.3.3.2 数字图像处理的 3 种典型方法

数字图像处理有 3 种典型方法：像素提取法、内存法、指针法。其中，像素提取法使
用的是 Bitmap 类的 GetPixel()和 SetPixel()方法；内存法是通过 Bitmap 类的 LockBits()方法

来获取位图的首地址，从而把图像数据直接复制到内存中进行处理的；指针法与内存法相似，但该方法直接应用指针对位图进行操作，由于在默认情况下，C#不支持指针运算，所以该方法只能在 unsafe 关键字所标记的代码块中使用。在这 3 种方法中，像素提取法能直观地展示图像处理过程，可读性很好，但效率最低，并不适合于图像处理方面的工程应用；内存法把图像直接复制到内存中，直接对内存中的数据进行处理，速度明显加快，程序难度也不大；指针法直接应用指针对图像进行处理，因此速度最快。

　　下面以一幅真彩色图像的灰度化为例，分别展现这 3 种方法的使用，方便读者学习图像处理的基本技巧。数字图像处理的 3 种方法示例界面如图 6.10 所示，3 种方法都实现了真彩色图像的灰度化，显示效果相同，在此不再重复。

图 6.10　数字图像处理的 3 种方法示例界面

1. 像素提取法

像素提取法的代码如下：

```
private void btnPixel_Click(object sender, EventArgs e)
{
    Bitmap curBitmap = (Bitmap)_bitmap.Clone();
    if (curBitmap != null)
    {
        Color curColor;
        int gray;
        for (int i = 0; i < curBitmap.Width; i++)
        {
            for (int j = 0; j < curBitmap.Height; j++)
            {
                curColor = curBitmap.GetPixel(i, j);  //获取(i,j)位置的像素颜色
                gray = (int)(0.3 * curColor.R + 0.59 * curColor.G + 0.11 *
curColor.B);   //计算(i,j)点的灰度值
                //灰度化，使用 SetPixel()方法重新修改像素的颜色
                curBitmap.SetPixel(i, j, Color.FromArgb(gray,gray,gray));
            }
        }
    }
    pictureBox2.Image = curBitmap;
}
```

2. 内存法

内存法的代码如下：

```
private void btnMemory_Click(object sender, EventArgs e)
{
    Bitmap curBitmap = (Bitmap)_bitmap.Clone();
    if (curBitmap != null)
    {
        int width = curBitmap.Width;
        int height = curBitmap.Height;
        int length = height * 3 * width;
        bytes = new byte[length];
        //将图像的所有信息使用 LockBits()方法保存到 BitmapData 类中
        BitmapData data = curBitmap.LockBits(new Rectangle(0, 0, width,
height), ImageLockMode.ReadWrite, PixelFormat.Format24bppRgb);
        System.IntPtr Scan0 = data.Scan0;    //获取第一个像素数据地址
        System.Runtime.InteropServices.Marshal.Copy(Scan0, bytes, 0,
length); //将所有图像数据复制到 bytes 中
        double gray = 0;
        for (int i = 0; i < bytes.Length; i = i + 3)
        {
            gray = bytes[i + 2] * 0.3 + bytes[i + 1] * 0.59 + bytes[i] * 0.11;
            bytes[i + 2] = bytes[i + 1] = bytes[i] = (byte)gray;
        }
        System.Runtime.InteropServices.Marshal.Copy(bytes, 0, Scan0,
 length);                                     //将数据还原
        curBitmap.UnlockBits(data);                  //释放锁定数据
    }
    pictureBox2.Image = curBitmap;               //显示
}
```

3. 指针法

指针法的代码如下：

```
private void btnPointer_Click(object sender, EventArgs e)
{
    Bitmap curBitmap = (Bitmap)_bitmap.Clone();
    if (curBitmap != null)
    {
        int width = curBitmap.Width;
        int height = curBitmap.Height;
        int length = height * 3 * width;
        BitmapData data = curBitmap.LockBits(new Rectangle(0, 0, width,
height), ImageLockMode.ReadWrite, PixelFormat.Format24bppRgb);
        System.IntPtr Scan0 = data.Scan0;
        int stride = data.Stride;
        System.Runtime.InteropServices.Marshal.Copy(Scan0, bytes, 0, length);
```

```
    unsafe
    {
        byte* p = (byte*)Scan0;   //采用指针法读取图像信息，获取第一个像素的指针
        int offset = stride - width * 3;
        double gray = 0;
        for (int y = 0; y < height; y++)
        {
            for (int x = 0; x < width; x++)
            {
                gray = 0.3 * p[2] + 0.59 * p[1] + 0.11 * p[0];
                p[2] = p[1] = p[0] = (byte)gray;
                p += 3;
            }
            p += offset;
        }
    }
    curBitmap.UnlockBits(data);                 //释放锁定数据
}
pictureBox2.Image = curBitmap;                  //显示
}
```

6.3.3.3　图像灰度化

灰度图像是 R、G、B 分量相同的一种特殊彩色图像，对计算机来说，一个像素点的变化范围只有 0～255 这 256 种。

彩色图像的信息含量过大，处理速度慢，而在进行图像识别时，其实只需使用灰度图像里的信息就足够了，所以图像灰度化的目的就是简化矩阵、加快运算速度。

彩色像素灰度化有很多方法，最常用的是采用加权平均法。例如：

```
gray(x,y)=R(x,y) * 0.299 + G(x,y) * 0.587 + B(x,y) * 0.114;
//0.299、0.587、0.114 为加权系数
```

具体的彩色像素点灰度化的代码如下：

```
private void btnGray_Click(object sender, EventArgs e)
{
    Bitmap bitmap = (Bitmap)_bitmap.Clone();
    for (int y = 0; y < bitmap.Height; y++)
    {
        for (int x = 0; x < bitmap.Width; x++)
        {
            //获取像素的 RGB 颜色值
            Color color = bitmap.GetPixel(x, y);
            byte gray = (byte)(color.R * .299 + color.G * .587 + color.B * .114);
            //设置像素为计算后的灰度值
            bitmap.SetPixel(x, y, Color.FromArgb(gray, gray, gray));
        }
    }
```

```
    pictureBox2.Image = bitmap;
}
```

执行结果如图 6.11 所示。

图 6.11　图像灰度化效果

6.3.3.4　图像二值化

有时对图像进行了灰度化处理后，它还是很大，也有可能会采用二值化图像，经过二值化处理的图像只有两种灰度值，即 255 或 0，255 是白色，0 是黑色。

二值化的代码如下：

```
private void btnBinary_Click(object sender, EventArgs e)
{
    Bitmap bitmap = (Bitmap)_bitmap.Clone();
    _threshold = byte.Parse(textBoxThreshold.Text);
    for (int y = 0; y < _bitmap.Height; y++)
    {
        for (int x = 0; x < bitmap.Width; x++)
        {
            //获取像素的RGB颜色值
            Color color = bitmap.GetPixel(x, y);
            byte gray = (byte)(color.R * .299 + color.G * .587 + color.B * .114);
//设置像素的灰度值，当大于阈值时，设为255，颜色为白色；当小于阈值时，设为0，颜色为黑色
            if (gray > _threshold)
                bitmap.SetPixel(x, y, Color.FromArgb(255, 255, 255));
            else
                bitmap.SetPixel(x, y, Color.FromArgb(0, 0, 0));
        }
    }
    pictureBox2.Image = bitmap;
}
```

阈值为 120 时的图像二值化效果如图 6.12 所示，阈值为 200 时的图像二值化效果如图 6.13 所示。

图 6.12　阈值为 120 时的图像二值化效果

图 6.13　阈值为 200 时的图像二值化效果

6.4　本章小结

本章介绍了如何使用 C#进行图形的绘制和图像的处理。对于图形绘制，使用 Graphics 类进行处理，利用这个类，可以采用不同的画笔（Pen）和画刷（Brush）绘制或填充直线、矩形、圆弧、圆形、椭圆、文字等。

图像处理功能包括图像的读取、保存、转换、复制和粘贴。数字图像处理有 3 种典型方法：像素提取法、内存法、指针法。其中，像素提取法能直观地展示图像处理过程，可读性很好，但效率最低，并不适合于图像处理方面的工程应用；内存法把图像直接复制到内存中，直接对内存中的数据进行处理，速度明显加快，程序难度也不大；指针法直接应用指针对图像进行处理，因此速度最快。

Bitmap 类可以在像素层次上对图像进行处理，利用 SetPixel()、GetPixel()方法可以实现在像素层面上对图像进行数字处理，利用 LockBits()和 UnlockBits()方法在内存中对图像进行快速处理。本章利用多种方法对彩色图像进行了灰度化和二值化，以减少数据处理量、加快处理速度。

第 7 章　C#设计模式

在前面的章节中，了解了 C#的基本语法，这些必须反复练习才能应用自如。但是仅仅靠这些基本语法是很难写出好的代码来的，如果只是简单的应用，那么这些语法是能实现所需功能的，但是对于大型的上位机软件，必须引入好的编程思想才能把代码写好，真正做到可维护、可复用、可扩展、灵活性好，这种编程思想就是设计模式（Design Pattern）。

7.1　什么是设计模式

扫一扫

微课：设计模式

1. 设计模式的起源

1994 年，由 Erich Gamma、Richard Helm、Ralph Johnson 和 John Vlissides 合著出版了一本名为 *Design Patterns - Elements of Reusable Object-Oriented Software* 的书，首次提到了软件开发中设计模式的概念。他们所提出的设计模式主要基于以下的面向对象设计原则：对接口编程而不是对实现编程，优先使用对象组合而不是继承。

2. 设计模式的定义

设计模式代表了最佳的实践，通常被有经验的面向对象的软件开发人员采用。设计模式是软件开发人员在软件开发过程中面临的一般问题的解决方案，这些解决方案是众多软件开发人员经过相当长的一段时间的试验和试错总结出来的。

设计模式是一套被反复使用的、多数人知晓的、经过分类编目的代码设计经验的总结。使用设计模式是为了重用代码、让代码更容易被他人理解、保证代码的可靠性。毫无疑问，设计模式于自己、于他人、于系统都是多赢的。设计模式使得代码编制真正工程化。它是软件工程的基石。在项目中合理地运用设计模式可以完美地解决很多问题，每种模式在现实中都有相应的原理与之对应，每种模式都描述了一个在我们周围不断重复发生的问题，以及该问题的核心解决方案，这也是设计模式能被广泛应用的原因。

设计模式就像能根据需求进行调整的预制蓝图，可用于解决代码中反复出现的设计问题。设计模式与方法或库的使用方式不同，很难直接在自己的程序中套用某个设计模式。模式并不是一段特定的代码，而是解决特定问题的一般性概念。可以根据模式实现符合自己程序实际所需的解决方案。

人们常常会混淆模式和算法，因为两者在概念上都是已知特定问题的典型解决方案。但算法总会明确定义达成特定目标所需的一系列步骤，而模式则是对解决方案的更高层次的描述，同一模式在两个不同程序中的实现代码可能会不一样。

算法更像是菜谱，提供达成目标的明确步骤；而模式更像是蓝图，用户可以看到最终的结果和模式的功能，但需要自己确定实现步骤。

3．设计模式的种类

设计模式总共有 23 种类型，总体来说可以分为三大类：创建型模式（Creational Patterns）、结构型模式（Structural Patterns）和行为型模式（Behavioral Patterns）。

设计模式的种类如图 7.1 所示。

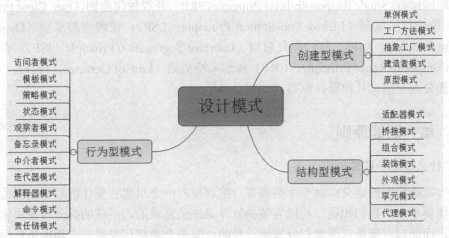

图 7.1　设计模式的种类

创建型模式就是用来解决对象实例化和使用的客户端耦合的模式，可以让客户端和对象实例化都独立变化，做到互不影响。创建型模式包括单例模式、工厂方法模式、抽象工厂模式、建造者模式和原型模式。

结构型模式主要解决的是类和对象的组合问题，可以通过继承、组合对象或聚合对象等方法对程序结构进行优化。该系列模式包括适配器模式、桥接模式、组合模式、装饰模式、外观模式、享元模式和代理模式。

行为型模式主要讨论的是在不同对象之间划分责任和算法的抽象化问题。行为型模式又分为类的行为模式和对象的行为模式两种。类的行为模式是指使用继承关系在几个类之间分配行为。对象的行为模式是指使用对象聚合的方式分配行为。行为型模式包括 11 种模式：访问者模式、模板模式、策略模式、状态模式、观察者模式、备忘录模式、中介者模式、迭代器模式、解释器模式、命令模式和责任链模式。

4．如何利用设计模式

软件设计绝不能不切实际而刻板生硬地套用模式，其实有时并不适用，也许本来几个类就可以解决的需求非要拆成几十个角色类，结果适得其反，把很简单的一个系统搞得臃肿不堪。其实各设计模式之间都是有共通之处的，有些看起来十分类似但又能解决不同的问题，套路当然有类似之处了，即便作为"灵魂"的设计原则也隐隐约约有着千丝万缕的关联，它们往往是相辅相成、互相印证的。因此不必过度纠结而把它们机械式地分门别类、划清界限。需求虽然是多变的，但一个系统不可能不做修改就满足所有变化需求，需要根据当下及可以预估的未来变更运用恰当的模式，适可而止，只有以不变应万变才不至于过度设计，使模式泛滥。

7.2 设计模式的七大原则或法则

写代码是有原则的，之所以使用设计模式，主要是为了适应变化，提高代码复用率，使软件更具有可维护性和可扩展性。如果读者能更好地理解这些设计原则，那么对理解面向对象的设计模式也是有帮助的，因为这些模式的产生是基于这些原则的。这些原则分别是单一职能原则（Single Responsibilities Principle，SRP）、开放封闭原则（Open Close Principle，OCP）、里氏代换原则（Liskov Substitution Principle，LSP）、依赖倒转原则（Dependence Inversion Principle，DIP）、接口隔离原则（Interface Segregation Principle，ISP）、合成复用原则（Composite Reuse Principle，CRP）和迪米特法则（Law of Demeter，LoD）。

下面分别介绍这几种设计原则。

7.2.1 单一职能原则

1. 什么是单一职能原则

单一职能原则的定义：就一个类而言，应该仅有一个引起它变化的原因，简而言之，就是功能要单一。我们知道，功能完备的软件系统是复杂的，系统的拆分与模块化是不可或缺的，而面向对象是以类来划分模块边界的，即每个类都代表着一个功能角色模块，其职能应该是单一的，不是自己分内的事不应该负责，这就是单一职能原则。

如果一个类承担的职能过多，就等于把这些职能耦合在一起，一个职能的变化可能会削弱或抑制这个类完成其他职能的能力。这种耦合会导致脆弱的设计，当变化发生时，设计会遭受到意想不到的破坏。

软件设计真正要做的许多内容就是发现职能并把它们相互分离开来。

2. 举例

例如，公司里的某员工在公司里身兼多职，如前台、财务、仓管、行政等，这种人要不就是公司的 CEO，要不就是这公司的发展前景不好，正规公司里面几乎不可能存在这种员工，如果存在，那么这种员工大概率不能做好自己负责的工作，因为其职能太多了，容易出现纰漏。

例如，灯泡一定是可以亮和灭的，定义一个灯泡类，包含"功率属性"，以及"通电"和"断电"两个功能方法，这便是对灯泡的封装，一对花括号"{}"定义了其封装的边界。

如果现在客户要求这个灯泡有霓虹灯的效果，那么该怎样实现呢？直接在灯泡类里封装一些逻辑电路来控制其闪烁，如新加一个 flash()方法，并不停地调用它实现通电/断电。这显然是错误的，灯泡就是灯泡，它只能亮和灭，能不能闪烁不是灯泡的职能，既然进行分类，就不要不伦不类。因此需要把闪烁逻辑控制电路独立出来，它们之间的通信应该通过接口来调用，划清界限，各司其职，这才是类封装的意义。

单一职能原则规定，对任何类的修改只能有一个原因，这是由罗伯特·C·马丁（Robert C. Martin）提出的，这是什么意思呢？例如，对于上述的灯泡类，其职能就是照明，与其无关的一切修改动机都不予考虑。因此，灯泡绝不能封装与其本身职能不相干的功能，这样就能保证其职能的单一性原则,类与类之间有明确的职能划分,同时保持一种协作的关系,即分与合、对立与统一的辩证关系。

职能的单一性保证了类的高内聚、低耦合特性,如此便提高了代码的易读性、易维护性、易测试性、易复用性等。

3. 小结

单一职能原则可以看作低耦合、高内聚在面向对象原则上的引申,将职能定义为引起变化的原因,以提高内聚性来减少引起变化的原因。责任过多,引起变化的原因就越多,这样就会导致职能依赖,大大损伤其内聚性和耦合度。

7.2.2 开放封闭原则

1. 什么是开放封闭原则

对于开放封闭原则,其中,"开放"指的是对扩展是开放的,"封闭"指的是对修改封闭,通俗来讲就是不要修改已有的代码,而增加新的代码。这对已经上线并稳定运行的软件项目来说更为重要,修改代码的代价是巨大的,小小的一个修改有可能使整个系统瘫痪,因为其可能会导致波及的地方变得不可预知,难以估量。

开放封闭原则的定义:软件实体(类、方法等)应该可以扩展(扩展可以理解为增加),但是不能在原来的方法或类上修改。开放封闭原则有两个特征:对于扩展(增加)是开放的,因为它不影响原来的功能,这是新增加的;对于修改是封闭的,如果经常修改,那么逻辑会越来越复杂。

2. 举例

举个简单的例子,我们有一个笔类用来绘图,它有一个很简单的 Draw()方法。假设业务扩展需要绘制各种颜色的图像,难道我们需要修改这个笔类的 Draw()方法来接收颜色参数并加入大量逻辑判断吗?看似可行,但是如果后期又需要水彩、水墨、油画等颜料效果,就需要对笔类进行代码修改,这就造成大量的逻辑代码堆积在这个类中的局面,就像我们拆开封装的机器壳子,对内部电路进行二次修改,各种导线、焊点杂乱无章、臃肿不堪。

出现这种局面肯定是系统设计上的问题,我们要对其进行重新审视,对笔类进行抽象,定义好一个绘制行为 Draw (),但具体怎样绘制不应予以关心。如此便建立了软件体系的高层抽象,如果后期要进行扩展,那么只需添加新类并继承高层抽象即可,各种笔类保证了各自的特性。因此,开放封闭原则是通过抽象实现的,高层的泛化保证了底层实现的多态化扩展。

其实开放封闭原则的例子不胜枚举,对抽象的大量运用是系统的可复用性、可扩展性的基石,提高了系统的稳定性,读者还需要自己揣摩、体会。

3. 小结

开放封闭原则是面向对象设计的核心思想。遵循这个原则可以为面向对象的设计带来巨大的好处:可维护(维护成本低、管理简单、影响最小)、可扩展(有新需求增加功能就好)、可复用(不耦合,可以使用以前的代码)、灵活性好(维护方便、简单)。开发人员应该仅对程序中频繁变化的那些部分做抽象，但是不能过激，对应用程序中的每一部分都刻意地进行抽象同样不是一个好主意。拒绝不成熟的抽象和抽象本身一样重要。

7.2.3　里氏代换原则

1．什么是里氏代换原则

里氏代换原则是最早由 Barbara Liskov 提出的设计模式规范，里氏一词便来源于其姓氏 Liskov，而"代换"指的是父类与子类的可代换性。此原则是指任何父类出现的地方，子类一定也可以出现，换个角度讲就是在一个优秀的设计中，有引用父类的地方，一定可以用子类进行代换。其实面向对象设计语言的特性"继承与多态"正是为此而生的，在设计时，一定要考虑这一点，写框架代码时要面向抽象编程，而不是深入具体的子类中，只有这样才能保证子类多态的可能性。

里氏代换原则的定义：子类必须能够代换其父类。更直白地说，里氏代换原则是实现面向接口编程的基础。

2．举例

假设定义有一个禽类，给它加一个飞翔方法 fly()，于是客户端可以调用该方法。但是某天需要将鸵鸟加入禽类的行列，可惜的是鸵鸟并不会飞，此时客户端就不能调用禽类的飞翔方法了，因为这个禽类有可能就是鸵鸟，这就违反了里氏代换原则。也就是说，最初的设计一定是有问题的，因为不是所有的禽类都会飞，所以对于禽类不该有飞翔方法。

这里提供一种思路做重构，把禽类的飞翔方法抽离出来成为一个接口 IFlyable，这样，鸵鸟依旧可以继承禽类，对于其他可以飞的鸟，继承禽类并实现 IFlyable 接口。这样一来，客户端如果用的是禽类，那么一定是鸟而绝不是兽，但不一定能飞，如鸵鸟；而继承自 IFlyable 的物体必然能飞，也许是蝙蝠（兽类），甚至可以是飞机，这些子类一定是在其基类定义范围内可以随意代换而不会引起任何系统问题的。

例如，现在要使用计算机进行文档录入，计算机会依赖抽象 USB 接口读取数据，至于具体接入什么录入设备，它不必关心，可以是键盘手工录入或扫描仪录入图像，只要是兼容 USB 接口的设备就可以兼容，这就实现了多种 USB 设备的里氏代换，让系统功能模块可灵活代换，可向外延伸扩展，只有这样的系统才是有设计的、有灵魂的。

3．小结

任何基类可以出现的地方，子类一定可以出现，因此可以实现面向接口编程。里氏代换原则是继承复用的基石，只有当子类可以代换基类，且软件的功能不受到影响时，基类才能真正被复用，而子类也能够在基类的基础上增加新的行为。

里氏代换原则是对开放封闭原则的补充。实现开放封闭原则的关键步骤就是抽象化，而基类与子类的继承关系就是抽象化的具体实现，因此里氏代换原则是对实现抽象化的具体步骤的规范。

7.2.4　依赖倒转原则

1．什么是依赖倒转原则

依赖倒转原则的定义：抽象不应该依赖细节，细节应该依赖抽象。简单地说，就是要针对接口编程，而不是针对实现编程。高层模块不应该依赖底层模块，两者都应该依赖抽象，因为抽象是稳定的。抽象不应该依赖具体（细节），具体应该依赖抽象。

依赖倒转通过只依赖抽象而不依赖具体实现来达到降低客户端对其他模块耦合的目的。我们知道，客户端类要访问另一个类，传统做法是直接访问其方法，这就导致对实现类的强耦合，而依赖倒转的做法是反其道而行，间接地访问实现类的高层抽象，依赖高层比依赖底层实现要灵活得多，这也印证了在里氏代换原则中提到的"针对抽象编程"。

2．举例

举个例子，公司 CEO 制定新一年的策略及目标，为提高产出效率决定年底上线一套全新的 OA 办公自动化软件。那么，CEO 作为客户端要怎么实施这个计划呢？发动基层程序员并调用他们的研发方法吗？答案是否定的。作为高层领导，一定是调用高层抽象，只需调用 IT 部门接口的 work()方法并传入目标即可。至于这个 work()方法的具体实现，CEO 完全不必操心，这时就达到了与具体实现类解耦的目的，不合适还可以随意替换，这就是把"依赖底层"倒转为"依赖高层"的好处。

在做开发时，常常会从高层往底层写代码。例如，在开发业务逻辑层时，我们大可不必过多关心数据源是什么。因此可以调用数据访问接口，而其实现类可以暂且不写或写一个模拟实现类来进行单元测试，甚至可以交给熟悉的同事并行开发，只要定义了良好的接口规范就不必关心底层实现细节，依赖高层抽象，不依赖底层具象，这就是依赖倒转原则的核心思想，即从具象到抽象的倒转。

3．小结

依赖倒转原则其实可以说是面向对象设计的标志，如果在编码时考虑的是面向接口编程，而不是简单的功能实现，就体现了抽象的稳定性，只有这样才符合面向对象的设计。

7.2.5　接口隔离原则

1．什么是接口隔离原则

过于臃肿的接口是对接口的一种污染，使用多个专门的接口比使用单一的总接口要好。一个类对另外一个类的依赖性应当是建立在最小的接口上的。一个接口代表一个角色，不应当将不同的角色都交给一个接口，将没有关系的接口合并在一起，形成一个臃肿的总接口，这是对角色和接口的污染。

也就是说，不要让一个单一的接口承担过多的职责，而应把职责分离到多个专门的接口中，进行接口分离。

2．举例

假设要定义一个动物高层接口，区别于植物，动物一定是能移动的，而且可以发出声音，于是先定义一个移动方法和一个发声方法，然后动物们开始实现这两个方法，但是当某动物不能发出声音时，不得不加个哑巴空方法。

这时就需要反思，接口定义的行为太多了，这些行为定义完全可以拆分开为两个独立接口："可移动接口"与"可发声接口"。这时，不能发出声音的动物可以只依赖可移动接口，而其他动物则可以依赖一个全新的"又可移动又可发声"的接口，显而易见，此接口是从那两个独立出来的接口继承来的。

接口隔离原则要求对接口尽可能地细粒度化。例如，我们都知道 Runnable 接口，它只要求在实现类中完成 Run()方法即可，不会把不相干的行为也给加进来，因此它只是定义至其力所能及的范围，点到为止。其实接口隔离原则与单一职能原则如出一辙，只不过是对高层行为能力的细粒度化规范。接口隔离原则能很好地避免接口被设计得过于臃肿，轻量化接口更不会造成对实现类的污染，使系统模块间的依赖变得更加松散、灵活。

3．小结

接口隔离原则告诉我们，在做接口设计时，要尽量使接口功能单一，使其变化因素少，这样就更稳定，其实这体现了高内聚、低耦合的原则，这样做也可避免接口的污染。

7.2.6　合成复用原则

1．什么是合成复用原则

合成复用原则就是指在一个新的对象里面使用一些已有的对象，使之成为新对象的一部分。新对象通过向这些对象的委派来达到复用已用功能的目的。简单地说，就是要尽量使用合成/聚合，尽量不要使用继承。

要使用好合成复用原则，首先需要区分"Has-A"和"Is-A"的关系。"Is-A"是指一个类是另一个类的"一种"，是属于的关系；而"Has-A"则不同，表示某个角色具有某项责任。导致错误地使用继承而不是聚合的常见原因是错误地把"Has-A"当作"Is-A"。例如，鸡是动物，这就是"Is-A"的表现；某人有一把手枪，People 类型里面包含一个 Gun 类型，这就是"Has-A"的表现。

2．举例

"人"被"学生""经理""雇员"等子类继承。而实际上，"学生""经理""雇员"分别描述一种角色，而"人"可以同时有几种不同的角色。例如，一个人既然是"经理"，就必然是"雇员"；而"人"可能同时参加 MBA 课程，从而也是一个"学生"。若使用继承来实现角色，则只能使每个"人"具有"Is-A"角色，而且继承是静态的，这会使得一个"人"在成为"雇员"后，就永远为"雇员"，不能成为"学生"和"经理"，而这显然是不合理的。

这一错误的设计源自把"角色"的等级结构和"人"的等级结构混淆了，把"Has-A"

角色误解为"Is-A"角色。因此要纠正这种错误，关键是区分"人"与"角色"的区别。

当一个类是另一个类的角色时，不应当使用继承来描述这种关系。

3．小结

合成复用原则可以使系统更加灵活，类与类之间的耦合度降低，一个类的变化对其他类造成的影响相对较小，因此一般首选使用组合/聚合来实现复用；其次考虑继承。在使用继承时，需要严格遵循里氏代换原则，有效使用继承会有助于对问题的理解，降低复杂度，而滥用继承反而会提升系统构建和维护的难度，以及系统的复杂度，因此需要慎重使用继承复用。

7.2.7　迪米特法则

1．什么是迪米特法则

迪米特法则又称为最少知识原则（Least Knowledge Principle，LKP），指的是一个对象应当对其他对象有尽可能少的了解。也就是说，一个模块或对象应尽量少地与其他实体之间发生相互作用，使得系统功能模块相对独立，这样，当一个模块修改时，影响的模块就会更少，扩展起来更加容易。关于迪米特法则的其他表述有：只与你直接的朋友通信，不要与"陌生人"说话。

迪米特法则通过最小化各模块间的通信而割裂模块间千丝万缕的不必要联系，以达到松耦合的目的。迪米特法则提出一个模块对其他模块要知之甚少，否则对一个类的变动将引发蝴蝶效应般的连锁反应，这会波及大范围的变动，系统可维护性差。

外观模式（Facade Pattern）和中介者模式（Mediator Pattern）就使用了迪米特法则。

2．举例

举个例子，现有一台游戏机，它像一个黑盒子，内部集成了非常复杂的电路，以及各种电子元件，并且对外开放了手柄控制接口，这便是一个完美的封装。对于用户，只需用手柄操作就可以了，至于其内部的磁盘载入、内存读取、CPU 指令接收、显卡显示等是完全陌生的，也并不会直接调用它们，这就是用户的正确使用方法。

如果要办理一项业务，就要在业务大厅里排队、填表、递交、盖章等。这样一来，我们就得了解每个窗口需要哪些材料，以及办理流程。对于这种陌生的事务处理，应该交给专业的接待员这个"门面"来解决，这个角色与导游有异曲同工之处，我们只需简单地把材料递交给他们就行了，即只和"门面"通信，至于"门面"怎样做我们知之甚少，这是"门面"封装好的内部事务，我们没有必要亲自处理。

此外，还有中介模式、适配器模式等都好像是给"陌生人"搭桥一样的松耦合典范。系统模块应该隐藏内部机制，"大门"一定要紧锁，防止"陌生人"随意访问，而对外只暴露适度的接口，只有这样才能保证模块间的最少知识通信，切勿越级汇报，禁止跨界，让模块间的调用做到即开即用，使模块间的耦合度降低，提高软件系统的可维护性、可扩展性。

3．小结

迪米特法则的初衷是降低类之间的耦合度，实现类之间的高内聚、低耦合，这样可以解耦。但是凡事都有度，过分使用迪米特法则会产生大量的中介和传递类，导致系统复杂度变高。因此，在采用迪米特法则时要反复权衡，既要做到结构清晰，又要做到高内聚、低耦合。

7.3 常用设计模式的实现

本书不会详细讲解所有 23 种设计模式，而是着重讲解在智能制造工程的上位机软件开发中常用的几种设计模式：单例模式、工厂方法模式（包含简单工厂模式）、抽象工厂模式、策略模式、观察者模式。

7.3.1 单例模式

1．什么是单例模式

单例模式在上位机软件中应用比较广泛。它属于创建型模式，有且仅有一个实例，并且自行实例化向整个系统提供全局访问点。

它的使用场景如下。

（1）需要频繁地进行创建和销毁的对象。

（2）创建时耗时过多或耗费资源过多，但又经常用到的对象。

（3）工具类对象。

（4）频繁访问数据库或文件的对象。

它的优点如下。

（1）阻止其他对象实例化其自己的单例对象的副本，从而确保所有对象都访问唯一实例。

（2）因为类控制了实例化过程，所以类可以灵活更改实例化过程。

它的缺点是没有接口、不能继承、与单一职能原则冲突。

2．单例模式的实现

所有单例模式的实现都包含以下两个相同的步骤。

（1）将默认构造函数设为私有的，防止其他对象使用单例类的 new 运算符生成新的实例。

（2）新建一个静态构建方法作为构造函数。该函数会调用私有构造函数创建对象，并将其保存在一个静态成员变量中。此后所有对于该函数的调用都将返回这一缓存对象。

如果代码能够访问单例类，那么它就能调用单例类的静态方法。无论在何时调用该方法，它总会返回相同的对象。

例如，AxisXDevice 是与 X 轴相关联的类，如果其在系统中频繁地被调用，则可以采用单例模式。代码如下：

```
public class AxisXDevice
{
    private static AxisXDevice _instance = null;// 定义一个静态变量来保存类的实例
    // 定义公有方法，用来提供一个全局访问点，同时可以定义公有属性来提供全局访问点
    public static AxisXDevice Instance
    {
        get
        {
            if (_instance == null)
                _instance = new AxisXDevice();
            return _instance;
        }
    }
    private AxisXDevice()           // 定义私有构造函数，使外界不能创建该类的实例
    {
    }
    public void Run()
    {
        Console.WriteLine("AxisX is running...");
    }
}
```

在这段代码中，Instance 就是所构造的静态实例，在调用这个静态实例时，采用 AxisXDevice.Instance 就可以直接访问 AxisXDevice 类的公有方法和属性。例如，调用 AxisXDevice 的 Run 函数，可以采用如下方式：

```
AxisXDevice.Instance.Run();
```

如果存在两个以上的线程同时访问 AxisXDevice，则存在同时构造 AxisXDevice 类的可能性，这是不安全的，因此，如果存在这种可能，就要使用 lock()方法锁定_instance，待构造完成后释放就可以了。具体代码如下：

```
public class AxisXDevice
{
    private static AxisXDevice _instance = null;// 定义一个静态变量来保存类的实例
    // 定义一个标识来确保线程同步
    private static readonly object locker = new object();
    // 定义公有方法，用来提供一个全局访问点，同时可以定义公有属性来提供全局访问点
    public static AxisXDevice Instance
    {
        get
        {
            /* 当第一个线程运行到这里时，会对 locker 对象"加锁"；当第二个线程运行该
方法时，首先检测到 locker 对象为"加锁"状态，该线程会挂起等待第一个线程解锁，lock 语句运行
完之后（线程运行完之后），会将该对象"解锁" */
            lock(locker)
            {
                if (_instance == null)
                    _instance = new AxisXDevice();
```

・205・

```
                               return _instance;
                    }
               }
          }
     private AxisXDevice()          // 定义私有构造函数，使外界不能创建该类的实例
     {
     }
}
```

这段代码在构造 Instance 静态实例时采用了 lock()方法，从而保证了构造的安全性，以避免出现同时构造，以及单例模式构造失败而变成双例甚至多例的情况。

7.3.2 工厂方法模式

1. 什么是工厂方法模式

工厂方法（Factory Method）模式定义了一个创建产品对象的工厂接口，将产品对象的实际创建工作推迟到具体子工厂类当中。这符合创建型模式中所要求的"创建与使用相分离"的特点。

把被创建的对象称为"产品"，把创建产品的对象称为"工厂"。如果要创建的产品不多，只要一个工厂类就可以完成，那么这种模式叫"简单工厂模式"。它不属于 23 种经典设计模式。它的缺点是增加新产品时会违背"开放封闭原则"（不过可以通过反射技术来克服该缺点）。

工厂方法模式是对简单工厂模式的进一步抽象化，好处是可以使系统在不修改原来代码的情况下引进新的产品，即满足开放封闭原则。

工厂方法模式的主要优点如下。

（1）用户只需知道具体工厂的名称就可得到所要的产品，而无须知道产品的具体创建过程（对创建过程复杂的对象很有用）。

（2）在系统增加新产品时，只需添加具体产品类和对应的具体工厂类，而无须对原来的工厂进行任何修改，满足开放封闭原则。

工厂方法模式的缺点是每增加一个产品，就要增加一个具体产品类和一个对应的具体工厂类，这提升了系统的复杂度。

工厂方法模式由抽象工厂、具体工厂、抽象产品和具体产品 4 个要素构成。

（1）抽象工厂（AbstractFactory）：提供了创建产品的接口，调用者通过它访问具体工厂的工厂方法 CreateProduct() 来创建产品。

（2）具体工厂（ConcreteFactory）：用于实现抽象工厂中的抽象方法，完成具体产品的创建。

（3）抽象产品（Product）：定义了产品的规范，描述了产品的主要特性和功能。

（4）具体产品（ConcreteProduct）：实现了抽象产品角色所定义的接口，由具体工厂来创建，与具体工厂之间一一对应。

抽象工厂、抽象产品可以是接口，也可以是抽象类。抽象产品的定义方式取决于产品对象的建模事物，抽象工厂的定义方式一般与抽象产品的定义方式保持一致。

在一般情况下，产品对象对现实世界中的事物进行建模，使用抽象类定义抽象产品更合理。在特殊情况下，产品对象对功能组件、功能实现建模或产品对象已有父对象（C#中的对象只能有一个父类）时，使用接口定义抽象产品。

工厂方法模式通常适用于以下场景。

（1）客户只知道创建产品的工厂名，而不知道具体的产品名，如 TCL 电视工厂、海信电视工厂等。

（2）创建对象的任务由多个具体子工厂中的某一个完成，而抽象工厂则只提供创建产品的接口。

（3）客户不关心创建产品的细节，只关心产品的品牌。

2．结构图

工厂方法模式结构图如图 7.2 所示（使用抽象类）。

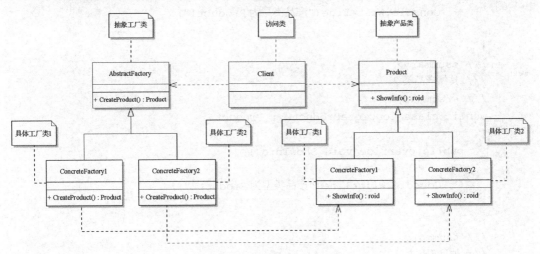

图 7.2　工厂方法模式结构图

3．工厂方法模式的实现

根据图 7.2 写出的该模式的代码如下：

```csharp
namespace Chapter7_3
{
    class Program
    {
        static void Main(string[] args)
        {
            //工厂方法
            Product product1 = new ConcreteFactory1().CreateProduct();
            product1.ShowInfo();
            Product product2 = new ConcreteFactory2().CreateProduct();
            product2.ShowInfo();
            Console.ReadKey();
        }
    }
```

```csharp
/// <summary>
/// 抽象产品类
/// </summary>
public abstract class Product
{
    public abstract void ShowInfo();
}
/// <summary>
/// 具体产品类1
/// </summary>
public class ConcreteProduct1 : Product
{
    public override void ShowInfo()
    {
        Console.WriteLine("产品类型为 Product1");
    }
}
/// <summary>
/// 具体产品类2
/// </summary>
public class ConcreteProduct2 : Product
{
    public override void ShowInfo()
    {
        Console.WriteLine("产品类型为 Product2");
    }
}
/// <summary>
/// 抽象工厂类
/// </summary>
public abstract class AbstractFactory
{
    public abstract Product CreateProduct();
}
/// <summary>
/// 具体工厂类1
/// </summary>
public class ConcreteFactory1 : AbstractFactory
{
    public override Product CreateProduct()
    {
        return new ConcreteProduct1();
    }
}
/// <summary>
/// 具体工厂类2
/// </summary>
```

```
public class ConcreteFactory2 : AbstractFactory
{
    public override Product CreateProduct()
    {
        return new ConcreteProduct2();
    }
}
```

运行结果如下：

产品类型为 Product1
产品类型为 Product2

在上述代码中，要添加新类型的产品，需要增加新产品类和新产品工厂类，工厂父类 AbstractFactory 不需要修改，这样对于已有的工厂不会产生任何潜在的改动影响，便于扩展。这种方式与直接使用 new ConcreteProduct1()、new ConcreteProduct2() 有点像，只不过由每种 Product 自己的工厂类进行 new 操作，主要原因如下。

new 一个 Product，可能有很多字段都需要赋值，还要运行一些初始化方法。如果将这些赋值操作、方法实现写在客户端的类里面，那么其他所有客户都要写这些代码，代码重复；如果将这些赋值操作、方法实现写在产品类的构造函数里面，那么要做的事情特别多，几十行甚至上百行的代码全放在构造函数里面，有点违背设计原则，若在构造函数中做太复杂的操作，那么当出错时，发现错误有时会很困难。构造函数应该尽量简单，最好能保证永不出现构造失败的情况。

如果 ConcreteProduct1 多了一个子类 ConcreteProduct1Child，现在生产产品时返回这个类的对象，那么所有客户端的 new ConcreteProduct1() 都要换成 new ConcreteProduct1Child()，而如果做成工厂模式，则直接在返回 ConcreteProduct1 的代码那里更改一下返回 ConcreteProduct1Child 类的对象就可以了，反正返回的都是 Product1（抽象父类），方便维护。

如果所有的产品类在返回对象之前又要添加新的逻辑，就需要一个类一个类地找并进行修改，这是很复杂的；如果全集中在工厂类中，那么直接在工厂类中修改即可，避免遗漏，方便维护。

如果返回一个实例要做很多事情，那么不好直接写在构造函数里面，可以写在具体的工厂类里面，而且如果工厂父类要添加新的逻辑，那么所有工厂应同时享有。因此，工厂模式主要具有代码重用、职责解耦、便于维护的特点。

7.3.3　简单工厂模式

1. 简单工厂模式结构图

当需要生产的产品不多且不会增加而一个具体工厂类就可以完成任务时，可删除抽象工厂类，这时工厂方法模式将退化为简单工厂模式。

简单工厂模式结构图如图 7.3 所示。

智能制造的 C#实战教程

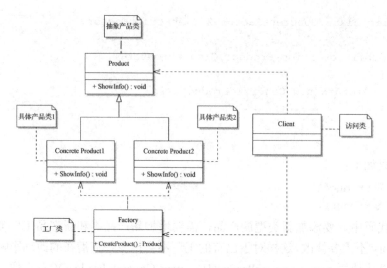

图 7.3　简单工厂模式结构图

2．简单工厂模式的实现

在 Chapter7_3 的实现代码中增加简单工厂方法的实现，代码如下：

```csharp
namespace Chapter7_4
{
    class Program
    {
        static void Main(string[] args)
        {
            //简单工厂方法的实现
            Product product3 = SimpleFactory.CreateProduct("ConcreteProduct3");
            product3.ShowInfo();
            Product product4 = SimpleFactory.CreateProduct("ConcreteProduct4");
            product4.ShowInfo();
            Console.ReadKey();
        }
    }
    /// <summary>
    /// 抽象产品类
    /// </summary>
    public abstract class Product
    {
        public abstract void ShowInfo();
    }
    /// <summary>
    /// 具体产品类 3
    /// </summary>
    public class ConcreteProduct3 : Product
    {
        public override void ShowInfo()
        {
```

```
            Console.WriteLine("产品类型为Product3");
        }
    }
    /// <summary>
    /// 具体产品类4
    /// </summary>
    public class ConcreteProduct4 : Product
    {
        public override void ShowInfo()
        {
            Console.WriteLine("产品类型为Product4");
        }
    }
    //简单工厂模式的实现
    public class SimpleFactory
    {
        public static Product CreateProduct(string name)
        {
            Product product = null;
            if (name == "ConcreteProduct3")
            {
                product = new ConcreteProduct3();
            }
            else if (name == "ConcreteProduct4")
            {
                product = new ConcreteProduct4();
            }
            return product;
        }
    }
}
```

从上面的代码可以看出，如果要增加一种产品，那么除了需要增加具体产品实现类，还需要修改这个工厂类，这是不符合开放封闭原则的。因此，如果创建的产品不多，就可以采用简单工厂模式；如果产品多，那么可以通过反射技术来解决这个问题。

3. 什么是反射技术

前面已经对反射技术进行了介绍，利用反射技术可以动态构造已有的类、方法、委托、泛型等，这里重点介绍如何构造类。下面的实例代码展示了如何使用反射技术实例化类。

类 TestClass 的定义如下：

```
public class TestClass
{
    private string _value;
    public TestClass(string value)
    {
        _value=value;
```

```
        Console.WriteLine(_value);
    }
}
```

访问代码如下：

```
class Program
{
    static void Main(string[] args)
    {
        Type t = Type.GetType("Chapter7_5.TestClass");
        Object[] constructParms = new object[] {"你好，反射!"};  //构造器参数
        TestClass testClass = (TestClass)Activator.CreateInstance
(t,constructParms);
        Console.ReadKey();
    }
}
```

这里，Activator.CreateInstance(Type type, Object[] args)方法使用最符合指定参数的构造函数创建指定类型的实例。

其中，参数 type 是要创建的对象的类型；args 是与要调用的构造函数的参数的编号、顺序和类型匹配的参数数组，如果 args 为空数组或 null，则调用不带任何参数的构造函数（无参数构造函数）。在这里传入了一个字符串"你好，反射!"，将其显示在控制台上。

返回：object，对新创建的对象的引用。

运行结果如下：

你好，反射!

4. 简单工厂模式+反射优化的实现

采用反射技术修改 Chapter7_4 中的简单工厂类代码：

```
//简单工厂模式的实现
public class SimpleFactory
{
    public static Product CreateProduct(string name)
    {
        //获取当前程序集
        Assembly ass = Assembly.GetCallingAssembly();
        //解析程序集名称
        AssemblyName assName = new AssemblyName(ass.FullName);
        string str = assName.Name + "." + name;
        //获取程序集的类型
        Type type = ass.GetType(assName.Name + "." + name);
        //创建类的实例对象
        Product product = (Product)Activator.CreateInstance(type);
        return product;
    }
}
```

这段代码采用了反射技术来构造产品，利用类的名称就可以实现类的实例化，从而在代码中去除了对类型名的判断部分，大大简化了代码，也解决了简单工厂模式不能满足开放封闭原则的问题，如果类的名称有规律，并且系统复杂度不高，则完全可以使用采用反射技术的简单工厂模式来代替工厂方法模式。

7.3.4　抽象工厂模式

1. 什么是抽象工厂模式

前面介绍的工厂方法模式考虑的是一类产品的生产，如畜牧场只养动物、电视机厂只生产电视机等。

同种类称为同等级，即工厂方法模式只考虑生产同等级的产品，但是在现实生活中，许多工厂都是综合型的工厂，能生产多等级（种类）的产品，如农场里既养动物又种植物，电器工厂既生产电视机又生产洗衣机或空调，大学既有软件专业又有智能制造专业等。

抽象工厂模式将考虑多等级产品的生产，将同一个具体工厂所生产的位于不同等级的一组产品称为一个产品族。综合性工厂的产品图如图 7.4 所示。

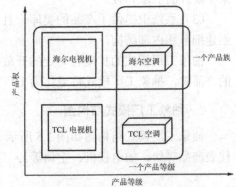

图 7.4　综合性工厂的产品图

抽象工厂（Abstract Factory）模式是一种为访问类提供一个创建一组相关或相互依赖对象的接口，且访问类无须指定所需产品的具体类就能得到同族的不同等级产品的模式结构。

使用抽象工厂模式一般要满足以下条件。

（1）系统中有多个产品族，每个具体工厂创建同一产品族但属于不同等级结构的产品。

（2）系统一次只可能消费其中某一产品族的产品，即同族产品一起使用。

（3）抽象工厂模式除具有工厂方法模式的优点外，还具有以下主要优点。

①可以在工厂类的内部对产品族中相关联的多等级产品进行共同管理，而不必专门引入多个新的类来进行管理。

②当增加一个新的产品族时，不需要修改原始代码，满足开放封闭原则。

抽象工厂模式的缺点是当产品族中需要增加一个新产品时，所有的工厂类都需要进行修改。

抽象工厂模式同工厂方法模式一样，也是由抽象工厂、具体工厂、抽象产品和具体产品 4 个要素构成的，但抽象工厂中的方法个数不同，抽象产品的个数也不同。

抽象工厂模式的主要角色如下。

（1）抽象工厂（Abstract Factory）：提供创建产品的接口，包含多个创建产品的方法 CreateProduct()，可以创建多个不同等级的产品。

（2）具体工厂（Concrete Factory）：主要实现抽象工厂中的多个抽象方法，完成具体产品的创建。

智能制造的 C#实战教程

（3）抽象产品（Abstract Product）：定义产品的规范，描述产品的主要特性和功能。抽象工厂模式有多个抽象产品。

（4）具体产品（Concrete Product）：实现抽象产品角色所定义的接口，由具体工厂创建，与具体工厂之间是多对一的关系。

注：抽象工厂、抽象产品的定义推荐使用抽象类，GoF 中使用的也是抽象类。

抽象工厂模式通常适用于以下场景。

（1）当需要创建的对象是一系列相互关联或相互依赖的产品族时，如电器工厂中的电视机、洗衣机、空调等。

（2）系统中有多个产品族，但每次只使用其中的某一产品族的产品，如有人只喜欢穿某个品牌的衣服和鞋。

（3）系统中提供了产品的类库，且所有产品的接口都相同，客户端不依赖产品实例的创建细节和内部结构。

抽象工厂模式的扩展有一定的开放封闭原则倾斜性。另外，当系统中只存在一个等级的产品时，抽象工厂模式将退化为工厂方法模式。

2．抽象工厂模式结构图

抽象工厂模式结构图如图 7.5 所示（其中，1、2 代表产品族，如海尔、TCL 等；A、B 代表产品等级，如电视机、空调等）。

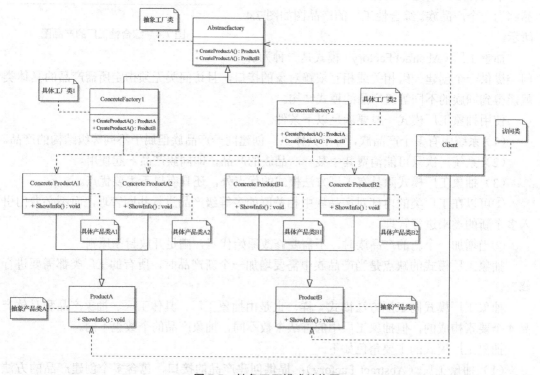

图 7.5　抽象工厂模式结构图

3．抽象工厂模式的实现

参考工厂方法模式的代码实现，增加多个具体工厂、多个抽象产品。具体代码如下：

· 214 ·

```csharp
namespace Chapter7_7
{
    class Program
    {
        static void Main(string[] args)
        {
            // 抽象工厂#1
            AbstractFactory factory1 = new ConcreteFactory1();
            Client client1 = new Client(factory1);
            client1.ShowInfo();
            // 抽象工厂#2
            AbstractFactory factory2 = new ConcreteFactory2();
            Client client2 = new Client(factory2);
            client2.ShowInfo();
            Console.ReadKey();
        }
    }
    /// <summary>
    /// 抽象产品类
    /// </summary>
    public abstract class Product
    {
        public abstract void ShowInfo();
    }
    public abstract class AbstractProductA : Product
    {
    }
    public abstract class AbstractProductB : Product
    {
    }
    public class ProductA1 : AbstractProductA
    {
        public override void ShowInfo()
        {
            Console.WriteLine("产品类型是 A1");
        }
    }
    public class ProductB1 : AbstractProductB
    {
        public override void ShowInfo()
        {
            Console.WriteLine("产品类型是 B1");
        }
    }
    public class ProductA2 : AbstractProductA
    {
        public override void ShowInfo()
```

```csharp
        {
            Console.WriteLine("产品类型是 A2");
        }
    }
    public class ProductB2 : AbstractProductB
    {
        public override void ShowInfo()
        {
            Console.WriteLine("产品类型是 B2");
        }
    }
    /// <summary>
    /// 抽象工厂类
    /// </summary>
    public abstract class AbstractFactory
    {
        public abstract AbstractProductA CreateProductA();
        public abstract AbstractProductB CreateProductB();
    }
    /// <summary>
    /// 具体工厂类 1，生产产品 A1 和 B1
    /// </summary>
     public class ConcreteFactory1 : AbstractFactory
    {
        public override AbstractProductA CreateProductA()
        {
            return new ProductA1();
        }
        public override AbstractProductB CreateProductB()
        {
            return new ProductB1();
        }
    }
     /// <summary>
     /// 具体工厂类 2，生产产品 A2 和 B2
     /// </summary>
    public class ConcreteFactory2 : AbstractFactory
    {
        public override AbstractProductA CreateProductA()
        {
            return new ProductA2();
        }
        public override AbstractProductB CreateProductB()
        {
            return new ProductB2();
        }
    }
```

```
/// <summary>
/// 客户端，用于调度工厂
/// </summary>
public class Client
{
    private AbstractProductA _abstractProductA;
    private AbstractProductB _abstractProductB;
    public Client(AbstractFactory factory)
    {
        _abstractProductB = factory.CreateProductB();
        _abstractProductA = factory.CreateProductA();
    }
    public void ShowInfo()
    {
        _abstractProductA.ShowInfo();
        _abstractProductB.ShowInfo();
    }
}
```

7.3.5　策略模式

1. 什么是策略模式

在软件开发中常常遇到实现某种目标存在多种策略可供选择的情况，这时可以根据环境或条件的不同选择不同的算法或策略，如数据排序策略有冒泡排序、选择排序、插入排序、二叉树排序等。如果使用多重条件转移语句（硬编码）实现，那么不但会使条件语句变得很复杂，而且在增加、删除或更换算法时要修改原始代码，不易维护，违背开放封闭原则。如果采用策略模式，就能很好地解决该问题。

策略模式在很多地方都会用到，如商场的各种打折策略。商场会经常适时地推出各种活动，每次活动的内容不同，过一段时间可能又回到之前的打折策略，这时，如果每次都修改算法，那么工作量是巨大的，且容易出错，而采用策略模式则可以避免这种问题，方法就是对旧的策略封闭，尽量不修改；对新的策略开放，即可以随时添加新的策略。

策略模式的定义：该模式定义了一系列算法，并将每个算法封装起来，使它们可以相互替换，且算法的变化不会影响使用算法的用户。策略模式属于对象行为型模式，通过对算法进行封装，把使用算法的责任和算法的实现分离开来，并委派给不同的对象对这些算法进行管理。

策略模式的主要优点如下。

（1）多重条件语句不易维护，而使用策略模式则可以避免使用多重条件语句。

（2）提供了一系列的可供重用的算法族，恰当使用继承可以把算法族的公共代码转移到父类里面，从而避免代码重复。

（3）可以提供相同行为的不同实现，用户可以根据不同时间或空间要求选择不同的策略。

（4）提供了对开放封闭原则的完美支持，可以在不修改原始代码的情况下灵活增加新算法。

智能制造的 C#实战教程

（5）把算法的使用放到环境类中，而将算法的实现移到具体的策略类中，实现了二者的分离。

策略模式的主要缺点如下。

（1）客户端必须理解所有策略算法的区别，以便适时选择恰当的算法类。

（2）造成很多的策略类。

策略模式会准备一组算法，并将这组算法封装到一系列的策略类里面，作为一个抽象策略类的子类。策略模式的重心不是如何实现算法，而是如何组织这些算法，从而让程序结构更加灵活，具有更高的可维护性和可扩展性。

策略模式的主要角色如下。

（1）抽象策略（Strategy）类：定义了一个公共接口，各种不同的算法以不同的方式实现这个接口，环境角色使用这个接口调用不同的算法，一般使用接口或抽象类实现。

（2）具体策略（Concrete Strategy）类：实现了抽象策略定义的接口，提供具体的算法实现。

（3）环境（Context）类：持有一个策略类的引用，最终被客户端调用。

在程序设计中，通常在以下几种情况下使用策略模式较多。

（1）一个系统需要动态地在几种算法中选择一种时，可将每个算法封装到策略类中。

（2）一个类定义了多种行为，并且这些行为在这个类的操作中以多个条件分支的形式出现，可将每个条件分支移入它们各自的策略类中以代替这些条件语句。

（3）系统中各算法彼此完全独立，且要求对用户隐藏具体算法的实现细节时。

（4）系统要求使用算法的用户不应该知道其操作的数据时，可使用策略模式来隐藏与算法相关的数据结构。

（5）多个类的区别只在于表现行为不同，可以使用策略模式，在运行时动态选择具体要执行的行为。

2．策略模式结构图

策略模式结构图如图 7.6 所示。

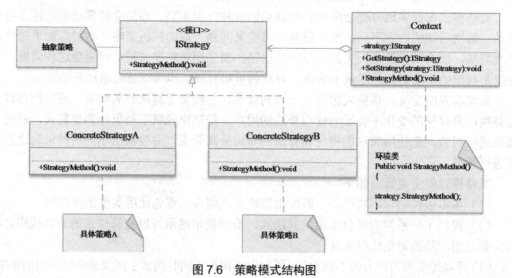

图 7.6　策略模式结构图

3. 策略模式的实现

下面的代码演示了策略模式的工作原理：

```csharp
namespace Chapter7_8
{
    class Program
    {
        static void Main(string[] args)
        {
            //建立上下文类
            Context context = new Context();
            //调用策略 A
            IStrategy strategy = new ConcreteStrategyA();
            context.SetStrategy(strategy);
            context.ApplyStrategy();
            //调用策略 B
            strategy = new ConcreteStrategyB();
            context.SetStrategy(strategy);
            context.ApplyStrategy();
            Console.ReadKey();
        }
        //抽象策略
        public interface IStrategy
        {
            void ApplyStrategy();      //策略方法
        }
        //具体策略类 A
        public class ConcreteStrategyA : IStrategy
        {
            public void ApplyStrategy()
            {
                Console.WriteLine("具体策略 A 的策略方法被访问！");
            }
        }
        //具体策略类 B
        public class ConcreteStrategyB : IStrategy
        {
            public void ApplyStrategy()
            {
                Console.WriteLine("具体策略 B 的策略方法被访问！");
            }
        }
        //上下文类
        public class Context
        {
            private IStrategy strategy;
            public IStrategy Strategy
```

```
        {
            get { return strategy; }
        }
        public void SetStrategy(IStrategy strategy)
        {
            //设置策略
            this.strategy = strategy;
        }
        public void ApplyStrategy()
        {
            //执行策略
            strategy.ApplyStrategy();
        }
    }
}
}
```

程序运行结果如下:

具体策略 A 的策略方法被访问!
具体策略 B 的策略方法被访问!

7.3.6 观察者模式

1. 什么是观察者模式

在现实世界中,许多对象并不是独立存在的,其中一个对象的行为发生改变可能会导致一个或多个其他对象的行为也发生改变。

在软件世界也是这样。例如,对于 Microsoft Office 软件,未加载文档时的菜单栏与加载文档中的菜单栏和加载文档完成后的菜单栏都是不一样的。所有这些,如果用观察者模式来实现就非常方便。

观察者模式的定义:多个对象间存在一对多的依赖关系,当一个对象的状态发生改变时,所有依赖它的对象都得到通知并自动更新。这种模式有时又称为发布-订阅模式、模型-视图模式。

观察者模式是一种行为型模式,其主要优点如下。

(1)降低了目标与观察者之间的耦合度,两者之间是抽象耦合关系。

(2)目标与观察者之间建立了一套触发机制。

它的主要缺点如下。

(1)目标与观察者之间的依赖关系并没有完全解除,而且有可能出现循环引用的情况。

(2)当观察者对象很多时,通知的发布会花费很多时间,影响程序的效率。

实现观察者模式时要注意具体目标对象和具体观察者对象之间不能直接调用,否则将使两者紧密耦合起来,这违反了面向对象的设计原则。

观察者模式的主要角色如下。

(1)抽象主题(Subject)角色:也叫抽象目标类,提供了一个用于保存观察者对象的聚集类和增加、删除观察者对象的方法，以及通知所有观察者的抽象方法。

（2）具体主题（Concrete Subject）角色：也叫具体目标类，实现抽象目标中的通知方法，当具体主题的内部状态发生改变时，通知所有注册过的观察者对象。

（3）抽象观察者（Observer）角色：一个抽象类或接口，包含了一个更新自己的抽象方法，在接到具体主题的更改通知时被调用。

（4）具体观察者（Concrete Observer）角色：实现抽象观察者中定义的抽象方法，以便在得到目标的更改通知时更新自身的状态。

观察者模式适用于以下几种情形。

（1）对象间存在一对多的关系，一个对象的状态发生改变会影响其他对象。

（2）当一个抽象模型有两个方面且其中一方面依赖另一方面时，可将这二者封装在独立的对象中以使它们可以独立地改变和复用。

2. 观察者模式结构图

观察者模式结构图如图 7.7 所示。

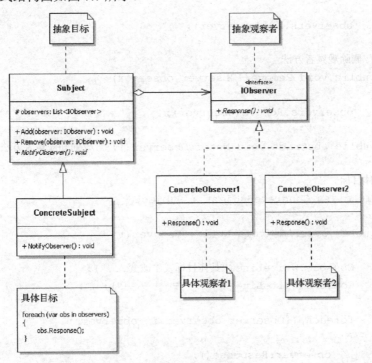

图 7.7　观察者模式结构图

3. 观察者模式的实现

观察者模式的实现代码如下：

```
namespace Chapter7_9
{
    class Program
    {
        static void Main(string[] args)
```

```
        {
            Subject subject = new ConcreteSubject();
            IObserver observer1 = new ConcreteObserver1();
            IObserver observer2 = new ConcreteObserver2();
            subject.Add(observer1);
            subject.Add(observer2);
            subject.NotifyObserver();
            Console.Read();
        }
    }
    //抽象目标
    public abstract class Subject
    {
        protected List<IObserver> observers = new List<IObserver>();
        //增加观察者方法
        public void Add(IObserver observer)
        {
            observers.Add(observer);
        }
        //删除观察者方法
        public void Remove(IObserver observer)
        {
            observers.Remove(observer);
        }
        public abstract void NotifyObserver();    //通知观察者方法
    }
    //具体目标
    public class ConcreteSubject : Subject
    {
        public override void NotifyObserver()
        {
            Console.WriteLine("具体目标发生改变...");
            Console.WriteLine("--------------");

            foreach (IObserver observer in observers)
            {
                observer.Response();
            }
        }
    }
    //抽象观察者
    public interface IObserver
    {
        void Response();                          //反应
    }
    //具体观察者 1
    public class ConcreteObserver1 : IObserver
```

```
    {
        public void Response()
        {
            Console.WriteLine("具体观察者1做出反应！");
        }
    }
    //具体观察者2
    public class ConcreteObserver2 : IObserver
    {
        public void Response()
        {
            Console.WriteLine("具体观察者2做出反应！");
        }
    }
}
```

程序运行结果如下：

```
具体目标发生改变...
---------------
具体观察者1做出反应！
具体观察者2做出反应！
```

4. 使用事件和委托实现观察者模式

在 C#中，事件和委托对观察者模式进行了很好的封装，其实现更加便捷，针对上面的代码，使用事件和委托进行修改。代码如下：

```
namespace Chapter7_10
{
    class Program
    {
        static void Main(string[] args)
        {
            Subject subject = new ConcreteSubject();
            IObserver observer1 = new ConcreteObserver1();
            IObserver observer2 = new ConcreteObserver2();
            subject.Update += observer1.Response;
            subject.Update += observer2.Response;
            subject.Notify();
            Console.Read();
        }
    }
    //事件处理程序的委托
    public delegate void UpdateEventHandler();
    //抽象目标
    public abstract class Subject
    {
        //声明一事件 Update，类型为委托 EventHandler
```

```
        public event UpdateEventHandler Update;
        public abstract void NotifyObserver(); //通知观察者方法
        public void Notify()
        {
            NotifyObserver();
            Update();
        }
    }
    //具体目标
    public class ConcreteSubject : Subject
    {
        public override void NotifyObserver()
        {
            Console.WriteLine("具体目标发生改变...");
            Console.WriteLine("---------------");
        }
    }
    //抽象观察者
    public interface IObserver
    {
        void Response(); //反应
    }
    //具体观察者1
    public class ConcreteObserver1 : IObserver
    {
        public void Response()
        {
            Console.WriteLine("具体观察者1做出反应！");
        }
    }
    //具体观察者2
    public class ConcreteObserver2 : IObserver
    {
        public void Response()
        {
            Console.WriteLine("具体观察者2做出反应！");
        }
    }
}
```

从上面的代码中可以看出，使用事件和委托处理观察者模式更加清晰与便捷，关于事件和委托，在 Windows 中的应用案例比比皆是。例如，对于 VS2019 的界面，编辑界面和代码运行界面是完全不一样的，如果单击按钮后一个一个地判断和更新控件显然是不现实的，也是不合理的，这时，只需采用事件和委托技术，当单击"运行"按钮时，通知相关的按钮或控件发生相应的变化，就可以完美地解决这个问题。

7.4　本章小结

　　一个优秀的软件开发人员必须要善于利用一些编程技巧，即设计模式，以编制优秀的代码。设计模式是软件开发人员在软件开发过程中面临的一般问题的解决方案，这些解决方案是众多软件开发人员经过相当长一段时间的试验和试错总结出来的，因此具有很强的实用性。

　　本章详细介绍了设计模式的七大原则或法则：单一职能原则、开放封闭原则、里氏代换原则、依赖倒转原则、接口隔离原则、合成复用原则和迪米特法则。这些原则或法则都是设计模式所遵循的原则，不过，并不是每个设计模式都必须遵循这七大原则或法则，这只是一个指导原则。因此要灵活运用这些原则，而不是死板地套用这些原则。

　　本章重点介绍了智能制造工程开发中常用的几种设计模式及其代码实现，包括单例模式、工厂方法模式（包括简单工厂模式）、抽象工厂模式、策略模式和观察者模式。只有勤加练习，才能利用好这些设计模式。

　　在实际应用中，要灵活运用这些设计模式，不能循规蹈矩，只有能灵活解决问题且实用的设计模式才是好的设计模式。

实战篇

第 8 章　运动控制器的 C#应用开发

在智能制造工程中，电机的应用非常普遍，数控机床、数控冲床、激光切割、电路板检测、多关节机器人、搬运机器人等都会用到大量的电机，对电机的控制就需要用到运动控制（Motion Control）技术。运动控制通常是指在复杂条件下将预定的控制方案、规划指令转变成期望的机械运动，实现机械运动精确的位置控制、速度控制、加速度控制、转矩或力的控制等。下面以正运动的运动控制器系列产品为例对运动控制技术和运动控制器进行详细介绍。

8.1　运动控制导论

运动控制实现了对机械传动部件的位置、速度、加速度等的实时控制，使其按照预期的轨迹与规定的运动参数完成相应的动作。

运动控制系统以处理器、检测机构、执行机构为核心，实现逻辑控制、位置控制、轨迹加工控制、机器人运动控制等功能。其中，处理器通常是可编程控制器、单片机或运动控制器，相当于系统的大脑，主要负责对接收的信号进行逻辑处理，并给执行机构下发命令，协调系统的正常运转；检测机构通常由各种传感器构成，相当于系统的眼睛，目的是检测系统条件的变化并反馈给处理器；执行机构通常由伺服单元、阀门构成，相当于系统的双手，主要执行运动控制器下发的命令。

正运动专注于运动控制技术的研究和通用运动控制产品的研发，致力于运动控制技术基础研究，是国内工业控制领域发展最快的企业之一，也是国内少有的完整掌握运动控制核心技术和实时工业控制平台软件技术的企业。

正运动的运动控制产品包括脉冲型独立式运动控制器、脉冲型网络运动控制卡、总线型独立式运动控制器、总线型 PCI 运动控制卡等，能满足多行业的运动控制需求。正运动的运动控制产品共有五大系列：ZMC 系列、XPLC 系列、ECI 系列、PCI 系列、VPLC 系列。不同产品的使用方法基本相同，均能满足基础控制需求，不过，在硬件参数、高级软件功能方面存在差异。正运动的运动控制产品如图 8.1 所示。

运动控制器相比于使用 PCI 卡槽的运动控制卡，具有下面的优势。

（1）不使用插槽，稳定性更好。

（2）不需要 PCI 插槽，降低了对计算机的要求，无须工控机。

（3）可以选用 MINI 计算机或 ARM 工控计算机，降低了整体成本。

（4）直接作为接线板使用，节省空间。

（5）支持上位机和下位机并行运行程序，下位机软件的使用可以提升系统的实时性和稳定性。

（6）与计算机只需进行简单的交互，降低计算机软件的复杂性。

综上可以看出，选用以太网接口的运动控制器来代替 PCI 运动控制卡，可以节省空间、降低成本、优化程序、接线更方便，这也是越来越多的应用采用运动控制器的原因。

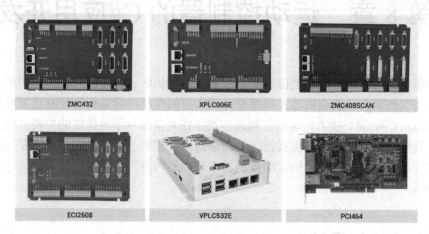

图 8.1　正运动的运动控制产品

8.1.1　运动控制系统的组成

运动控制系统的结构模式一般是运动控制器+驱动器+执行机构（步进电机或伺服电机）+反馈装置（如编码器）。运动控制系统基础架构如图 8.2 所示，在此基础上还可以接入机器视觉。

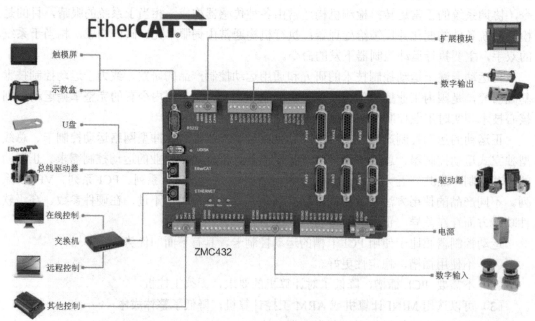

图 8.2　运动控制系统基础架构

在这个基础架构中，运动控制器是运动控制系统的核心部件，负责产生运动路径的控制指令，用于设备的逻辑控制，将运动参数分配给需要运动的轴，并对被控对象的外部环境变化及时做出响应。

通用运动控制器通常都提供一系列运动规划方法，基于对冲击、加速度和速度等这些可影响动态轨迹精度的量值加以限制，提供对运动控制过程的运动参数的设置和运动相关的指令，使其按预先规定的运动参数和轨迹完成相应的动作。

运动控制器通过一定的通信手段将控制信号或指令发送给驱动器，驱动器为执行机构（通常为电机）提供转动能源动力，运动控制器接收并分析反馈信号，得到跟随误差后，根据控制算法产生减小误差的控制信号，从而提高运动控制的精度。典型的控制器有 PLC 可编程逻辑控制器、专用的运动控制器。

运动控制器提供运动缓冲区来存储运动指令，方便运动轨迹的规划。通常，速度规划曲线包括 T 型速度曲线、S 型速度曲线。图 8.3 所示为 T 型速度曲线和 S 型速度曲线对比图。T 型速度曲线控制算法是工业控制领域应用最广的加减速控制策略之一，它将整个运动过程分为匀加速、匀速、匀减速 3 个阶段，在变速过程中，加速度 a 始终保持为一固定值。而 S 型速度曲线则将整个运动过程划分为 7 个阶段，即加加速度段（S_1）、匀加速度段（S_2）、减加速度段（S_3）、匀速段（S_4）、加减速度段（S_5）、匀减速度段（S_6）和减减速度段（S_7），不同阶段速度衔接处的加速度连续，且加速的变化率可控。S 型速度曲线通过限制加速度和加加速度来实现冲击的限制，故可以使运动更加平滑，不加限制时的速度曲线即 T 型速度曲线。对于高加速度、小行程运动的快速定位系统，其定位时间和超调量都有严格的要求，往往需要高阶导数连续的运动规划方法。

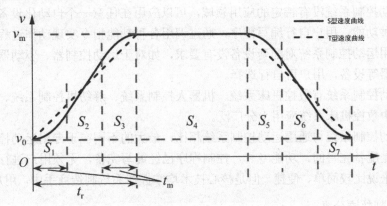

图 8.3　T 型速度曲线和 S 型速度曲线对比图

8.1.2　运动控制系统的分类

1. 按控制方式分类

运动控制系统按照有无反馈装置与反馈安装的位置可分为 3 类：开环控制系统、半闭环控制系统、全闭环控制系统。

开环控制系统是数控机床中最简单的控制系统，没有反馈装置，执行元件一般为步进电机，通常称以步进电机作为执行元件的开环系统为步进式伺服系统，控制电路的主要任务是将指令脉冲转化为驱动执行元件所需的信号，其示意图如图 8.4 所示。

图 8.4 步进式伺服系统示意图

开环控制原理较简单，但实际执行结果与给定指令之间是否存在偏差是无法确定的，故步进式伺服系统的运动控制精度较低，速度也受到步进电机性能的限制。但由于其结构简单、易于调整而在精度要求不太高的场合中得到了较广泛的应用。

半闭环控制系统在开环控制系统的基础上接入了编码器等反馈装置，将检测到的速度信息和位置信息反馈给运动控制器，运动控制器通过算法消除进给量与反馈量的误差，从而提高运动控制精度。

全闭环控制系统在加工平台上接入光栅尺等反馈装置，将检测平台的实时位置信息反馈给运动控制器，运动控制器根据反馈信号随时调整发出的信号，使运动系统的误差始终控制在允许精度范围内。闭环控制系统的特点是运动控制精度较高，但系统的结构较复杂、成本高，且调试、维修较难，因此适用于大型精密机床。

2. 按应用类型分类

运动控制系统按照应用类型的不同可分为通用运动控制系统和专用运动控制系统。

通用运动控制系统没有特定的应用领域，可以应用在任意一个自动化设备上，运动控制器具备多种功能，用户自行编写程序，通过调用各种功能指令实现动作过程，编程更灵活。而且通用运动控制系统对配套设备没有要求，如对于运动控制器、驱动器、电机、触摸屏、传感器等设备，用户可自行选择。

专用运动控制系统有数控机床系统、机器人控制系统、缝纫机控制系统、切割机控制系统等，其中数控机床系统应用十分广泛。

专用运动控制系统与通用运动控制系统相比，最大的不同在于专用运动控制系统的硬件和软件都是配备完善的，功能专一，控制程序已经编写完备，无须用户进行二次编程，虽然对用户来说比较简单、便捷，但是核心技术均掌握在系统制造商手中，用户接触不到。

3. 按控制轨迹分类

（1）点位运动控制：仅对终点位置有要求，与运动的中间过程即运动轨迹无关。相应的运动控制器要求具有快速的定位速度，在运动的加速段和减速段采用不同的加/减速控制策略。在加速运动时，为了使系统能够快速加速到设定速度，往往增大系统增益和加大加速度；在减速的末段采用 S 型速度曲线减速的控制策略。为了防止系统到位后振动，规划到位后，运动控制器又会适当减小系统的增益。因此，点位运动控制器往往具有在线可变控制参数和可变加/减速曲线的能力。

（2）连续轨迹运动控制：又称为轮廓控制，主要应用在传统的数控系统、切割系统的运动轮廓控制中。相应的运动控制器要解决的问题是如何使系统在高速运动的情况下，既能保证系统加工的轮廓精度，又能保证刀具沿轮廓运动时的切向速度的恒定。在对小线段进行加工时，有多段程序预处理功能。

（3）同步运动控制：多个轴之间的运动协调控制，可以是多个轴在运动全程中的同步，也可以是在运动过程中的局部有速度同步，主要应用在需要有电子齿轮箱和电子凸轮功能的系统控制中，产业上有印染、印刷、造纸、轧钢、同步剪切等行业。相应的运动控制器的控制算法常采用自适应前馈控制，通过自动调节控制量的幅值和相位来保证在输入端加一个与干扰幅值相等、相位相反的控制作用，以抑制周期干扰，保证系统的同步控制。

8.1.3　运动控制器的应用领域

运动控制器在自动化领域的应用十分广泛。

正运动的运动控制产品经过众多合作伙伴多年的开发应用，广泛应用于 3C 电子半导体、点胶设备、激光加工、包装印刷、特种机床、机器人、舞台娱乐、医疗器械等自动化领域。

电子产品加工行业有贴片机、点胶机、印刷电路板钻孔机、绕线机、焊接机、上下料机械手、紧螺钉机等。

纺织机械行业有经编机、染色机、印花机、工业缝纫机、绣花机、切布机、精梳机、捻线机、制鞋机等。

包装印刷行业有自动吹瓶机、制袋机、模切机、烫金机、开箱机、装箱机、贴标机、自动颗粒包装机、袋装包装机、报纸印刷机、凹版印刷机等。

哪里有自动化设备，哪里就有运动控制。图 8.5 所示为运动控制器的应用场景。

3C电子行业　　　　包装印刷行业　　　　纺织机械行业　　　　特种机床行业

激光加工设备　　　　机器人行业　　　　医疗器械　　　　舞台娱乐设备

图 8.5　运动控制器的应用场景

8.2　运动控制系统的应用

经过多年的发展，运动控制产品的功能越来越强大，除支持点动运动控制以外，还支持多种插补运动。下面以正运动的运动控制器系列为例来说明运动控制系统的功能及其使用方法。

8.2.1 运动控制系统的功能

正运动的运动控制产品支持直线、圆弧、空间圆弧、椭圆、螺旋等插补运动功能，单个插补通道最多支持 16 轴，最多 16 个通道并行插补；支持速度前瞻、电子凸轮、电子齿轮、螺距补偿、同步跟随、运动叠加、虚拟轴设置、硬件位置锁存、位置比较输出、连续插补、运动暂停等功能；采用优化的网络通信协议可以实现实时运动控制。

部分运动控制产品内置了 Scara、Delta、六关节机械手运动控制算法，可轻松满足 30 多种机械手独立或叠加应用需求。

总线型运动控制产品支持 EtherCAT、RTEX 等多种工业以太网运动控制总线，在性能和稳定性方面均处于领先地位，并可支持 EtherCAT 与 RTEX 总线混合使用，可实现总线轴和脉冲轴的混合插补运动，支持总线轴硬件位置锁存和位置比较输出。

运动控制器支持以太网、USB、CAN、RS-232、RS-485、EtherCAT、RTEX 等通信接口，通过 CAN 总线或 EtherCAT 总线可以连接扩展模块，从而扩展输入/输出点数或脉冲轴。

运动控制器上均带有数字量输入/输出口，特殊输入如原点信号、正/负限位信号、报警信号等，用户通过指令自定义映射到输入口上。部分运动控制器的输入口支持配置为编码器输入，输出口支持配置为脉冲输出。部分运动控制器还带有模拟量 AD/DA 接口，所有的运动控制器均支持扩展模拟量输入/输出点数。

正运动的 VPLC516E 型运动控制器支持机器视觉采集,同时具备运动控制、机器视觉、HMI 组态显示和 PLC 的功能。

VPLC516E 除具有强大的运动控制功能外，还具有视觉功能，包括图像预处理、视觉定位、相机标定、Blob 分析、视觉测量、缺陷检测、识别检测、视觉飞拍等，这些保证了VPLC516E 可以应用到多种机器视觉+运动控制的应用场合中。图 8.6 给出了机器视觉运动控制一体机的系统架构。

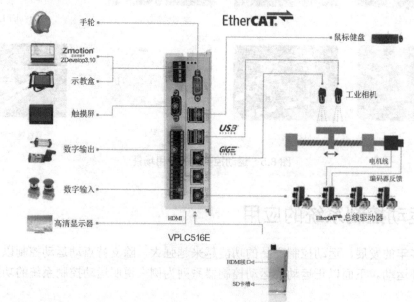

图 8.6 机器视觉运动控制一体机的系统架构

8.2.2　单轴运动

一套完整的运动控制系统包含运动控制器、驱动器、电机、滑台、显示屏、传感器等。运动控制器作为主控单元，是整个系统的核心。驱动器、电机和滑台为系统的执行单元，由运动控制器来控制其运行速度、位置等。显示屏可以是计算机端的显示，也可以是通用触摸屏的显示，主要用来反馈运动的实时信息和相关功能参数的设置。传感器通常用来反馈外部的数字量信号或模拟量信号，并给到运动控制器，让运动控制器及时且正确地输出相应的控制指令。

简易的单轴运动控制系统电气组成部分如图 8.7 所示。

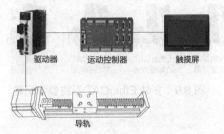

图 8.7　简易的单轴运动控制系统电气组成部分

机械设备一般由多轴组成，如 3～4 轴的桌面点胶设备、螺钉锁附设备，6～8 轴的电子上下料设备、机械手控制、精密激光切割设备，10 轴以上的经编机、分光机、绕线机及大型自动化生产线等。但是多轴设备也是由单轴组装起来的，因此，要了解多轴控制，首先要学习单轴的基本使用。

轴最简单的控制方式是位置控制，是通过运动控制器发送脉冲信号给驱动器，先由驱动器将脉冲信号转换成电机的角位移，再由电机的旋转带动丝杠或皮带的运动，将脉冲信号转换成位移的一种控制方式。运动控制器和驱动器的脉冲连接方式如图 8.8 所示，有差分接线（左图）和单端接线（右图）两种方式。当然，除了位置控制，还可以用模拟量来实现速度控制、扭矩控制等。

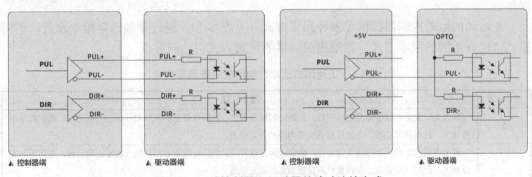

图 8.8　运动控制器和驱动器的脉冲连接方式

为了解决运动控制器与驱动器烦琐的接线方式，总线控制方式越来越被市场认可和接受，目前，市面上比较流行的是 EtherCAT 总线控制方式。EtherCAT 总线控制方式只需将运动控制器的 EtherCAT 接口与驱动器的 EtherCAT 接口用标准网线连接，通过简单的配置，即可实现轴的运动控制，接线方便，并且同步性高（64 轴的同步周期可以控制为 1ms），如

图 8.9 所示。

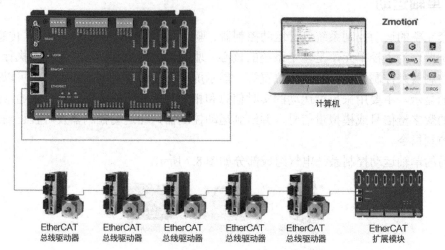

图 8.9　多轴 EtherCAT 系统参考配置

1．回参考点运动

回参考点运动也称为回零。回零用于确定运动的基准点，是机械设备能够运行到正确位置的基础。大多数机械设备在上电或出现故障后都会进行回零操作，以便下次能够正确运行。

高精度自动化设备上都有自己的参考坐标系，工件的运动可以定义为在参考坐标系上的运动，参考坐标系的原点即运动的起始位置，各种加工数据都是以原点为参考点计算的，因此，在启动运动控制器执行运动指令之前，设备都要进行回零操作，回到设定的参考坐标系的原点，若不进行回零操作，则会导致后续运动轨迹出现错误。

设备回零方式有控制器回零和伺服参数回零两种。控制器回零是把零位传感器连接到运动控制器上，运动控制器通过搜索零位传感器位置完成回零操作；伺服参数回零是将零位传感器连接到伺服驱动器上，运动控制器发送指令给伺服驱动器，伺服驱动器进行回零操作。

正运动的运动控制器提供了多种回零方式（见表 8-1），通过单轴回零指令设置，不同模式值代表不同的回零方式，各轴按照回零的设置方式自动回零。

表 8.1　正运动的运动控制器的主要回零方式

模　式	描　　　　述
3	轴首先以设定的回零速度正向运行，直到碰到原点开关；然后以设定的回零爬行速度负向运行，直到离开原点开关，此时回零完成，并设置原点位置为系统设定位置
4	轴首先以设定的回零速度负向运行，直到碰到原点开关；然后以设定的回零爬行速度正向运行，直到离开原点开关，此时回零完成，并设置原点位置为系统设定位置
8	轴以设定的回零速度正向运行，直到碰到原点开关，回零完成，碰到限位开关会直接停止
9	轴以设定的回零速度负向运行，直到碰到原点开关，回零完成，碰到限位开关会直接停止

单轴回零指令每次作用在一个轴上，多轴回零时，需要对每个轴都使用单轴回零指令。

回零时，工作台需要接入原点开关（指示原点的位置）和正/负限位开关（均为传感器，传感器检测到信号后，表示有输入信号，传给运动控制器处理）。

2．点动

点动是一种简单的单轴运动，可以配置轴参数来实现点动运动的速度、加速度、轨迹等，轨迹可以配置正向运动、负向运动或快速到达指定位置。

点位运动指各轴的运动都是独立的，由各轴自己的运动参数来控制，轴与轴之间没有联系。

在正运动的运动控制器中，点位运动有手动点动和寸动两类。手动点动需要接入外部输入信号，支持正向手动点动和负向手动点动，当运动控制器检测到有输入信号时，以设定的手动速度运动，无输入时立即停止。寸动由运动控制器给单个轴发送有限个脉冲，单轴按照指令走完之后，轴停止。

3．持续运动

运动控制器有专用的持续运动指令，运动控制器持续发送脉冲，控制轴以指定的速度和方向持续运动。只有当运动控制器发出取消运动指令或停止运动指令后，运动控制器才停止发送脉冲，此时轴停止运动。单轴持续运动碰到限位开关时会立刻直接停止。

4．单轴运动控制功能汇总

表 8.2 对运动控制器支持的单轴运动控制功能进行了汇总，主要包括位置控制、速度控制、转矩控制、手动操作和控制辅助功能，并对其进行了详细说明。

表 8.2　运动控制器支持的单轴运动控制功能汇总

项 目		描 述
控制模式		位置控制、速度控制、转矩控制
轴类型		电机轴、虚拟轴、编码器轴、虚拟编码器轴
可管理的位置		指令位置、反馈位置
位置控制	绝对位置定位	指定绝对坐标的目标位置进行定位
	相对位置定位	指定自指令当前位置起的移动距离进行定位
	周期位置控制	在位置控制模式下，每个控制周期输出指令位置
速度控制	速度控制	速度控制模式对速度进行控制，轴按照设定的速度运行
转矩控制	转矩控制	转矩控制模式对转矩进行控制，轴按照设定的转矩运行
手动操作	手动运动	在编程软件中使用"手动运动"使轴执行动作
控制辅助	轴错误复位	解除轴异常
	原点回零	驱动电机，使用正/负限位开关、原点开关信号确定机械原点
	原点回零模式	通过选择回零模式的参数来控制回零方式
	强制停止	取消当前运动和缓冲运动，使轴减速停止
	立即停止	切断脉冲发送，使轴立即停止
	速度设定	变更轴的目标速度
	当前位置变更	将轴的指令当前位置和反馈当前位置变更为任意值
	锁存功能	根据外部信号触发的发生记录轴的位置
	位置监视	判断轴的指令位置或反馈当前位置是否在指定范围内
	轴间偏差监视	监控指定轴的指令位置或反馈位置的差异量是否超过了容许值
	位置矫正	使指令当前位置和反馈当前位置的偏差归零
	转矩限制	通过伺服驱动器的转矩限制功能的有效/无效切换和转矩限制值的设定限制输出转矩
	指令位置补偿	对动作中的轴进行位置补偿
	起始速度	设定开始轴动作时的速度

8.2.3 多轴运动

多轴运动与单轴运动有很多相似之处，不过多轴运动多了轴与轴之间的配合，由多轴运动指令设置多轴之间的关系。多轴之间存在联动关系，主要的联动关系有插补运动和同步运动，目前的运动控制器基本上都支持多轴之间的联动。

插补运动是一种常见的多轴运动，用户在使用运动控制器进行多轴插补时，只需给出各轴的运动参数，运动控制器内部的插补算法自行计算位置、速度和加速度，协调多轴运动。

同步运动描述的是不同轴之间的有规律的联动，运动控制器按照设定好的比例关系给多轴发送脉冲，从而使多轴之间产生严格的运动关系，如电子齿轮、电子凸轮、自动凸轮等。

8.2.3.1 多轴插补运动

插补是一个实时进行的数据密化的过程，运动控制器根据给定的运动信息进行数据计算，不断计算出参与插补运动的各坐标轴的进给指令，分别驱动各自相应的执行部件产生协调运动，以使被控机械部件按理想的路线与速度移动。

插补运动至少需要两个轴参与，在进行插补运动时，将规划轴映射到相应的机台参考坐标系中，运动控制器根据坐标映射关系控制各轴运动，实现要求的运动轨迹。

插补运动的特点是参与插补运动的所有轴在进行一段插补运动时同时启动、同时停止，插补运动参数采用主轴的运动参数（速度、加速度等），主轴为参与联动的第一个轴。

插补运动指令会存入主轴的运动缓冲区，而不进入从轴的运动缓冲区。依次从主轴的运动缓冲区中取出指令并执行，直到插补运动全部执行完毕。

插补分为直线插补、圆弧插补、螺旋插补、椭圆插补等，这里重点介绍最常用的直线插补和圆弧插补。

1. 直线插补原理

在直线插补方式中，两点间的插补沿着直线的点群来逼近。首先假设在实际轮廓起点处沿 X 方向走一小段（运动控制器发送一个脉冲当量，运动轴会走一段固定的距离），发现终点在实际轮廓的下方，此时下一条线段沿 Y 方向走一小段，如果线段终点还在实际轮廓的下方，则继续沿 Y 方向走一小段，直到在实际轮廓的上方，再次向 X 方向走一小段。依次类推，一直到达轮廓终点。假设轴需要在 XY 平面上从点 (X_0, Y_0) 运动到点 (X_1, Y_1)，则其直线插补的过程如图 8.10 所示。

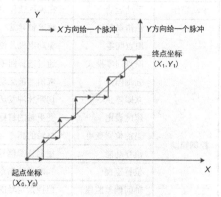

图 8.10　直线插补的过程

这样，实际轮廓是由一段一段的折线拼接而成的，虽然是折线，但每一段插补线段在精度允许范围内非常小，因此折线段还是可以近似看作一条直线段的，这就是直线插补。

运动控制器采用硬件插补，插补精度在一个脉冲内，因此轨迹放大后依然平滑。

给轴发送的一个脉冲运动的距离由电机的特性决定，不同轴的单个脉冲运动的距离有所不同。

2．圆弧插补原理

圆弧插补与直线插补类似，给出两端点间的插补数字信息，以一定的算法计算出逼近实际圆弧的点群，控制轴沿这些点运动，加工出圆弧曲线。圆弧插补可以是平面圆弧（至少 2 个轴），还可以是空间圆弧（至少 3 个轴）。假设轴需要在 XY 平面的第一象限走一段逆圆弧，圆心为起点，则其圆弧插补的过程如图 8.11 所示。

运动控制器的空间圆弧插补功能是指根据当前点和圆弧指令参数设置的终点与中间点（或圆心），由 3 个点确定圆弧，并实现空间圆弧插补运动，坐标为三维坐标，至少需要 3 个轴分别沿 X 轴、Y 轴和 Z 轴运动。

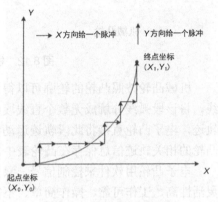

图 8.11　圆弧插补的过程

8.2.3.2　多轴同步运动

1．电子齿轮

电子齿轮用于两个轴的连接，将主轴与从轴按照一个常数齿轮比（电子齿轮比）建立连接，运动控制器按照比例严格给两个轴分配脉冲，不需要物理齿轮，使用指令直接设置电子齿轮的比值，由于是使用软件实现的，故电子齿轮比可以随时更改。

正运动的运动控制器支持电子齿轮功能，将一个轴按照一定的比例连接到另一个轴上做跟随运动，一条运动指令就能驱动两个电机运行，通过对这两个电机轴移动量的检测，将位移偏差反馈给运动控制器并获得同步补偿，这样能使两个轴之间的位移偏差量被控制在精度允许范围内。

电子齿轮连接的是脉冲个数。例如，主、从轴连接比例为 1:5，即给主轴发送 1 个脉冲，对应给从轴发送 5 个脉冲。

2．电子凸轮

凸轮的作用是将旋转运动转换为线性运动，包括匀速运动和非匀速运动。

电子凸轮属于多轴同步运动，是基于主轴外加一个或多个从轴的系统，是在机械凸轮的基础上发展而来的，多用于周期性的曲线运动场合。

电子凸轮是利用构造的凸轮曲线来模拟机械凸轮的，运动控制器按照凸轮数据表给各轴发送脉冲，以达到与机械凸轮系统相同的运动，不需要另外安装凸轮机械结构。机械凸轮和电子凸轮的示意图如图 8.12 所示。

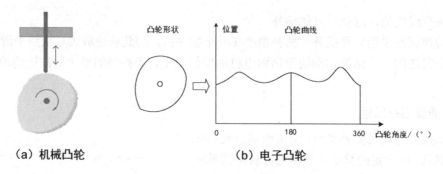

（a）机械凸轮   （b）电子凸轮

图 8.12　机械凸轮和电子凸轮的示意图

机械凸轮按照凸轮的轮廓可以得出一段转动角度与加工位置的运动轨迹，此轨迹为弧线，将该段弧线分解成无数个直线段或圆弧轨迹，组合起来得到一串趋近于该弧线的运动轨迹，电子凸轮直接将此段轨迹运动参数装入运动指令，即可控制轴走出目标轨迹。电子凸轮的相关轨迹信息保存在凸轮表中。

电子凸轮用软件来控制信号，只要改变程序的相关运动参数就能改变运动曲线，应用灵活性高、工作可靠、操作简单、不需要额外安装机械构件，因而不存在磨损的情况。

3．自动凸轮

自动凸轮是凸轮运动的一种，主要针对两个轴之间的主从跟随运动，用户可以通过简单地设置几个相关参数来构建主轴与从轴之间的运动关系，位置关系没有存储于凸轮表中，依靠指令参数设置每段的跟随距离和变速过程。在运动过程中，运动控制器自动计算从轴的速度以匹配主轴，常见运动过程有跟随加速、减速、同步。在正运动的运动控制器中，自动凸轮指令的常见应用场合有追剪、飞剪、轮切等。

8.2.3.3　多轴运动控制功能汇总

表 8.3 对运动控制器支持的多轴运动控制功能进行了汇总，主要包括多轴插补、凸轮、参数、控制辅助。

表 8.3　多轴运动控制功能汇总

项　目		描　述
多轴插补	平面直线插补	指定绝对/相对位置坐标，进行 2 个轴的直线插补
	平面圆弧插补	指定绝对/相对位置坐标，进行 2 个轴的圆弧插补
	平面椭圆插补	指定绝对/相对位置坐标，进行 2 个轴的椭圆插补
	空间直线插补	指定绝对/相对位置坐标，3 个轴或多轴在三维空间进行直线插补
	空间圆弧插补	指定绝对/相对位置坐标，3 个轴或多轴在三维空间进行圆弧插补
	螺旋插补	指定绝对/相对运动轨迹，2 个轴进行圆弧插补，第 3 个轴螺旋上升
	样条插补	TABLE 表存入绝对/相对位置样条控制点，可分为 2 轴平面样条插补、3 轴空间样条插补、3 轴空间加螺旋插补
	轴分组	指定哪几个轴为一组，可取消分组
	连续插补	开启插补动作连续功能，可关闭
	轴组强制停止	使插补动作中的所有轴减速停止

续表

项　目		描　述
多轴插补	轴组立即停止	使插补动作中的所有轴立即停止
	动态变速	变更插补动作中的合成目标速度
	位置获取	获取插补运动当前位置和编码器反馈位置
凸轮	凸轮表生成	通过输入参数指定的凸轮属性和凸轮节点生成凸轮表
	保存凸轮表	将通过输入参数指定的凸轮表保存到 TABLE 中
参数	指令设定	使用指令改变部分轴或轴组参数
	自动加减速控制	可根据指令设定轴或轴组动作时的加减速曲线
	变更加减速度	加减速动作中也可变更加减速度
	到位检查	判断是否运动到设定位置，可查看剩余运动距离
	停止方法选择	多个停止指令，且不同的参数代表不同的方式
	软限位	在软件上限制轴的动作范围
	位置偏差	轴的当前位置与编码器反馈位置的偏差
控制辅助	轴错误复位	解除轴异常

8.3　用 ZBasic 开发下位机软件

正运动的运动控制器自带存储空间，支持下位机软件和上位机软件混合编程。下位机软件运行在运动控制器的运动芯片中，在硬件层面上直接对系统进行操控，因此响应快、实时性高、稳定性好。对一些实时性要求高的控制功能，一般将其放在下位机软件中实现，这种做法能提高动态响应速度、减小误差、提升系统稳定性。

正运动开发了 ZDevelop 开发环境来编辑下位机软件、监控运动控制器的状态、发送在线指令等，其软件界面如图 8.13 所示。

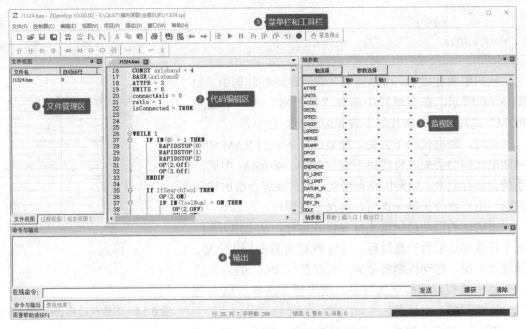

图 8.13　ZDevelop 软件界面

智能制造的 C#实战教程

正运动的下位机编程采用 ZBasic 语言，它是正运动的运动控制器使用的 Basic 编程语言，提供所有标准程序语法、变量、数组、条件判断、循环及数学运算。ZBasic 语言的指令和函数能提供广泛的运动控制功能，如单轴运动、多轴的同步和插补运动，还有对数字和模拟 I/O 的控制。

ZBasic 还支持以下功能。

（1）自定义 SUB 过程。可以把一些通用的功能编写为自定义 SUB 过程，方便程序的编写和修改。

（2）对数控系统常用的 G 代码提供了支持，主要包括 G00、G01、G02、G03、G04、G90、G92 等常用指令。

（3）支持全局变量（GLOBAL）、数组和 SUB 过程；支持文件模块变量和数组；支持局部变量（LOCAL）。

（4）支持中断程序（掉电中断、外部中断、定时器中断）。例如，在掉电中断时保存数据可以使得掉电的状态得到恢复。

（5）具有实时运行多任务的特性。多个 ZBasic 程序可以同时构建并支持多任务实时运行，使得复杂的应用变得简单易行。

（6）通过计算机在线发送 ZBasic 命令也可以实现同样的效果。运动控制器内置的 ZBasic 程序和计算机在线发送 ZBasic 命令都可以支持同时进行多任务的运行。

下面的 ZBasic 代码示例就是用来监控输入口 0 的，当输入口 0 有效时，0 轴电机持续正向运动，否则停止运动。具体代码如下：

```
BASE(0)                    '选择 0 轴为当前轴
WHILE 1                    '循环检测输入信号
    IF IN(0) = ON THEN     '输入口 0 有效
        VMOVE(1)           '0 轴持续正向运动
    ELSE
        CANCEL             '0 轴停止
    ENDIF
WEND
```

代码编辑完成后，可以将其下载到运动控制器中。如图 8.14 所示，在菜单栏中选择"控制器"→"下载到 ROM"选项，即可将代码下载到运动控制器中。

此时，断电代码不丢失，如果选择下载到 RAM 中，则断电代码会丢失。将代码下载到 ROM 或 RAM 中后，系统会运行起来，如果代码有错误，那么系统会给出错误提示，用户修改正确无误后，再次下载即可。

正运动的运动控制器支持多任务运行，从上电开始，每个任务都在后台一直运行，这与 PLC 有异曲同工之处，从这点来说，运动控制器是完全可以替代 PLC 的，并且它支持多线程，编程更加容易，逻辑更加清晰，这也是 ZBasic 编程的一个优势。

ZBasic 的语法和 Basic 比较接近，但不完全一样，本

图 8.14　下载代码到运动控制器中

书主要是 C#编程，这里不做详细注解，有对 ZBasic 编程感兴趣的读者可以查阅正运动官方网站提供的 ZBasic 编程手册进行学习。

在第 9 章会通过一个实例来详细讲解如何实现 C#和 ZBasic 的混合编程，如何实现上位机和下位机的联合控制。

图 8.15 所示为正运动的运动控制器的程序开发架构。

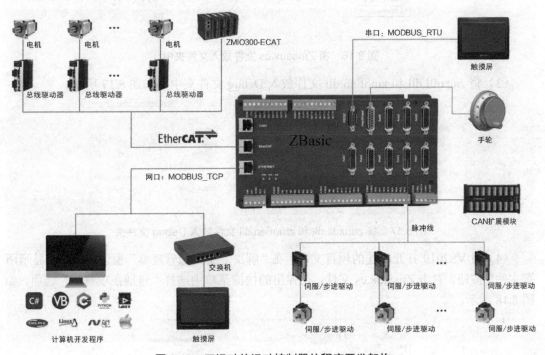

图 8.15　正运动的运动控制器的程序开发架构

正运动的运动控制器支持通过以太网、USB、串口、RS-485 等与计算机相连，计算机程序与运动控制器上的 ZBasic 程序可以同时运行，提高了处理的效率。下面介绍如何用 C#开发上位机软件。

8.4　用 C#开发上位机软件

正运动的运动控制器支持上位机软件的开发和应用，可以使用计算机直接在线控制。它为 C#、Visual C++、Visual Basic、Python、Labview 等提供了丰富的 DLL 函数库和例程，除了可以运行在 Windows 操作系统上，函数库同时提供对 Windows CE 和 Linux 的支持。

正运动提供了 3 个文件来连接 ZMC 运动控制器：Zmcaux.cs、zauxdll.dll、zmotion.dll。这 3 个文件可以在本书提供的实例中找到。这里需要在项目文件中添加这 3 个文件，具体过程如下。

（1）新建 VS2019 WinForm 窗体应用程序。

（2）找到新建项目的文件夹，将 Zmcaux.cs 文件放入文件夹中，如图 8.16 所示。

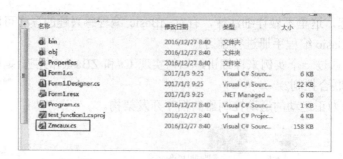

图 8.16　将 Zmcaux.cs 文件放入文件夹中

（3）将 zauxdll.dll 和 zmotion.dll 文件放入 Debug 文件夹中，如图 8.17 所示。

图 8.17　将 zauxdll.dll 和 zmotion.dll 文件放入 Debug 文件夹

（4）用 VS2019 打开新建的项目文件，在"解决方案资源管理器"窗口中单击"显示所有文件"按钮，右击 Zmcaux.cs 文件，在弹出的快捷菜单中选择"包括在项目中"选项，如图 8.18 所示。

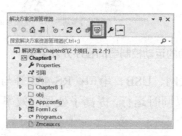

图 8.18　在项目中添加 Zmcaux.cs 文件

（5）双击 Form1.cs 文件，出现代码编辑界面，在文件开头写入 using cszmcaux，并声明运动控制器句柄 g_handle，如图 8.19 所示。

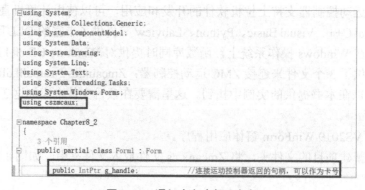

图 8.19　添加命名空间和句柄

（6）开始编程。

在计算机上编写 C#代码时，一般先根据运动控制器的连接方式选择对应的连接函数来连接运动控制器，返回运动控制器句柄；然后用返回的运动控制器句柄实现对运动控制器的控制。例如，通过网口连接运动控制器，假设运动控制器的 IP 地址为 192.168.0.11，要首先使用 ZAux_OpenEth("192.168.0.11", out g_handle)连接运动控制器，这里的 g_handle 为运动控制器句柄，类型为整型。

ZAux_OpenEth 指令的解释（见图 8.20）及其他命令的解释参见正运动提供的计算机函数手册。

通过获取的运动控制器句柄 g_handle，计算机就可以给运动控制器发送指令，从而能实现单轴运动控制或其他控制。例如，命令 ZAux_Direct_Single_Move 用于单轴相对运动，假设 0#轴沿正方向移动 100 个单位，则代码如下：

```
ZAux_Direct_Single_Move(g_handle,0,100);
```

单轴相对运动指令的解释如图 8.21 所示。

指令 7	ZAux_OpenEth
指令原型	int32 __stdcall ZAux_OpenEth(char *ipaddr, ZMC_HANDLE * phandle)
指令说明	以太网链接控制器。
指令类型	章节页码
输入参数	输入参数 1 个，详细见下面说明。
ipaddr	链接的 IP 地址。
输出参数	输出参数 1 个，详细见下面说明。
Phandle	返回的链接句柄。
返回值	详细见错误码说明。
相关指令	
指令示例	网口链接控制器

图 8.20　ZAux_OpenEth 指令的解释

指令 76	ZAux_Direct_Single_Move
指令原型	int32 __stdcall ZAux_Direct_Single_Move(ZMC_HANDLE handle, int iaxis, float fdistance)
指令说明	单轴相对运动。
指令类型	章节页码
输入参数	共有 3 个输入参数，见下方说明。
handle	链接标识。→ 之前获得的控制器句柄
iaxis	轴号。→ 要控制的轴号
fdistance	距离。→ 该轴运行的相对距离
输出参数	无。
返回值	见错误码详细说明。
相关指令	
指令示例	单轴运动

图 8.21　单轴相对运动指令的解释

而指令 ZAux_Direct_MoveAbs 则用于多轴之间的直线插补运动。下面的代码展示了一个 4 轴插补运动：

```
zmcaux.ZAux_OpenEth("192.168.0.11", out g_handle); //连接运动控制器
int[] axislist = { 0, 1, 2, 3 };                   //轴列表
float[] destdis = { 100, 100, 200, 100 };          //运动距离列表
//执行插补指令，4 个轴同时运动，最后同时停止，最后位置坐标为(100,100,200,100)
zmcaux.ZAux_Direct_MoveAbs(g_handle, 4, axislist, destdis);
```

多轴绝对插补控制指令的解释如图 8.22 所示。

指令 29	ZAux_Direct_MoveAbs
指令原型	int32 __stdcall ZAux_Direct_MoveAbs(ZMC_HANDLE handle, int imaxaxises, int *piAxislist, float *pfDisancelist)
指令说明	绝对直线插补运动。
指令类型	章节页码
输入参数	共有 4 个输入参数，见下方说明。
handle	链接标识。
imaxaxises	运动轴数。
piAxislist	轴列表。
pfDisancelist	运动的距离列表。
输出参数	无。
返回值	见错误码详细说明。
相关指令	
指令示例	多轴直线插补

图 8.22　多轴绝对插补控制指令的解释

智能制造的 C#实战教程

正运动的运动控制器提供了丰富的 C#库函数，按照功能分类，主要包括运动控制器初始化、硬件接口访问与配置、轴状态、基本运动控制、寄存器、总线操作及在线指令功能，其中，运动控制器初始化功能包括运动控制器的连接、关闭、设置轴的初始参数等；硬件接口访问与配置功能包括输入/输出的读取、写入，以及 AD/DA 的读取、写入；基本运动控制功能包括单轴运动和多轴插补运动；寄存器功能用于读/写运动控制器的寄存器，可用于保存用户数据，以及方便上位机与下位机的通信；总线操作功能包括运动控制器支持的 EtherCAT 和 RTEX 总线的访问与控制；在线指令功能是上位机直接发送下位机能识别的 Basic 命令，从而实现一些上位机函数库未封装的功能。正运动的运动控制器支持的主要函数如表 8.4 所示。

表 8.4　正运动的运动控制器支持的主要函数

函　　数	函数解释
控制器初始化	
ZAux_OpenEth	通过以太网连接运动控制器
ZAux_Close	关闭运动控制器的连接
ZAux_Direct_SetUnits	设置轴脉冲当量
ZAux_Direct_SetSpeed	设置轴速度
ZAux_Direct_SetAccel	设置轴加速度
ZAux_Direct_GetSpeed	获取轴速度
ZAux_Direct_GetAccel	获取轴加速度
硬件接口访问与配置	
ZAux_Direct_GetIn	读取单个输入口状态
ZAux_Direct_SetOp	设置单个输出口状态
ZAux_Direct_GetOp	读取单个输出口状态
ZAux_Direct_GetAD	读取 A/D 输入值
ZAux_Direct_SetDA	设置 D/A 输出值
ZAux_Direct_GetDA	读取 D/A 输出值
ZAux_Direct_SetPwmFreq	设置 PWM 频率
ZAux_Direct_GetPwmFreq	读取 PWM 频率
ZAux_Direct_SetPwmDuty	设置 PWM 占空比
ZAux_Direct_GetPwmDuty	读取 PWM 占空比
轴状态	
ZAux_Direct_GetAxisStatus	轴状态读取
ZAux_Direct_GetDpos	轴坐标读取
Zaux_Direct_SetDpos	设置轴的位置
基本运动控制	
ZAux_Direct_Single_Vmove	单轴连续运动
ZAux_Direct_Single_Move	单轴以相对距离运动
ZAux_Direct_Single_MoveAbs	单轴以绝对距离运动
ZAux_Direct_Single_Cancel	单轴停止
ZAux_Direct_Single_Vmove	单向持续运动
ZAux_Direct_Single_Datum	单轴回零运动
ZAux_Direct_Connect	同步运动指令
ZAux_Direct_Move	多轴相对直线插补运动
ZAux_Direct_MoveAbs	多轴绝对直线插补运动

续表

函　　数	函数解释
基本运动控制	
ZAux_Direct_MoveCirc2	3 点定圆弧插补运动
寄存器	
ZAux_Modbus_Set0x	设置 modbus 位寄存器
ZAux_Modbus_Get0x	读取 modbus 位寄存器
ZAux_Modbus_Set4x	设置 modbus 字寄存器
ZAux_Modbus_Get4x	获取 modbus 字寄存器
总线操作	
ZAux_BusCmd_InitBus	总线初始化
ZAux_BusCmd_SDOWrite	写节点 SDO 的参数信息
ZAux_BusCmd_SDORead	读节点 SDO 的参数信息
在线指令	
ZAux_Execute	发送缓冲指令
ZAux_DirectCommand	发送直接指令

这里说明一下两个在线指令：ZAux_Execute 和 ZAux_DirectCommand。上位机的函数库可以通过这两个指令直接把 ZBasic 命令发送给运动控制器，如果使用到没有封装的命令或想封装自己的函数，则可以通过 ZAux_Execute 或 ZAux_DirectCommand 发送，或者参照已有代码修改或增加相应的函数。另外，利用在线指令还可以实现对下位机软件的变量进行读/写操作，这个功能还是比较实用的。

这两个指令都可以实现从上位机向下位机发送字符串命令，所不同的是 ZAux_Execute 采用了缓冲方式，ZAux_DirectCommand 采用了直接方式。

（1）ZAux_DirectCommand：采用直接方式，直接执行单个变量/数组/参数相关命令，此时所有传递的参数必须是具体的数值，不能是表达式。

它的命令格式如下：

```
ZAux_DirectCommand(运动控制器句柄,命令字符串，返回字符串,返回字符长度)
```

（2）ZAux_Execute：采用缓冲方式，可以执行所有的命令，并支持以表达式作为参数，但是速度慢一些。

它的命令格式如下：

```
ZAux_Execute(运动控制器句柄,命令字符串，返回字符串,返回字符长度)
```

图 8.23 给出了从计算机中发送两种指令的区别。

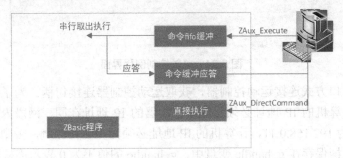

图 8.23　从计算机中发送两种指令的区别

智能制造的 C#实战教程

例如，从上位机向下位机发送"设置第一个轴和第二个轴的速度为 100 与 150"这个指令，在 Basic 中，其 Basic 指令为"SPEED = 100,150"。这两个指令将通过如下方式下发命令：

```
StringBuilder response = new StringBuilder();
int re = zmcaux.ZAux_Execute(g_Handle, "SPEED=100,150", response, 1024);
```
或
```
int re = zmcaux.ZAux_ DirectCommand (g_Handle, "SPEED=100,150", response,
1024);
```

所不同的是，ZAux_DirectCommand 指令将立刻执行，而 ZAux_Execute 指令将被送入缓冲区，待缓冲区中的其他指令完成后执行。

8.5　正运动的运动控制器的 C#例程

在本节中，利用正运动的运动控制器建立了两个 C#例程，一个是单轴控制例程，一个是多轴插补例程，重在说明如何利用 C#开发运动控制器程序，读者可以通过访问正运动官网获取更多的 C#运动控制器例程。

8.5.1　单轴控制

下面利用 VS2019 建立一个面向正运动的运动控制器的例程，演示如何利用运动控制器进行单轴运动和单轴回零运动。下面按照步骤给出具体的开发过程。

（1）建立一个 Windows 窗体应用程序（单轴控制例程），其界面如图 8.24 所示。

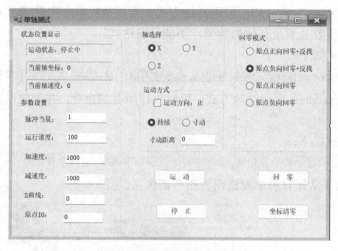

图 8.24　单轴控制例程界面

（2）通过网口方式连接运动控制器，获取运动控制器连接句柄。为了使用计算机连接运动控制器，计算机的 IP 地址必须与运动控制器的 IP 地址在同一网段内。例如，运动控制器的 IP 地址为 192.168.0.11，计算机的 IP 地址必须为 192.168.0.*，否则将连接不上。运动控制器连接句柄保存在 g_handle 变量中，g_handle 的值不为 0 表示连接成功。

在窗体的构造函数中进行运动控制器的连接。具体代码如下：

```csharp
public frmSingleAxis()
{
    InitializeComponent();
    //连接运动控制器
    zmcaux.ZAux_OpenEth("192.168.0.11", out g_handle);
    if ((long)g_handle != 0)
    {
        MessageBox.Show("运动控制器连接成功!", "提示");
        timer1.Enabled = true;
    }
    else
    {
        MessageBox.Show("运动控制器连接失败，请检测IP地址!", "警告");
    }
}
```

（3）通过定时器 1 刷新控制当前轴的位置、速度、状态等信息。具体代码如下：

```csharp
//定时器刷新
private void timer1_Tick(object sender, EventArgs e)
{
    int runstate = 0;
    float curpos = 0;
    float curspeed = 0;

    zmcaux.ZAux_Direct_GetIfIdle(g_handle, nAxis, ref runstate);
    zmcaux.ZAux_Direct_GetDpos(g_handle, nAxis, ref curpos);
    zmcaux.ZAux_Direct_GetVpSpeed(g_handle, nAxis, ref curspeed);

    label_runstate.Text = "运动状态: " + Convert.ToString(runstate == 0 ? "
运行中" : "停止中");
    label_curpos.Text = "当前轴坐标: " + curpos;
    label_cursp.Text = "当前轴速度: " + curspeed;
}
```

（4）修改当前轴。当前轴的轴号保存在变量 nAxis 中，nAxis=0 表示 X 轴、nAxis=1 表示 Y 轴、nAxis=2 表示 Z 轴。具体代码如下：

```csharp
//X轴
private void radioButtonX_CheckedChanged(object sender, EventArgs e)
{
    nAxis = 0;
}
//Y轴
private void radioButtonY_CheckedChanged(object sender, EventArgs e)
{
    nAxis = 1;
}
//Z轴
```

```
private void radioButtonZ_CheckedChanged(object sender, EventArgs e)
{
    nAxis = 2;
}
```

（5）修改运动方向。运动方向保存在变量 dir 中，dir =1 表示正向、dir =-1 表示负向。具体代码如下：

```
//修改运动方向
private void checkBoxDir_CheckedChanged(object sender, EventArgs e)
{
    if (checkBoxDir.Checked == false)
    {
        checkBoxDir.Text = "运动方向：正";
        dir = 1;
    }
    else
    {
        checkBoxDir.Text = "运动方向：负";
        dir = -1;
    }
}
```

（6）通过"运动"按钮的事件处理函数启动当前轴的运行。具体代码如下：

```
//开始运动
private void btnMotion_Click(object sender, EventArgs e)
{
    if ((int)g_handle == 0)
    {
        MessageBox.Show("未连接到运动控制器!", "提示");
    }
    else
    {
        //设置轴参数
        zmcaux.ZAux_Direct_SetAtype(g_handle, nAxis, 1);//设置轴类型, 1表示脉冲轴
        zmcaux.ZAux_Direct_SetUnits(g_handle, nAxis, Convert.ToSingle
(TextBox_units.Text));//设置脉冲当量
        zmcaux.ZAux_Direct_SetSpeed(g_handle, nAxis, Convert.ToSingle
(TextBox_speed.Text));//设置运行速度
        zmcaux.ZAux_Direct_SetAccel(g_handle, nAxis, Convert.ToSingle
(TextBox_accel.Text));//设置加速度
        zmcaux.ZAux_Direct_SetDecel(g_handle, nAxis, Convert.ToSingle
(TextBox_decel.Text));//设置减速度
        zmcaux.ZAux_Direct_SetSramp(g_handle, nAxis, Convert.ToSingle
(TextBox_sramp.Text));//设置S型速度曲线时间
        if (radioButtonContinuous.Checked)  //连续运动
        {
            zmcaux.ZAux_Direct_Singl_Vmove(g_handle, nAxis, dir);
```

```
        }
        else                                    //寸动
        {
            zmcaux.ZAux_Direct_Singl_Move(g_handle, nAxis, dir * Convert.
ToSingle(TextBox_step.Text));
        }
    }
}
```

（7）坐标清零。通过"坐标清零"按钮实现坐标清零。具体代码如下：

```
//坐标清零
private void btnZero_Click(object sender, EventArgs e)
{
    if ((int)g_handle == 0)
    {
        MessageBox.Show("未连接到运动控制器!", "提示");
    }
    else
    {
        for (int i = 0; i < 4; i++)
        {
            zmcaux.ZAux_Direct_SetDpos(g_handle, i, 0);
        }
    }
}
```

（8）回零方式设定。回零方式保存在变量 home_mode 中。具体代码如下：

```
//回零方式设定
private void radioButton1_CheckedChanged(object sender, EventArgs e)
{
    home_mode = 3;
}
private void radioButton2_CheckedChanged(object sender, EventArgs e)
{
    home_mode = 4;
}
private void radioButton3_CheckedChanged(object sender, EventArgs e)
{
    home_mode = 8;
}
private void radioButton4_CheckedChanged(object sender, EventArgs e)
{
    home_mode = 9;
}
```

（9）回零。通过"回零"按钮实现回零。具体代码如下：

```
//回零
private void button_home_Click(object sender, EventArgs e)
```

智能制造的 C#实战教程

```
    {
        if ((int)g_handle == 0)
        {
            MessageBox.Show("未连接到运动控制器!", "提示");
        }
        else
        {
            //设置轴参数
            zmcaux.ZAux_Direct_SetDatumIn(g_handle, nAxis, Convert.ToInt32
(TextBox_homeio.Text));
            //配置原点信号。ZMC 系列默认为 OFF 时信号有效，常开传感器需要反转输入口为 ON
            zmcaux.ZAux_Direct_SetInvertIn(g_handle, Convert.ToInt32
(TextBox_homeio.Text), 1);
            zmcaux.ZAux_Direct_Singl_Datum(g_handle, nAxis, home_mode);
        }
    }
```

8.5.2　多轴插补

下面利用 VS2019 建立一个正运动的运动控制器的多轴插补例程，演示如何利用运动控制器进行多轴插补运动。具体的开发过程如下。

（1）建立一个 Windows 窗体应用程序（直线和圆弧插补例程），其界面如图 8.25 所示。

图 8.25　直线和圆弧插补例程界面

（2）通过网口方式连接运动控制器，获取运动控制器连接句柄，并将所有轴的类型改为 1，将脉冲当量改为 1。具体代码如下：

```
public Form1()
{
```

· 250 ·

```
InitializeComponent();
//连接运动控制器
zmcaux.ZAux_OpenEth("192.168.0.11", out g_handle);
if ((int)g_handle != 0)
{
    MessageBox.Show("运动控制器连接成功!", "提示");
    timer1.Enabled = true;
    for (int i = 0; i < 3; i++)        //初始化轴参数
    {
        zmcaux.ZAux_Direct_SetAtype(g_handle, i, 1); //轴类型：脉冲轴
        zmcaux.ZAux_Direct_SetUnits(g_handle, i, 1);//脉冲当量：1 单位/脉冲
    }
}
else
{
    MessageBox.Show("运动控制器连接失败，请检测 IP 地址!", "警告");
}
}
```

（3）通过定时器 1 刷新运动控制器轴 0～3 的位置、状态等信息。具体代码如下：

```
//定时器刷新
private void timer1_Tick(object sender, EventArgs e)
{
    int[] runstate = new int[4];
    float[] curpos = new float[4];

    for (int i = 0; i < 4; i++)
    {
        //获取轴的运行状态
        zmcaux.ZAux_Direct_GetIfIdle(g_handle, i, ref runstate[i]);
        //获取轴的当前位置
        zmcaux.ZAux_Direct_GetDpos(g_handle, i, ref curpos[i]);
    }
    //显示当前位置和运行状态
    label_runstate.Text = "x:" + curpos[0] + "  y:" + curpos[1] + "  z:"
+ curpos[2] + "  u:" + curpos[3] + Convert.ToString(runstate[0] == 0 ? "    运
行状态：运行" : "    运行状态：停止");
}
```

（4）设置运动模式。运动模式保存在变量 run_mode 中，run_mode =1 表示插补运动采
用绝对模式，给出的坐标点为终点的绝对坐标；run_mode =2 表示插补运动采用相对模式，
给出的坐标点为终点的相对坐标。具体代码如下：

```
//绝对模式
private void radioButton1_CheckedChanged(object sender, EventArgs e)
{
    run_mode = 1;
}
```

```
//相对模式
private void radioButton2_CheckedChanged(object sender, EventArgs e)
{
    run_mode = 2;
}
```

（5）设置运动类型。运动类型保存在变量 move_mode 中，move_mode=1 为模式 1，表示 X 轴、Y 轴直线插补；move_mode=2 为模式 2，表示 X 轴、Y 轴 3 点画圆弧 move_mode=3 为模式 3，表示 X 轴、Y 轴、Z 轴直线插补。具体代码如下：

```
//模式1，X轴、Y轴直线插补
private void radioMode1_CheckedChanged(object sender, EventArgs e)
{
    move_mode = 1;
}
//模式2，X轴、Y轴3点圆弧插补
private void radioMode2_CheckedChanged(object sender, EventArgs e)
{
    move_mode = 2;
}
//模式3，X轴、Y轴、Z轴直线插补
private void radioMode3_CheckedChanged(object sender, EventArgs e)
{
    move_mode = 3;
}
```

（6）通过"启动"按钮启动插补运动。具体代码如下：

```
//启动
private void Button_start_Click(object sender, EventArgs e)
{
    if ((int)g_handle == 0)
    {
        MessageBox.Show("未连接到运动控制器!", "提示");
    }
    else
    {
        int[] axislist = { 0, 1, 2};//传入参与插补的轴列表
        //传入参与插补的轴的终点坐标
        float[] poslist = { Convert.ToSingle(destpos1.Text), Convert.
ToSingle(destpos2.Text), Convert.ToSingle(destpos3.Text)};
        //传入圆弧插补时的圆弧中间点坐标
        float[] midlist = { Convert.ToSingle(midpos1.Text), Convert.
ToSingle(midpos2.Text), Convert.ToSingle(midpos3.Text) };
        float[] endmove = { 0, 0, 0, 0 };                      //相当于绝对转换
        zmcaux.ZAux_Direct_Base(g_handle, 3, axislist); //选择运动轴列表
        //插补运动使用的是主轴（BASE命令定义的第一个轴）参数
        zmcaux.ZAux_Direct_SetSpeed(g_handle, axislist[0], Convert.
ToSingle(textBox_speed.Text));                            //设置主轴的运动速度
```

```
        zmcaux.ZAux_Direct_SetAccel(g_handle, axislist[0], Convert.
ToSingle(textBox_acc.Text));                    //设置主轴的加速度
        zmcaux.ZAux_Direct_SetDecel(g_handle, axislist[0], Convert.
ToSingle(textBox_dec.Text));                    //设置主轴的减速度
    if (run_mode == 1)                      //绝对
    {
        switch (move_mode)
        {
            case 1:                             //模式1: X 轴、Y 轴直线插补
                zmcaux.ZAux_Direct_MoveAbs(g_handle, 2, poslist);
                break;
            case 2:                             //X 轴、Y 轴圆弧插补
                zmcaux.ZAux_Direct_MoveCirc2Abs(g_handle,  midlist[0],
midlist[1], poslist[0], poslist[1]);
                break;
            case 3:                             //X 轴、Y 轴、Z 轴直线插补
                zmcaux.ZAux_Direct_MoveAbs(g_handle, 4, poslist);
                break;
            default:
                break;
        }
    }
    else
    {
        switch (move_mode)
        {
            case 1:                             //执行 X 轴、Y 轴直线插补
                zmcaux.ZAux_Direct_Move(g_handle, 2, poslist);
                break;
            case 2:                             //执行 X 轴、Y 轴圆弧插补
                zmcaux.ZAux_Direct_MoveCirc2(g_handle, midlist[0],
midlist[1], poslist[0], poslist[1]);
                break;
            case 3:                             //执行 X 轴、Y 轴、Z 轴直线插补
                zmcaux.ZAux_Direct_Move(g_handle, 4, poslist);
                break;
            default:
                break;
        }
    }
}
```

（7）通过"停止"按钮的事件处理函数停止插补运动。具体代码如下：

```
//停止
private void Button_stop_Click(object sender, EventArgs e)
{
```

```
    if ((int)g_handle == 0)
    {
        MessageBox.Show("未连接到运动控制器!", "提示");
    }
    else
    {
        zmcaux.ZAux_Direct_Singl_Cancel(g_handle, 0, 2);      //取消主轴运动
    }
}
```

（8）坐标清零。通过"坐标清零"按钮实现坐标清零。具体代码如下：

```
//坐标清零
private void Button_zero_Click(object sender, EventArgs e)
{
    if ((int)g_handle == 0)
    {
        MessageBox.Show("未连接到运动控制器!", "提示");
    }
    else
    {
        for (int i = 0; i < 3; i++)
        {
            zmcaux.ZAux_Direct_SetDpos(g_handle, i, 0);
        }
    }
}
```

8.6 本章小结

在智能制造系统中，电机的应用非常普遍，因此对电机的运动控制变得非常重要，运动控制器是运动控制系统的核心部件。本章介绍了运动控制器的原理、功能及其使用方法，并介绍了单轴运动的工作原理，以及多轴插补运动和多轴同步运动的工作原理。运动控制器因其支持下位机软件和上位机软件的混合编程，这样既能保证系统的实时性和稳定性，又能保证软件的强大功能，这使得运动控制器成为未来控制系统核心的主流选择。

本章以正运动的运动控制器作为范例，重点讲解了运动控制器的单轴运动控制功能和多轴插补运动功能，并讲解了如何使用 ZBasic 进行运动控制器的下位机编程，如何使用 C#进行运动控制器的上位机编程，并通过两个具体实例一步一步讲解了如何使用 C#基于正运动的运动控制器进行单轴控制和多轴插补。

第 9 章 C#在自动化领域的应用开发

解决制造业企业用工难问题的关键在于提高自动化水平，使用机器代替人工，使用自动化操作代替人工操作，从而达到减少人工、提升效率、降低成本的目的。

自动化（Automation）是指机器设备、系统或过程（生产、管理过程）在没有人或较少人的直接参与下，按照人的要求，经过自动检测、信息处理、分析判断、操纵控制实现预期的目标的过程。自动化技术广泛用于工业、农业、军事、科学研究、交通运输、商业、医疗、服务和家庭等方面。采用自动化技术不仅可以把人从繁重的体力劳动、部分脑力劳动，以及恶劣、危险的工作环境中解放出来，还能扩展人的器官功能，极大地提高劳动生产率，增强人类认识世界和改造世界的能力。因此，自动化是工业、农业、国防和科学技术现代化的重要条件与显著标志。

制造业企业采用自动化技术后，工作环境得到了极大的提升，劳动效率也得到了极大的提升，所需的劳动力大幅下降，这种良性改变使得更多的企业愿意采用自动化技术，因此，自动化的需求更加迫切。

随着自动化技术的发展，企业对软件功能的要求越来越高，这就大大提升了对上位机软件的需求，一是要求有上位机软件，二是要求上位机软件的功能丰富、强大，这些需求都要求用运动控制器来代替 PLC 作为自动化的核心。

本章着重讨论如何使用 C#进行自动化系统的设计和开发，通过对自动化系统的上位机软件功能进行分解，使读者了解自动化系统的上位机软件需要具备的功能，并通过实例讲解面向自动化领域的基于正运动的运动控制器的底层模块封装和上位机软件开发。

9.1 上位机软件功能分解

针对一台新设备，在开发上位机软件时，首先要进行需求分析，分析完成后，还要对功能进行分解。一个好的代码架构不能只有一个工程，为了方便代码的维护和移植，需要对不同的功能进行封装，生成动态链接库即 DLL 文件。

以运动控制器底层控制代码为例，在进行上位机软件开发时，程序员不应该在代码中随意调用运动控制器的底层函数来控制系统运行，这样存在几个严重问题：①不安全，由于代码随意书写，没有经过测试，可能存在飞车等严重安全隐患；②维护困难，由于运动代码分布在整个工程中，使得查找错误、修改代码变得非常困难；③不利于更换运动控制器，当变更运动控制器时，所有与运动控制器相关的代码都需要重新编写，使得系统变得脆弱和难以维护。最佳的方式是将与运动控制器相关联的模块封装起来，使之变成一个工程，这个模块就可以被称为底层控制模块或运动控制模块。这个过程就称为封装。

另外，还可以提取出更多的模块，如图形显示模块、数据处理模块、文件读/写模块等，每个模块的功能都是相对独立的，通过动态链接库的形式将其封装起来，从而使其成为独立的功能模块，任何使用其功能的模块都可以调用它，达到代码复用的目的，而且由于功能代码比较集中，所以维护也变得简单。下面来分析自动化系统的上位机软件应该具有哪些功能。

一般来说，一个自动化项目的上位机软件一般由两部分组成：用户界面（User Interface，UI）和控制中心，其结构如图 9.1 所示。

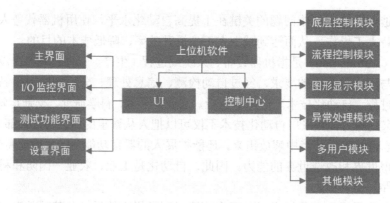

图 9.1 上位机软件的结构

1．用户界面

用户界面为软件的人机交互部分，包括主界面、I/O 监控界面、测试功能界面和设置界面。

主界面是整个软件的门面，包含了规格型号的选择、控制操作界面、异常信息的显示界面和图形图像显示等。

I/O 监控界面用于 I/O 的监测。这个界面是只读的，不用于 I/O 的控制，以方便监控系统的运行状态。

测试功能界面用于设备的初期调试和检修调试，通过开发一些基本测试功能来测试单台电机的启停、运动、回零、限位等功能，实现对单台电机的全面测试，也可以调试运动控制器的输入/输出，对整个系统的输入/输出进行全面测试，检测急停按钮、启动按钮、其他按钮、气缸等零部件工作是否正常。测试功能界面对机器安装完成后的测试非常有效，可以初步检测系统安装过程中存在的问题，通过调试及时发现问题并进行修正。

设置界面包括对整个软件的软/硬件设置，硬件设置包括电机的参数设置、运动控制器的参数设置、I/O 设置等，如电机编码器参数、滚轴丝杠参数设置、零位设置等，其中 I/O 设置包括所有的 I/O 定义；软件参数设置包括运动参数的设置，包括速度、加/减速、S 型速度曲线、暂停时间及软限位等。

2．控制中心

控制中心是整个软件系统的管理中心，包括底层控制模块、流程控制模块、图形显示模块、异常处理模块、多用户模块及其他模块。

底层控制模块用于处理与运动控制器相关的底层控制功能，主要包括运动控制器的连接、数字输入、数字输出、AD/DA、电机回零、电机运转、电机启停、电机限位、多轴插补、多轴联动等功能。

流程控制模块用于处理与操作流程相关的功能，如启动流程、停止流程、复位流程、暂停流程、继续流程等功能。

图形显示模块用于显示图形、表格、分析结果等。

多用户模块用于管理多用户的操作功能，建议采用两级用户：操作员、管理员。设置功能不对操作员开放，对管理员开放，以防止误修改造成设备异常。

异常处理模块用于处理软件在运行过程中的所有异常并呈现给用户，将运行过程中的运行信息和异常信息写入调试文件以便于定位异常点。

在这些模块中，有两个模块在整个自动化应用中处于基础和核心的地位：底层控制模块和流程控制模块。本章着重介绍如何利用 C#开发这两个模块，对于其他模块，读者可以利用前面学习的 C#知识自行体会和开发。

9.2 底层控制模块的开发

底层控制模块是对整个系统硬件的调用的封装，由于自动化系统的工作核心是运动控制器，所以下面以正运动的运动控制器为例来分析如何进行底层控制模块的开发。

9.2.1 控制器的底层控制功能分析

图 9.2 是运动控制器和其他元器件的连接示意图，可以看到，与运动控制器连接的硬件主要有上位机（计算机、触摸屏等）、运动驱动器（脉冲驱动器、总线驱动器等）、数字输入/输出和其他控制（A/D、D/A 等）。其中，运动驱动器和数字输入/输出控制是运动控制器的两大核心功能。

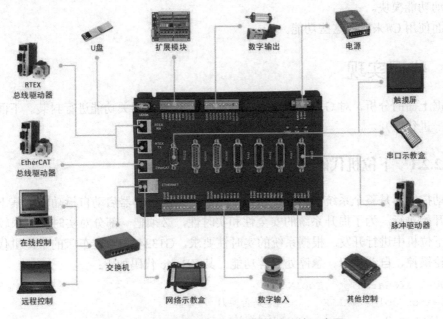

图 9.2 运动控制器和其他元器件的连接示意图

图 9.3　G1324 型数控车床

下面以实际案例来讲解如何开发底层控制模块。

图 9.3 是作者开发的一款数控车床，型号为 G1324，核心采用的是正运动的 ECI2418 型运动控制器。

G1324 型数控车床的配置如下。

（1）运动控制器——正运动的 ECI2418 型运动控制器。

（2）计算机——MINI 计算机。

（3）X 轴——400W 伺服电机，带绝对编码器。

（4）Z 轴——750W 伺服电机，带绝对编码器。

（5）主轴——1.5kW 伺服电机。

它具有如下优势。

（1）具备了普通车床的功能，能够车各种回转体（圆柱、圆锥）、台阶、螺纹等。

（2）具有简单的铣、钻功能。

（3）其占地面积小，尺寸仅有 1360mm×690mm。

（4）经济实用，其数控系统采用了正运动的 ECI2418 型运动控制器。

（5）上位机采用了 MINI 计算机，编程方便、快捷。

（6）可视化编程，可模拟运行，可实时显示运动路径和轨迹。

（7）采用了 4 工位的自动换刀装置，实现了自动换刀功能。

（8）X 轴、Z 轴和主轴都采用伺服电机。

针对上面的分析，可对数控车床的底层控制模块功能进行分解，主要如下。

（1）运动控制器的连接和关闭功能。

（2）单轴模块：单轴的速度、位置、运行、回参考点等功能。

（3）I/O 模块：包含轴使能、报警、正限位、负限位、急停等功能。

（4）多轴联动模块：在进行复杂加工时（锥体或螺纹等），需要 2 轴之间或 3 轴之间的插补运动功能模块。

下面使用 C#来实现这些功能。

9.2.2　代码实现

根据上面的分析，对 G1324 型数控车床的底层代码的相关功能进行封装。下面对这些功能逐一进行展开。

9.2.2.1　下位机代码开发

运动控制器是整个系统的核心，系统上电后，运动控制器启动自检功能，其下位机软件代码开始执行。为了提升系统的安全性和实时性，必须把一部分对实时性要求较高的代码放在下位机中进行开发。根据系统的实时性要求，G1324 型数控车床的下位机代码主要包含手轮操控、自动换刀、急停处置等功能，其 ZBasic 代码如下：

```
GLOBAL IfSearchTool,ToolNum
IfSearchTool = FALSE          '是否换刀
ToolNum = 0                   '刀具编号
```

```
GLOBAL IfManual
IfManual = FALSE                    '是否启用电子手轮
WHILE 1
    '按下急停按钮后，3 个轴停止运动，自动刀架停止转动
    IF IN(0) = 1 THEN               '急停
        RAPIDSTOP(0)
        RAPIDSTOP(1)
        RAPIDSTOP(2)
        OP(2,Off)                   '自动刀架停止转动
        OP(3,Off)
    ENDIF
'如果自动换刀，则根据刀号监控相应输入是否有到位信号，如果有，则说明完成换刀
    If IfSearchTool THEN
        IfSearchTool=FALSE     '关闭查找信号
        OP(2,ON)
        IF IN(ToolNum) = ON THEN
            OP(2,OFF)               '停止刀架的转动
            OP(3,ON)                '刀架回转
          delay(1500)
            OP(3,OFF)               '关闭刀架回转功能，刀具到位
        ENDIF
    ENDIF
    '在手动状态下，开启手轮模式
    IF IfManual THEN
        IF IN(38)=ON  THEN          '电子手轮的 X1
            ratio = 2
        ELSEIF IN(39) = ON THEN     '电子手轮的 X10
            ratio = 10
        ELSEIF IN(40) = ON THEN     '电子手轮的 X100
            ratio = 50
        ENDIF
        IF IN(41) = ON THEN         '电子手轮的 X 轴
            connectAxis = 0
            isConnected = TRUE
        ELSEIF IN(43) = ON THEN     '电子手轮的 Z 轴
            connectAxis = 1
            IsConnected = TRUE
        ELSEIF MTYPE = 21 THEN      '电子手轮的其他轴或 OFF
            CANCEL
            IsConnected = FALSE
        ENDIF
        IF IsConnected THEN         '在手动状态下，采用电子齿轮连接
            BASE(connectAxis)
            CONNECT(ratio,axishand)
        ENDIF
    ENDIF
WEND
```

为了便于理解代码，图 9.4 给出了电子手轮的图片。

电子手轮通过通信线连接到运动控制器的手轮接口上，对运动控制器来说，手轮的每个旋钮开关选择都被看作一个数字输入，如 X1 对应的输入口为 38、X10 对应的输入口为 39、X100 对应的输入口为 40、电子手轮的 X 轴对应的输入口为 41、电子手轮的 Z 轴对应的输入口为 43。

当下位机检测到有电子手轮信号输入时，就进行相应的操作。例如，当选择 X 轴时，输入口 41 的信号发生变化，系统检测到 41 号输入口有信号输入后，将 connectAxis 变量置为 0；同样，当选择 Z 轴时，将 connectAxis 变量置为 1，同时判断目前的速度倍率，通过变量 ratio 进行改变，X1 对应的速度倍率为 2，X10 对应的速度倍率为 10，X100 对应的速度倍率为 50。下位机软件调用电子齿轮的 CONNECT

图 9.4　电子手轮

功能，将当前轴锁定为 connectAxis，将速度倍率设定为 ratio。这样，当手轮发出脉冲时，相应的轴就可以与手轮通过电子手轮手动移动了。

这里需要指出的是，自动换刀的程序必须放在下位机软件中才能正确执行，这是因为，如果用上位机软件监控刀具到位信号，则由于计算机到运动控制器之间的通信需要消耗时间，超过了 10ms，而刀架旋转时，刀具到位的信号仅仅维持不超过 10ms，这就会造成计算机根本检测不到这个到位信号，从而寻位失败。

事实上，对有高实时性需求的指令，作者通常会利用下位机的实时性高的优势将这部分功能封装在下位机中，上位机仅仅发送执行指令就可以了，这样既能保证代码执行的实时性，又能充分利用上位机软件的强大功能，使得功能和性能兼顾，从而开发出美观、高效、强大的软件。

自动换刀的指令是从上位机发出的，为此，只需在上位机中更改 IfSearchTool 的值为 TRUE 并给出刀位号就可以了，信息传递应用了第 8 章介绍的 ZAux_Execute 指令，实现的 C#代码如下：

```csharp
public void ChangeTool(int toolNum)
{
    //如果此时刀位是 toolNum，就不寻找了，直接返回
    if (!GetInStatus(toolNum))
        return;
    SendCommand("ToolNum = " + toolNum);
    SendCommand("IfSearchTool = TRUE");
    Thread.Sleep(100);
}
private StringBuilder SendCommand(string command)
{
    StringBuilder response = new StringBuilder();
    int re = zmcaux.ZAux_Execute(Lathe1324Controller.Instance.Handle,
command, response, 1024);
    return response;
}
```

这样，当需要更换刀具时，就在上位机软件中直接调用 ChangeTool 函数将刀位号通过 ToolNum 变量传递到下位机中，同时把下位机中的 IfSearchTool 变量置为 TRUE，下位机在收到 IfSearchTool=TRUE 的指令后，系统会打开输出口 2，使自动刀架开始顺时针旋转，同时下位机会实时监控 ToolNum 关联的输入口，当输入口电平发生变化时，关闭输出口 2，使刀架停止顺时针旋转，并打开输出口 3，使自动刀架逆时针旋转并锁定，锁定后关闭输出口 2 和输出口 3，从而完成更换刀具的动作。

9.2.2.2　公共定义

为了方便编程、便于管理和维护，这里对底层控制模块中的一些基本概念进行定义，有些定义是与硬件相关联的，如轴的定义、输入的定义、输出的定义等，其定义的 C#代码如下：

```
public enum AxisDef
{
    X = 0,                               //X 轴，Axis0
    Z = 1,                               //Z 轴，Axis1
    S = 2,                               //主轴，Axis2
}
public enum InportsOfLathe1324
{
    EmergentStop = 0,                    //急停
    Tool1 = 1,                           //刀具 1
    Tool2 = 2,                           //刀具 2
    Tool3 = 3,                           //刀具 3
    Tool4 = 4,                           //刀具 4
    XServoAlarm = 24,                    //X 轴驱动报警
    ZServoAlarm = 25,                    //Z 轴驱动报警
    SServoAlarm = 26,                    //S 轴驱动报警
}
public enum OutporsOfLathe1324
{
    ToolRotateClockwise = 2,             //自动刀架顺时针旋转
    ToolRotateCounterClockwise = 3,      //自动刀架逆时针旋转
    XServoOnOff = 16,                    //X 轴使能
    ZServoOnOff = 17,                    //Z 轴使能
    SServoOnOff = 18,                    //S 轴使能
}
```

这样定义是非常实用的。G1324 型数控车床一共有 3 个轴，分别是 X 轴、Z 轴和 S 轴（主轴），分别接在运动控制器的脉冲轴 Axis0、Axis1 和 Axis2 上，在使用 AxisDef 进行定义时，也需要严格按照这个数字进行定义。这样做的最大的好处就是可以通过访问 AxisDef 的哈希值直接获得轴号，从而利用运动控制器直接通过轴号对轴进行相关操作，使得程序简单易读、易维护。InportsOfLathe1324 是关于 G1324 型数控车床使用的输入口的定义，OutporsOfLathe1324 是关于 G1324 型数控车床使用的输出口的定义，其赋值规则与 AxisDef

智能制造的 C#实战教程

一样，以方便通过其哈希值对 I/O 的具体输入/输出进行访问。InportsOfLathe1324 的 Tool1～
Tool4 为自动刀架的 4 把刀具的输入口，输入口 24～26 为 3 个伺服轴的报警信号输入口，
输入口 0 为急停输入口。OutporsOfLathe1324 的输出口 2、3 分别用于自动刀架的顺时针旋
转和逆时针旋转控制，输出口 16～18 分别用于 3 个伺服轴的使能控制。

为了方便阅读和维护，这里也对电机运转方向和输入/输出口的开关信号进行了定义。
具体如下：

```
public enum MotorDirection : int
{
    Forward = 1,              //正方向
    Backward = 0             //负方向
}
public enum OnOffStatus
{
    On = 1,                  //On
    Off = 0,                 //Off
}
```

这样做的好处就是在实际调用时无须再思考运动控制器中电机的正方向是 0 还是 1，
状态开是 0 还是 1。即使写错了，也只需把 0 和 1 调换一下就可以了，而无须更改调用的
程序代码，从而提高系统的可读性和易维护性。

9.2.2.3 运动控制器的连接

运动控制器类的名称为 Lathe1324Controller，由于其是硬件，继承自 IHardware，所以
需要实现 Initialize()方法、Close()方法和 IsConnected 属性。具体代码如下：

```
public class Lathe1324Controller : IHardware
{
    public IntPtr Handle;                    //连接返回的句柄，可以作为卡号
    //单例模式，保证只能构造一次
    private static Lathe1324Controller _instance = null;
    public static Lathe1324Controller Instance
    {
        get
        {
            if (_instance == null)
            {
                _instance = new Lathe1324Controller();
            }
            return _instance;
        }
    }
    private Lathe1324Controller()
    {
        Initialize();
    }
```

```
    public void Initialize()
    {
        //快速检索运动控制器
        byte[] ipList = new byte[]{};
        int re = zmcaux.ZAux_SearchEth("192.168.0.11", 1000);
        if (re != 0)
            IsConnected = false;
        else
        {
            //连接运动控制器
            re = zmcaux.ZAux_OpenEth("192.168.0.11", out Handle);
            if ((long)Handle != 0)
            {
                IsConnected = true;
            }
            else
            {
                IsConnected = false;
            }
        }
    }
    //关闭运动控制器
    public void Close()
    {
        if (IsConnected)
        {
            zmcaux.ZAux_Close(Handle);
            Handle = (IntPtr)0;
        }
    }
    //判断是否连接成功
    public bool IsConnected
    {
        get;
        set;
    }
}
```

9.2.2.4　运动控制功能的封装

G1324 型数控车床的 3 个轴的主要功能包括初始化、关闭使能、单轴回零、运动等。根据轴的功能，抽象出了 3 个接口：IHardware、IAxis 和 IMotionForSingleAxis。

IHardware 负责硬件的初始化和关闭使能。

IAxis 负责电机轴的除运动功能之外的基本功能的定义，包括轴定义、回零操作、回零状态等。

智能制造的 C#实战教程

IMotionForSingleAxis 负责单轴运动，包括轴的位置、速度、加/减速度、轴状态、相对运动、绝对运动、持续运动、运动停止等。

3 个轴的相关代码结构如图 9.5 所示。

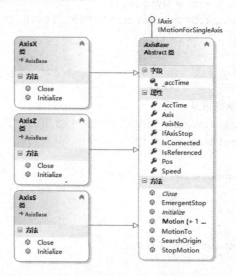

图 9.5　3 个轴的相关代码结构

3 个接口的代码如下：

```
public interface IAxis : IHardware
{
    AxisDef Axis { get; set; }              //轴的编号属性
    void SearchOrigin();                     //查找原点方法
    bool IsReferenced { get; }              //回参考点是否完成
}
public interface IHardware
{
    void Initialize();                       //初始化
    void Close();                            //关闭
    bool IsConnected { get; set; }          //是否连接成功
}
public interface IMotionForSingleAxis
{
    float AccTime { get; set; }             //加速度和减速度
    float Speed { get; set; }               //速度
    void StopMotion();                       //停止运动
    void EmergentStop();                     //急停
    bool IfAxisStop { get; }                //轴是否停止
    void Motion(float distance);            //相对运动
    void Motion(MotorDirection dir);        //持续运动
    void MotionTo(float targetPos);         //绝对运动
    float Pos { get; set; }                 //轴的位置
}
```

　　3 个轴是有很多共同属性和方法的，这里对这些属性和方法进行抽象，形成轴的抽象基类 AxisBase，这个类是对 IAxis 和 IMotionForSingleAxis 接口的实现。具体代码如下：

```
public abstract class AxisBase: IAxis,IMotionForSingleAxis
{
    public abstract void Initialize();                  //初始化
    public abstract void Close();                       //设备关闭
    public ushort AxisNo                                //轴号
    {
        get
        {
            return (ushort)Axis.GetHashCode();
        }
    }
    public virtual bool IsConnected { get; set; }       //连接运动控制器是否成功
    public bool IfAxisStop                              //判断轴运动是否停止
    {
        get
        {
            int value = 0;
            zmcaux.ZAux_Direct_GetIfIdle(Lathe1324Controller.Instance.Handle,
AxisNo, ref value);
            return value != 0;                          //0 表示运动中，1 表示停止
        }
    }
    private float _accTime;
    public float AccTime                                //轴运动的加/减速时间
    {
        get
        {
            return _accTime;
        }
        set
        {
            _accTime = value;
            zmcaux.ZAux_Direct_SetAccel(Lathe1324Controller.Instance.Handle,
AxisNo, _accTime);
            zmcaux.ZAux_Direct_SetDecel(Lathe1324Controller.Instance.Handle,
AxisNo, _accTime);
        }
    }
    public float Speed                                  //轴运动的速度
    {
        get
        {
            float value = 0;
```

```
            zmcaux.ZAux_Direct_GetVpSpeed(Lathe1324Controller.Instance.Handle,
AxisNo, ref value);
            return value;
        }
        set
        {
            zmcaux.ZAux_Direct_SetSpeed(Lathe1324Controller.Instance.Handle,
AxisNo, value);
        }
    }
    public float Pos                                    //轴的位置
    {
        get
        {
            float value = 0;
            zmcaux.ZAux_Direct_GetDpos(Lathe1324Controller.Instance.Handle,
AxisNo, ref value);
            return value;
        }
        set
        {
            zmcaux.ZAux_Direct_SetDpos(Lathe1324Controller.Instance.Handle,
AxisNo, (float)value);
        }
    }
    public void StopMotion()                            //停止运动
    {
zmcaux.ZAux_Direct_Single_Cancel(Lathe1324Controller.Instance.Handle,
AxisNo,0);
    }
    public void EmergentStop()                          //急停
    {
        zmcaux.ZAux_Direct_Single_Cancel(Lathe1324Controller.Instance.Handle,
AxisNo, 3);
    }
    public void MotionTo(float targetPos)               //绝对运动
    {
        zmcaux.ZAux_Direct_Single_MoveAbs(Lathe1324Controller.Instance.Handle,
AxisNo, targetPos);
    }
    public void Motion(float distance)                  //相对运动
    {
        zmcaux.ZAux_Direct_Single_Move(Lathe1324Controller.Instance.Handle,
AxisNo, distance);
    }
    public void Motion(MotorDirection dir)              //单方向持续运动
```

```
    {
        zmcaux.ZAux_Direct_Single_Vmove(Lathe1324Controller.Instance.Handle,
AxisNo, (ushort)dir.GetHashCode());
    }
    public void SearchOrigin()                          //启动回原点运动
    {
        zmcaux.ZAux_Direct_Single_Datum(Lathe1324Controller.Instance.Handle,
AxisNo, 3);
    }
    public bool IsReferenced                            //获取回零状态
    {
        get
        {
            uint refStatus = 0;
            zmcaux.ZAux_Direct_GetHomeStatus(Lathe1324Controller.Instance.
Handle, AxisNo, ref refStatus);
            return refStatus == 0 ? false : true;
        }
    }
    public virtual AxisDef Axis { get; set; }          //关联的轴
}
```

AxisX、AxisZ、AxisS 3 个类继承自 AxisBase，其本身又具有各自的独立特性，如每个轴的脉冲当量不同、轴的加/减速参数不同、初始运行速度不同等，这就需要对各自特有的属性和方法进行覆盖。下面以 AxisX 为例详细解释如何对其独立特性进行编程，如何实现其初始化和关闭使能。具体的代码如下：

```
public class AxisX : AxisBase
{
    public override void Initialize()
    {
      //轴的定义
        Axis = AxisDef.X;
        //设置脉冲当量为 2000，即 1mm 为 2000 个脉冲
        zmcaux.ZAux_Direct_SetUnits(Lathe1324Controller.Instance.Handle,
AxisNo, 2000);
        //设置速度和加速度
        AccTime = 3000;
    }
    public override void Close()
    {
        //关闭使能，X 轴的使能通过关闭输出口 16 来实现
        zmcaux.ZAux_Direct_SetOp(Lathe1324Controller.Instance.Handle,
OutporsOfLathe1324.XServoOnOff.GetHashCode(), (uint)OnOffStatus.Off.
GetHashCode());
    }
}
```

智能制造的 C#实战教程

在设计轴时，其机械结构是不同的，有些是滚轴丝杠传动，有些是带传动，有些采用直线电机，即使都采用滚轴丝杠，由于其负载不同，选择的滚轴丝杠的直径、螺距也不同，因此电机的负载和传动不同，从而需要对每个电机进行单独设置。

关于脉冲当量，对于运动控制器，一般需要知道一个脉冲能走多少距离，即系统移动1mm 需要发送多少个脉冲，这个是与机械结构相关联的。例如，X 轴采用的滚轴丝杠的螺距是 5mm，即电机转一圈，X 轴在没有误差的情况下走 5mm。X 轴电机驱动器的脉冲数是10000/r，这样，对应的脉冲当量就是 2000/mm。这里使用 ZAux_Direct_SetUnits 将 Axis0 轴的脉冲当量设置为 2000 后，X 轴就能够按照实际的距离进行传动了。例如，传入 10mm，X 轴就能移动 10mm，而无须再计算一共发送了多少个脉冲，从而简化了操作。

关闭使能通过关闭由 OutporsOfLathe1324 封装的 XServoOnOff 定义的输出口 16 来实现。Z 轴和 S 轴的代码与 X 轴是相似的，这里不再赘述。

9.2.2.5　数字输入/输出控制

运动控制器的输入/输出一般包含如下功能：急停状态读取、输入读取、输出读取、输出写入、轴报警信号读取、轴正限位读取、轴负限位读取、轴伺服使能等，IDeviceIO 接口对数字输入/输出功能进行了封装，实现代码如下：

```
public interface IDeviceIO                            //设备输入/输出
{
    bool IsEmergent { get; }                          //是否急停
    bool IsAxisAlarm(AxisDef axis);                   //轴是否报警
    bool IsPositiveLimit(AxisDef axis);               //轴是否正限位
    bool IsNegtiveLimit(AxisDef axis);                //轴是否负限位
    bool GetInStatus(int inbit);                      //获取输入口状态
    bool GetOutStatus(int outbit);                    //获取输出口状态
    void SetOutStatus(int outbit, OnOffStatus onoff); //设置输出口状态
    void ServoOnOff(AxisDef axis, OnOffStatus onoff); //轴伺服使能
}
```

G1324 型数控车床的 I/O 类命名为 Lathe1324IO，它是对 IDeviceIO 接口的实现，具体的实现代码如下：

```
public class Lathe1324IO : IDeviceIO
{
 //获取输入状态
    public bool GetInStatus(int inbit)
    {
        uint value = 0;
        zmcaux.ZAux_Direct_GetIn(Lathe1324Controller.Instance.Handle, inbit, ref value);
        return value == 0;
    }
 //获取输出状态
    public bool GetOutStatus(int inbit)
    {
```

```
            uint value = 0;
            zmcaux.ZAux_Direct_GetOp(Lathe1324Controller.Instance.Handle, inbit,
ref value);
            return value == 0;
        }
    //设置输出状态
    public void SetOutStatus(int outbit, OnOffStatus onoff)
    {
            zmcaux.ZAux_Direct_SetOp(Lathe1324Controller.Instance.Handle, outbit,
(uint)onoff.GetHashCode());
        }
    //获取轴的报警状态
    public bool IsAxisAlarm(AxisDef axis)
    {
            int bitno = 0;
            switch (axis)
            {
                case AxisDef.X:          //X 轴报警状态
                    bitno = InportsOfLathe1324.XServoAlarm.GetHashCode();
                    break;
                case AxisDef.Z:          //Z 轴报警状态
                    bitno = InportsOfLathe1324.ZServoAlarm.GetHashCode();
                    break;
                case AxisDef.S:          //S 轴报警状态
                    bitno = InportsOfLathe1324.SServoAlarm.GetHashCode();
                    break;
            }
            return GetInStatus(bitno);
        }
    //急停状态
    public bool IsEmergent
    {
            get { return !GetInStatus(InportsOfLathe1324.EmergentStop.
GetHashCode()); }
        }
    //轴的正限位状态
    public bool IsPositiveLimit(AxisDef axis)
    {
            int value = 0;
            zmcaux.ZAux_Direct_GetAxisStatus(Lathe1324Controller.Instance.
Handle, axis.GetHashCode(), ref value);
            return (value & 0x10) == 0x10;
        }
    //轴的负限位状态
    public bool IsNegtiveLimit(AxisDef axis)
    {
            int value = 0;
```

```
        zmcaux.ZAux_Direct_GetAxisStatus(Lathe1324Controller.Instance.
Handle, axis.GetHashCode(), ref value);
        return (value & 0x20) == 0x20;
    }
    //轴使能方法
    public void ServoOnOff(AxisDef axis,OnOffStatus onoff)
    {
        switch (axis)
        {
            case AxisDef.X:        //X轴使能
                SetOutStatus(OutporsOfLathe1324.XServoOnOff.GetHashCode(),
onoff);
                break;
            case AxisDef.Z:        //Z轴使能
                SetOutStatus(OutporsOfLathe1324.ZServoOnOff.GetHashCode(),
onoff);
                break;
            case AxisDef.S:        //S轴使能
                SetOutStatus(OutporsOfLathe1324.SServoOnOff.GetHashCode(),
onoff);
                break;
        }
    }
}
```

9.2.2.6　多轴插补运动

对车床来说，仅仅单轴运动是不能满足加工需求的。例如，切削圆锥就需要 X 轴和 Z 轴联动插补；对于螺纹切削，需要 Z 轴和 S 轴实现插补运动，为此，需要设计出一个插补运动接口以封装插补运动。IMotionForAxes 接口封装了直线插补、连续直线插补和圆弧插补，其代码如下：

```
public interface IMotionForAxes
{
    //直线插补
    void Motion(int[] axes, float[] positions, bool isAbsolute);
    //连续直线插补
    void Motion(int[] axes, List<float[]> positionList, float[] speeds);
    //圆弧插补
    void MotionCirc(int[] axes, float[] enpoint, float[] centerRelative,
int direction);
}
```

G1324 型数控车床的多轴联动类 Lathe1324Motion 是针对 IMotionForAxes 接口的实现，具体代码如下：

```
public class Lathe1324Motion : IMotionForAxes
{
```

```
        //直线插补
    public void Motion(int[] axes, float[] positions, bool isAbsolute)
    {
        int axisNum = axes.Count();              //参与插补的轴的数量
        for (int i = 0; i < axisNum; i++)
        {
        //设置连续插补的模式
            zmcaux.ZAux_Direct_SetMerge(Lathe1324Controller.Instance.Handle,
i, 1);
        }
        //开始运动
        if (isAbsolute)
            zmcaux.ZAux_Direct_MoveAbs(Lathe1324Controller.Instance.Handle,
axisNum, axes, positions);               //绝对运动插补
        else
            zmcaux.ZAux_Direct_Move(Lathe1324Controller.Instance.Handle,
axisNum, axes, positions);                //相对运动插补
    }
    //连续直线插补
    public void Motion(int[] axes, List<float[]> positionList, float[] speeds)
    {
        int axisNum = axes.Count();
        for (int i = 0; i < axisNum; i++)
            zmcaux.ZAux_Direct_SetMerge(Lathe1324Controller.Instance.Handle,
i, 1);
        int corner_mode = 2; //拐角模式自动拐角
        float m_startang = (float)(15 * Math.PI / 180); //拐角减速开始角度
        float m_stopang = (float)(45 * Math.PI / 180); //拐角减速停止角度
        float m_fullradius = 5; //小圆半径
        float m_zsmooth = 5; //倒角半径
        //拐角模式，其中：2 代表自动拐角减速；8 代表自动小圆限速，10=2+8
        //32 代表自动倒角设置
        zmcaux.ZAux_Direct_SetCornerMode(Lathe1324Controller.Instance.
Handle, axes[0], corner_mode);
        //设置拐角减速开始角度
        zmcaux.ZAux_Direct_SetDecelAngle(Lathe1324Controller.Instance.
Handle, axes[0], m_startang);
        //设置拐角减速停止角度
        zmcaux.ZAux_Direct_SetStopAngle(Lathe1324Controller.Instance.
Handle, axes[0], m_stopang);
        //设置小圆半径
        zmcaux.ZAux_Direct_SetFullSpRadius(Lathe1324Controller.Instance.
Handle, axes[0], m_fullradius);
        //设置倒角半径
        zmcaux.ZAux_Direct_SetZsmooth(Lathe1324Controller.Instance.Handle,
axes[0], m_zsmooth);
        int index = 0;
```

```
        foreach (float[] positions in positionList)
        {
    //zmcaux.ZAux_Direct_SetForceSpeed(ZMotionController.Instance.
ZMotionDeviceHandle, axes[0], speeds[index]);
            zmcaux.ZAux_Direct_MoveAbs(Lathe1324Controller.Instance.Handle,
axisNum, axes, positions);
            index++;
        }
    }

    //圆弧插补
    public void MotionCirc(int[] axes, float[] enpoint, float[]
centerRelative, int direction)
    {
        zmcaux.ZAux_Direct_MoveCirc(Lathe1324Controller.Instance.Handle,
2, axes, enpoint[0], enpoint[1], centerRelative[0], centerRelative[1],
direction);
    }
}
```

这里的连续插补用到了插补运动轨迹前瞻功能，在这里进行简单的解释。

在实际加工过程中，为追求加工效率会开启连续插补功能，在运动轨迹的拐角处若不减速，则当拐角较大时，会对机台造成较大冲击，影响加工精度。若关闭连续插补功能，则会使拐角处减速为 0，这样虽然保护了机台，但是加工效率受到了较大的影响，因此提供了前瞻指令，使系统在拐角处自动判断是否将拐角速度降到一个合理的值，既不会影响加工精度又能提高加工速度，这就是插补运动轨迹前瞻功能的作用。

运动控制器的轨迹前瞻功能可以根据用户的运动路径自动计算出平滑的速度规划，减小对机台的冲击，从而提高加工精度；自动分析在运动缓冲区的指令轨迹将会出现的拐点，并依据用户设置的拐角条件自动计算拐角处的运动速度，也会依据用户设定的最大加速度值计算速度规划，使任何加/减速过程中的加/减速度都不超过系统设定的最大加速度和减速度，防止对机械部分产生破坏冲击力。

9.2.2.7　G1324 型数控车床相关的代码

前面已经封装好了运动控制器初始化类、轴类、I/O 类、运动插补类等，这些都是在单个功能层面上进行的封装，系统还是不能工作，下面就在整个设备功能层面上进行封装，将这个接口定义为 IMachine。G1324 型数控车床类关系图如图 9.6 所示。

可以看到，这里充分利用了已经构造好的接口，将这几个接口都包含在了 IMachine 接口中，在未来的调用中，可以把对这些接口的调用转换为对 IMachine 的属性的调用，从而简化了调用和编程，开发人员只需认真研

图 9.6　G1324 型数控车床类关系图

究 **IMachine** 这个接口就可以了。具体实现代码如下：

```
public interface IMachine
{
    IHardware ThisController { get; set; }          //当前的运动控制器
    IDeviceIO ThisMachineIO { get; set; }           //当前设备的I/O
    IMotionForAxes ThisMotion { get; set; }         //当前运动
    AxisX AxisX { get; set; }                       //X轴
    AxisZ AxisZ { get; set; }                       //Z轴
    AxisS AxisS { get; set; }                       //S轴
}
```

Lathe1324Machine 是当前 G1324 型数控车床具体的设备实现类，是对 **IMachine** 接口的实现，其具体代码如下：

```
public class Lathe1324Machine : IMachine
{
    //采用了单例模式，只能构造一次
    private static Lathe1324Machine _instance = null;
    public static Lathe1324Machine Instance
    {
        get
        {
            if (_instance == null)
            {
                _instance = new Lathe1324Machine();
            }
            return _instance;
        }
    }
    public IHardware ThisController { get; set; }       //运动控制器
    public IMotionForAxes ThisMotion { get; set; }      //多轴联动类
    public IDeviceIO ThisMachineIO { get; set; }        //I/O类
    public AxisX AxisX { get; set; }                    //X轴
    public AxisZ AxisZ { get; set; }                    //Z轴
    public AxisS AxisS { get; set; }                    //S轴
    //构造函数
    private Lathe1324Machine()
    {
        ThisController = Lathe1324Controller.Instance;
        if (!ThisController.IsConnected)
            return;
        //I/O类
        ThisMachineIO = new Lathe1324IO();
        //插补类
        ThisMotion = new Lathe1324Motion();
        //单轴运动类
        AxisX = new AxisX();
```

```
        AxisZ = new AxisZ();
        AxisS = new AxisS();
    }
}
```

从上面的代码中可以看出，在构造 Lathe1324Machine 时，也根据具体的硬件情况对 Lathe1324Controller 类、Lathe1324IO 类、Lathe1324Motion 类等进行了构造，从而使设备具体化；并且使用了单例模式，实现了访问的便捷性。在主程序中可以通过下面的方式访问这个底层控制模块：

```
Lathe1324Machine.Instance.ThisMachineIO //实现对运动控制器 I/O 的访问
Lathe1324Machine.Instance.ThisMotion    //实现多轴插补
Lathe1324Machine.Instance.AxisX         //访问 AxisX，可以实现 X 轴的各种操作
Lathe1324Machine.Instance.AxisZ         //访问 AxisZ，可以实现 Z 轴的各种操作
Lathe1324Machine.Instance.AxisS         //访问 AxisS，可以实现 S 轴的各种操作
```

9.3 流程控制模块的开发

对自动化项目来说，除了底层控制模块的封装，重要的功能还有流程控制，有了底层控制模块的封装和流程控制模块，面向自动化领域应用的下位机软件和上位机软件的架构就搭建好了，这个系统就具备了基本的功能，在此架构基础上，程序员再添加工程需要的其他功能就可以了。下面对流程控制部分的实现进行详细讲解。

9.3.1 公共定义

在自动化系统中，流程控制一般包括启动、停止、暂停、继续执行、复位、回参考点等流程，当然，根据项目需求，可能还包括其他流程，如模拟运行、单步调试、手动操作等，这里着重讲解启动、停止、暂停、继续执行、复位、回参考点这几个自动化项目必备的流程。对这几个流程用枚举进行定义，代码如下：

```
public enum CommandTypes
{
    SearchReference,        //查找参考点
    Start,                  //启动
    Stop,                   //停止
    Reset,                  //复位
    Continue,               //继续执行
    Pause,                  //暂停
    Null,                   //空命令
}
```

在 CommandTypes 枚举中，增加空命令是为了编程需要，当系统中不进行任何动作和流程时，将当前指令设置为 CommandTypes.Null，可以保证系统的安全，防止误操作。

自动化项目的自动运转一般具有重复性，如重复一个动作或一系列动作，这就要求系统必须使用多线程技术，否则系统将会被这些重复性动作完全占用，从而被锁死，此时，

用户无法进行任何其他操作，这显然是不合理的。另外，在运行过程或回零过程中，系统如果存在不安全因素，那么操作人员就需要紧急停止，这时系统也需要及时响应并做出相应处理，这些也需要多线程技术的支撑。

在多线程中，当出现问题或需要调试时，都需要对线程进行暂停等操作，此时就需要用到一个 AutoResetEvent 类，这是一个用于阻塞线程的类，其阻塞线程，即暂停时使用 WaitOne()方法，在解除阻塞而继续运行线程时采用 Set()方法。这里在静态类 Definitions 中对多线程和阻塞线程类进行了封装，其中，RunningThread 是自动运行或回参考点时的新开线程，AutoResetEvent_Execute 为阻塞线程类。具体的代码如下：

```
public static class Definitions
{
    public static Thread RunningThread;                      //运行的线程
    public static CommandTypes CurrentCommandType;           //当前的命令类型
    public static AutoResetEvent AutoResetEvent_Execute;     //阻塞线程类
    public static bool IsStopPressed = false;                //是否停止线程的运行
    //开启阻塞线程类
    public static void SetAutoResetEvent()
    {
        AutoResetEvent_Execute = new AutoResetEvent(false);
    }
    //暂停线程的运行
    public static void SetPauseEvent()
    {
        AutoResetEvent_Execute.WaitOne();
    }
    //继续运行线程
    public static void ContinueAfterPause()
    {
        if (AutoResetEvent_Execute != null)
        {
            AutoResetEvent_Execute.Set();
        }
    }
}
```

9.3.2　流程类的封装

1. IFlow 接口

CommandTypes 定义的流程都具备一些公有方法和属性，如执行流程方法和执行完成之后需要特殊处理方法等，因此有必要对流程进行封装，提炼出相关接口和实现类。接口定义为 IFlow，其代码如下：

```
//命令完成委托，在命令完成时可以调用这个委托做进一步的特殊处理或操作
public delegate void CommandCompletedDelegate(CommandTypes commandType);
public interface IFlow
```

```
{
    event CommandCompletedDelegate CommandCompleted;        //执行完成事件
    void Execute();                                         //执行命令
}
```

2. FlowBase 抽象类

IFlow 接口构建完成后，继续抽象出 FlowBase 抽象类。FlowBase 抽象类继承自 IFlow，是 IFlow 接口方法和属性的具体实现，其代码如下：

```
public abstract class FlowBase : IFlow
{
    public event CommandCompletedDelegate CommandCompleted;
    public abstract void Execute();
    //命令结束
    protected void CommandComplete(CommandTypes commandType)
    {
        if (CommandCompleted != null)
        {
            //模拟结束
            CommandCompleted(commandType);
        }
    }
}
```

3. StartFlow 类

启动流程为 StartFlow 类。StartFlow 类的执行代码采用了多线程方式，并且是循环执行的，直至 Stop 按键或停止按钮被按下，进而通过修改 Definitions 类的 IsStopPressed 变量来实现线程退出；在执行过程中，代码可以通过 Definitions 类的 SetAutoResetEvent()方法来实现线程的暂停或继续运行。具体的实现代码如下：

```
public class StartFlow : FlowBase
{
    public StartFlow()
        : base()
    {
        Definitions.CurrentCommandType = CommandTypes.Start;
    }
    public override void Execute()
    {
        //允许暂停
        Definitions.SetAutoResetEvent();
        //开启新线程以便于进行周期性的自动化操作
        Definitions.RunningThread = new Thread(()=>
            {
                while (!Definitions.IsStopPressed) //循环执行，直至按下 Stop 键或停止按钮
                {
                    //如果急停，则停止电机的转动，并退出执行
```

```
                    if (Lathe1324Machine.Instance.ThisMachineIO.IsEmergent)
                    {
                        Lathe1324Machine.Instance.AxisX.StopMotion();
                        Lathe1324Machine.Instance.AxisZ.StopMotion();
                        break;
                    }
                    Definitions.SetAutoResetEvent();
                    //此处添加运行相关的代码
                }
                CommandComplete(CommandTypes.Start);
            }
        );
        Definitions.RunningThread.Priority = ThreadPriority.Highest;
        Definitions.RunningThread.Start();
    }
}
```

4．StopFlow 类

停止流程的名称为 StopFlow，其实现代码对 Definitions 类中的 IsStopPressed 的值进行了修改，由于此时 StartFlow 中的 RunningThread 线程仍然在运行，所以程序执行完当前操作后将退出线程，从而结束自动化操作：

```
public class StopFlow : FlowBase
{
    public StopFlow()
        : base()
    {
        Definitions.CurrentCommandType = CommandTypes.Stop;
    }
    public override void Execute()
    {
        //将 IsStopPressed 设置为 true，从而使当前线程结束当前的动作后停止线程
        Definitions.IsStopPressed = true;
        CommandComplete(CommandTypes.Stop);
    }
}
```

5．ResetFlow 类

当系统由于操作错误或其他错误而混乱时，可以通过 Reset 按键来实现复位，恢复到初始状态，这个流程称为复位流程，名称为 ResetFlow。复位内容包括运动控制器复位、I/O 复位、变量复位、流程复位等，这里没有给出具体的操作，重在流程的写法。具体代码如下：

```
public class ResetFlow : FlowBase
{
    public ResetFlow()
        : base()
    {
```

```
            Definitions.CurrentCommandType = CommandTypes.Reset;
    }
    public override void Execute()
    {
        Definitions.IsStopPressed = false;
        //此处添加与 Reset 按键相关的各种操作
        //如运动控制器复位、I/O 复位、变量复位等操作
        CommandComplete(CommandTypes.Reset);
    }
}
```

6. PauseFlow、ContinueFlow 类

暂停流程的名称为 PauseFlow，继续流程的名称为 ContinueFlow，当执行"暂停"命令后，系统将调用 Definition 类的 SetPauseEvent()方法，从而当代码运行到 SetAutoResetEvent() 方法时将线程阻塞，实现暂停。当点击 Continue 后，系统会重新调用 ContinueAfterPause() 方法，从而继续运行线程。当开始调试时，可以多在程序里面添加几个 SetAutoResetEvent() 方法，这样就能实现多个暂停，保证运行安全。PauseFlow 类的代码如下：

```
public class PauseFlow : FlowBase
{
    public PauseFlow()
        : base()
    {
        Definitions.CurrentCommandType = CommandTypes.Pause;
    }
    public override void Execute()
    {
        //如果线程正在运行，则暂停线程的运行
        if (Definitions.RunningThread != null)
        {
            Definitions.SetPauseEvent();
            CommandComplete(CommandTypes.Pause);
        }
    }
}
```

ContinueFlow 类的代码如下：

```
public class ContinueFlow : FlowBase
{
    public ContinueFlow():base()
    {
        Definitions.CurrentCommandType = CommandTypes.Continue;
    }

    public override void Execute()
    {
        //如果线程存在，则继续线程的运行
```

```
        if (Definitions.RunningThread != null)
        {
            Definitions.ContinueAfterPause();
            CommandComplete(CommandTypes.Continue);
        }
    }
}
```

7. SearchReferenceFlow 类

当第一次上电或重新上电后，系统并不能存储电机的位置，因此必须进行回参考点操作，这时就可以使用寻找参考点流程 SearchReferenceFlow。在这个流程中，新建一个线程，X 轴和 Z 轴可以同时回参考点，并在完成两个轴的回参考点操作后结束回参考点线程。SearchReferenceFlow 类的代码如下：

```
public class SearchReferenceFlow : FlowBase
{
    public SearchReferenceFlow():base()
    {
        Definitions.CurrentCommandType = CommandTypes.SearchReference;
    }
    public override void Execute()
    {
        //开启新线程进行回零操作
        Definitions.RunningThread = new Thread(() =>
        {
            //X轴发送回零命令
            Lathe1324Machine.Instance.AxisX.SearchOrigin();
            //Z轴发送回零命令
            Lathe1324Machine.Instance.AxisZ.SearchOrigin();
            //X轴、Z轴移动，直至回零完成
            while(!Lathe1324Machine.Instance.AxisZ.IsReferenced
|| Lathe1324Machine.Instance.AxisX.IsReferenced)
            {
                if (Lathe1324Machine.Instance.ThisMachineIO.IsEmergent)
                {
                    Lathe1324Machine.Instance.AxisX.StopMotion();
                    Lathe1324Machine.Instance.AxisZ.StopMotion();
                    break;
                }
                Application.DoEvents();
            }
        });

        Definitions.RunningThread.Priority = ThreadPriority.Highest;
        Definitions.RunningThread.Start();
    }
}
```

8．流程的创建

为了更加方便地创建流程，在实际应用中采用了简单工厂模式来创建流程。工厂的名称为 FlowFactory，其构造函数中传入了 CommandTypes，利用反射技术生成具体的流程类。在应用反射技术时需要注意的是，流程类的命名务必规范，类名称务必是 CommandTypes+"Flow"，这里面的大小写也必须一致，否则将不会生成相应的流程类。FlowFactory 构造完成后即可通过属性 Flow 返回当前构造的 IFow，具体的代码如下：

```csharp
public class FlowFactory
{
    private IFlow _flow;
    public IFlow Flow                      //由简单工厂模式生成的 IFlow
    {
        get { return _flow; }
        set { _flow = value; }
    }

    public FlowFactory(CommandTypes commandType)
    {
        //简单工厂模式，用于根据 CommandTypes 的值生成 IFlow
        Type flowType = Type.GetType("ControlCenter.Flow." + commandType.
ToString() + "Flow");
        _flow = (IFlow)Activator.CreateInstance(flowType);
    }
}
```

9.3.3 流程控制类

为了方便使用前面已经封装好的流程类和工厂类，这里建立了一个 IFlowControl 接口来封装流程控制功能。它封装了前面的几个流程方法：Start()、Stop()、Pause()、Continue()、Reset()、SearchReference()。具体的实现代码如下：

```csharp
public interface IFlowControl
{
    event SetFlowDelegateDelegate SetFlowDelegate;
    void Start();
    void Stop();
    void Pause();
    void Continue();
    void Reset();
    void SearchReference();
}
public class MyFlowControl : IFlowControl
{
    private bool _isStartButtonPressed = true;
    private bool _isStopButtonPressed = true;
    public event SetFlowDelegateDelegate SetFlowDelegate;
```

```
public MyFlowControl()
{
}
public void Start()                    //开启自动化线程操作
{
    try
    {
        if (_isStartButtonPressed)
        {
            _isStartButtonPressed = false;
            FlowFactory factory = new FlowFactory(CommandTypes.Start);
            SetFlowDelegate(factory.Flow);
            factory.Flow.Execute();
            _isStartButtonPressed = true;
        }
    }
    catch
    {
    }
}
public void Stop()                     //停止自动化线程操作
{
    try
    {
        if (_isStopButtonPressed)
        {
            _isStopButtonPressed = false;
            FlowFactory factory = new FlowFactory(CommandTypes.Stop);
            SetFlowDelegate(factory.Flow);
            factory.Flow.Execute();
            _isStopButtonPressed = true;
        }
    }
    catch
    {
    }
}
public void Reset()                    //复位操作
{
    FlowFactory factory = new FlowFactory(CommandTypes.Reset);
    SetFlowDelegate(factory.Flow);
    factory.Flow.Execute();
}
public void Pause()                    //暂停自动化线程操作
{
    FlowFactory factory = new FlowFactory(CommandTypes.Pause);
    SetFlowDelegate(factory.Flow);
```

图 9.8　"流程控制测试"界面

在 Form1 的代码中，添加了 IFlowControl 的变量_flowControl，是 MyFlowControl 类的实例。利用_flowControl 就可以使用流程控制模块的相关功能了。相关代码如下：

```
public partial class Form1 : Form
{
    private IFlowControl _flowControl;           //流程控制接口
    public Form1()
    {
        InitializeComponent();
        _flowControl = new MyFlowControl();
        _flowControl.SetFlowDelegate += SetFlowDelegate;
        btnStart.Click += (sender, e) => { _flowControl.Start(); }; //启动流程
        btnStop.Click += (sender, e) => { _flowControl.Stop(); };  //停止流程
        btnPause.Click += (sender, e) => { _flowControl.Pause(); }; //暂停流程
        //继续流程
        btnContinue.Click += (sender, e) => { _flowControl.Continue(); };
        btnReset.Click += (sender, e) => { _flowControl.Reset(); }; //复位流程
        btnReference.Click += (sender, e) => { _flowControl.
SearchReference(); };//回参考点流程
    }
    //设置流程的委托方法
    private void SetFlowDelegate(IFlow flow)
    {
        flow.CommandCompleted += CommandCompleted;
    }
    //流程结束后的方法
    private void CommandCompleted(CommandTypes command)
    {
        switch(command)
        {
            case CommandTypes.Start:
                //Start 命令结束后的相关代码
                break;
            case CommandTypes.Stop:
                //Stop 命令结束后的相关代码
                break;
            case CommandTypes.Pause:
                //Pause 命令结束后的相关代码
```

```
                break;
            case CommandTypes.Continue:
                //Continue 命令结束后的相关代码
                break;
            case CommandTypes.Reset:
                //Reset 命令结束后的相关代码
                break;
            case CommandTypes.SearchReference:
                //SearchReference 命令结束后的相关代码
                break;
        }
    }
}
```

9.4 其他模块的开发

在 G1324 型数控车床的上位机软件开发中，除了最基本的底层控制模块和流程控制模块的封装，还有很多功能可以封装，如显示模块、G 代码解析模块等，鉴于篇幅所限，本书不再给出具体的代码，仅给出部分类的关系图。

图 9.9 给出了显示模块（名称：DrawingIO）的类关系图。

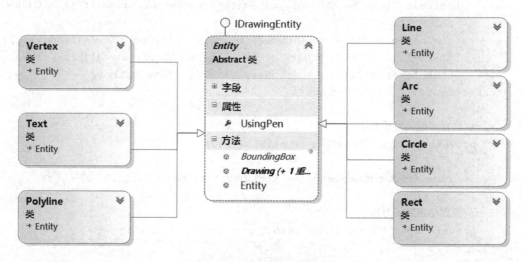

图 9.9　DrawingIO 的类关系图

在 DrawingIO 的类关系图中，利用 IDrawingEntity 接口封装了与绘图相关的属性和方法，属性 UsingPen 用于定义绘图用的画笔，方法 BoundingBox()用于计算图形的包围盒，方法 Drawing()用于绘图。Entity 是一个抽象类，用于 IDrawingEntity 接口的实现，所有的基本元素都继承自 Entity。

图 9.10 给出了 G 代码解析模块（名称：GCodeParser）的类关系图。

GCodeParser 的类关系图只展示了部分 G 代码和 M 代码。为了适应数控机床市场，G1324 型数控车床的代码输入采用了 G 代码，虽然运动控制器能支持部分 G 代码，但是 G

代码的标准各异，在国际标准中就分为 A、B、C 3 类，在这 3 类标准中，相同的 G 代码具有不同的含义，因此需要自己开发 G 代码解析模块。G 代码解析模块实现了 G 代码的解析、M 代码的解析，以及其他辅助代码的解析，G 代码包括 G0、G1、G2、G3、G20、G21……G98、G99 等，M 代码包括 M0、M1、M2、M3……M8、M9 等，辅助代码包括换刀指令、主轴转速指令、切削速度指令等。每个 G 代码都单独封装成类，其基类是 GCodeParserBase，基类继承自接口 IGCodeParser，这与前面介绍的类层次结构是一致的。所有类的命名都要有规律，只有这样才能采用反射技术进行类的构造，从而应用简单工厂模式搭建软件架构。这与前面的模块的结构比较类似，在此不再进行展开描述。

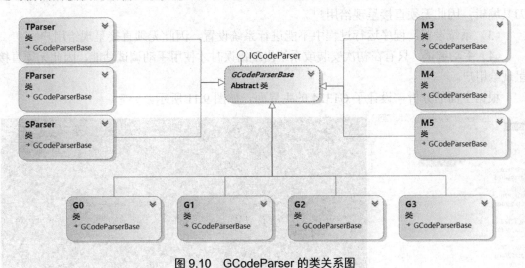

图 9.10　GCodeParser 的类关系图

9.5　UI

　　UI 是展现给用户直接的视角，背后是功能模块的支撑，其重要性仅次于基本功能模块。好的 UI 将经常使用的功能直接呈现给用户，将不常用的功能对用户隐藏，待使用时呈现给用户。这里还是以 G1324 型数控车床系统的 UI 为例介绍如何设计 UI。

　　根据如图 9.1 所示的上位机软件的功能分解，以及 9.2.1 节对 G1324 型数控车床功能的分析，有以下几部分的界面需要直接呈现给用户。

　　（1）流程操作界面。流程操作界面包括打开程序、启动、暂停、单步、复位、停止等功能。打开程序功能用于打开已经编辑好的 G 代码；启动功能用于启动加工程序进行加工；暂停功能用于程序加工过程中的暂停（再次单击暂停按钮将继续加工）；单步功能用于单步执行 G 代码以保证系统的安全，这个功能在首次进行工件试切时比较实用；复位功能用于系统出现故障或错误时对运动控制器及软件的复位；停止功能用于停止当前的加工。这些功能会经常使用，因此需要直接呈现给用户。

　　（2）G 代码显示。G 代码需要直接呈现给用户以便检查。

　　（3）手动操作界面及状态显示。手动操作界面及状态显示包括手动调整位置及系统运行的状态监视，需要直接呈现给用户。

（4）图形化显示界面。图形化、可视化的界面会带给用户最佳体验，而且在运行过程中也需要实时更新画面，做到所见即所得，这些都需要直接呈现给用户。

由于界面的空间限制，在进行 UI 设计时，不可能将所有的功能都直接呈现给用户，此时可以采用 TabControl 将这部分功能包含进来，但是不直接呈现给用户，在需要调用时再通过选择这个 TabControl 的属性页进行切换。这部分功能如下。

（1）G 代码编辑。G 代码有时需要编辑，此时可以调用 G 代码编辑功能，由于 G 代码编辑的使用频率不高，所以无须直接呈现给用户。

（2）刀具编辑。刀具编辑用于更换刀具并设置刀具参数，在程序运行过程中不能进行刀具编辑，因此无须直接呈现给用户。

（3）系统设置。程序运行过程中不能进行系统设置，因此无须直接呈现给用户。

（4）手动调试。只有在初次安装或系统出现错误时才使用手动调试功能，因此无须直接呈现给用户。

根据上面的分析，设计了 G1324 的主界面，如图 9.11 所示。

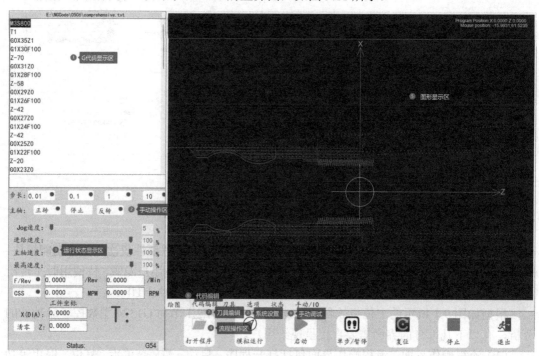

图 9.11　G1324 的主界面

9.6　本章小结

本章着重介绍了如何利用 C#开发自动化项目，对上位机软件的功能进行了分解，可将上位机软件分为 UI 和控制中心两部分。

控制中心是整个软件系统的管理中心，包括底层控制模块、流程控制模块、图形显示模块、异常处理模块、多用户模块及其他模块。在这些模块中，有两个模块在整个自动化

应用中处于基础和核心的地位：底层控制模块和流程控制模块。本章对这两个模块进行了封装。

底层控制模块封装了与运动控制器相关联的功能：运动控制器类、输入/输出控制类、单轴运动类、多轴插补运动类等，并利用 C#实现了这些类。流程控制模块封装了与流程控制相关的功能：流程类、流程控制类，主要包括启动流程、停止流程、暂停流程、继续流程、复位流程、回参考点流程，并利用 C#实现了这些类。利用这两个模块，读者就可以搭建起自动化上位机软件架构，此架构已经实现了自动化系统最基础的功能，在此基础上，读者可以自行添加其他高级功能，开发出高端自动化上位机软件。

UI 为软件的人机交互部分，包括主界面、设置界面、测试功能界面和 I/O 监控界面，好的 UI 将经常使用的功能直接呈现给用户，将不常用的功能对用户隐藏，待使用时呈现给用户。最后通过实例介绍了如何开发 UI。

第 10 章　C#在物联网领域的应用开发

物联网（Internet of Things，IoT）是指通过信息传感器、射频识别技术、全球定位系统、红外感应器、激光扫描器等各种装置与技术实时采集任何需要监控、连接、互动的物体或过程，采集其声、光、热、电、力学、化学、生物、位置等各种信息，通过各类可能的网络接入实现物与物、物与人的泛在连接，实现对物品和过程的智能化感知、识别与管理。物联网是一个基于互联网、传统电信网等的信息承载体，让所有能够被独立寻址的普通物理对象形成互联互通的网络。

10.1　物联网导论

首先来认识一下物联网。下面从物联网的定义、起源、特征等几方面来介绍物联网。

10.1.1　物联网的定义和特征

物联网就是物物相连的互联网。它是一个在互联网基础上延伸和扩展的，将各种信息传感设备与网络结合起来而形成的一个巨大网络，实现任何时间、任何地点的人、机、物的互联互通。它具有普通对象设备化、自治终端互联化和普适服务智能化 3 个重要特征。

与传统的互联网相比，物联网有其鲜明的特征。首先，它是各种感知技术的广泛应用；其次，它是一种建立在互联网上的泛在网络，物联网技术的重要基础和核心仍旧是互联网，通过各种有线和无线网络与互联网融合，将物体的信息实时、准确地传递出去；再次，物联网不仅提供了传感器的连接，其本身还具有智能处理的能力，能够对物体实施智能控制。物联网将传感器和智能处理相结合，从传感器获得的海量信息中分析、加工和处理有意义的数据，利用云计算、模式识别等各种智能技术扩充其应用领域，以适应不同用户的不同需求。

10.1.2　物联网的起源和发展

1991 年，剑桥大学特洛伊计算机实验室的科学家编写了一套程序，在咖啡壶旁边安装了一个便携式摄像头，利用终端计算机的图像捕捉技术，以 3 帧/秒的速率将捕捉到的图像传递到实验室的计算机上，以方便工作人员随时查看咖啡是否煮好，这就是物联网最早的雏形。

1995 年，比尔•盖茨在《未来之路》一书中提及了物联网的概念。

1999 年，美国麻省理工学院提出"物联网"的概念，主要建立在物品编码、RFID 技术和互联网的基础上。Kevin Ash-ton 教授提出"万物皆可通过网络互联",阐明了物联网的含义,他也被称为"互联网之父"。

2003 年,美国《技术评论》提出传感网络技术将是未来改变人们生活的十大技术之首。

2005 年 11 月 17 日,在突尼斯举行的信息社会世界峰会(WSIS)上,国际电信联盟(ITU)发布了名为《ITU 互联网报告 2005:物联网》的报告,正式提出了"物联网"的概念。

2009 年是中国物联网发展最重要的一年,"感知中国"的战略构想首次被提出。

随后,物联网技术得到了快速发展,物联网接入的设备快速增长,市场规模不断提升。根据 GSMA(全球移动通信系统协会)的预测,2025 年全球物联网终端连接数量将达到 250 亿个,其中,消费物联网终端连接数量将达到 110 亿个,工业物联网终端连接数量将达到 140 亿个。2021 年 7 月,中国互联网协会发布了《中国互联网发展报告(2021)》。报告显示,中国的物联网市场规模达 1.7 万亿元,预计 2022 年物联网产业规模将超过 2 万亿元。

10.1.3　物联网的应用

物联网的发展日新月异,它已经不再只是概念性的场景,物联网深深地影响到了人们的生活。物联网用途广泛,遍及智能制造、智能交通、智慧物流、智能安防、智慧医疗、智能电网、环境保护、智慧建筑、智能家居、智能零售、智慧农业等多个领域。

(1)智能制造领域:制造行业是物联网技术应用的主要领域,主要应用于智能化加工生产设备监管和厂区的环境监测,在设备上安装传感器,可以实现对机器的远程控制;在环境方面可以监测湿度、温度和烟感等。

(2)智能交通领域:改进道路环境、确保道路交通安全。应用物联网技术对人、车、道路进行规划和控制,常见的应用行业有智能公交车、共享自行车、智能信号灯和智慧停车场系统等。

(3)智慧物流领域:在物流运送、派送等环节应用物联网、人工智能、大数据等技术完成对系统软件的认知、分析和解决,主要应用在运送检测、快递终端设备等方面。

(4)智能安防领域:传统的安防对工作人员的需求量大,人员成本高,而智能安防系统则可以通过机器来完成智能化的分辨工作,常应用在门禁系统和视频监控系统中。

(5)智慧医疗领域:物联网技术可以应用感应器对患者进行智能化的管理,智能穿戴设备可以检测并记录患者的心率、血压等,方便患者自己或医生查看。

(6)智能电网和环境保护领域:将物联网技术应用到水、电、太阳能、垃圾箱等设备中,提高资源利用率、降低资源损耗,如智能水表抄表、智能感应垃圾桶、智能检测水位线等。

(7)智慧建筑领域:智慧建筑可以节约资源、减少工作人员的运维管理工作量。现有的智慧建筑主要应用在消防安全检测、智慧电梯轿厢等方面。

(8)智能家居领域:将物联网应用在智能家居上,可以让人们的生活越来越舒适、安全、高效。

(9)智能零售领域:智能零售对传统的自动售卖机和便利店进行了智能化的升级与改造,形成了无人零售的方式。

（10）智慧农业领域：现代农业通过与物联网技术的紧密结合可以实现数据的可视化分析、远程操作和灾害预警，在种植业中体现为通过监控、卫星等收集数据，在畜牧业中体现为通过动物耳标、监控、智能穿戴设备等收集数据，对收集的数据进行分析，从而做到精确管理。

10.1.4　物联网的传输方式

物联网的传输方式有多种，主要有传统互联网、有线传输、移动空中网和近距离线传输，如图 10.1 所示。

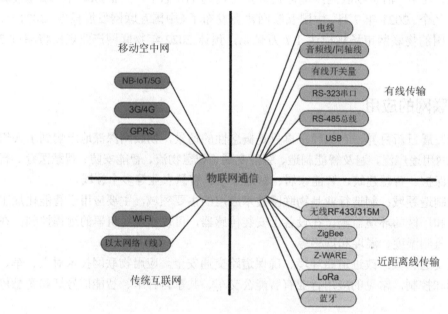

图 10.1　物联网的传输方式汇总

这些传输方式各有其优/缺点，各有各的应用场合，工业物联网因其稳定性和传输距离的限制，大部分会采取有线连接的方式，如串口通信（RS-232、RS-485、USB 等）、以太网等，其中串口通信和以太网的应用最为普遍，本章着重介绍串口通信和以太网。

10.2　串口通信和串口通信网络

10.2.1　串口通信

串口（Serial Port）也称串行通信接口（通常指 COM 接口），是一种非常通用的用于设备之间通信的接口，也广泛用于设备与仪器仪表之间的通信。常见的串口有 RS-232（使用 25 针或 9 针连接器），以及工业计算机应用的半双工 RS-485 与全双工 RS-422。这里着重介绍 RS-232 和 RS-485 串口通信。

RS-232 串口按位（bit）发送和接收字节，尽管比按字节（Byte）的并行通信慢，但是串口可以在使用一根线发送数据的同时用另一根线接收数据。由于 RS-232 采用串行传输方式，并且将计算机的 TTL 电平转换为 RS-232C 电平，所以其传输距离一般可达 30m。若采用光电隔离 20mA 的电流环进行传送，则其传输距离可以达到 1000m。

串口可以用于 ASCII 码字符的传输，通信使用 3 根线完成，分别是地线、发送线、接收线，如表 1.2 所示。RS-232 采用负逻辑传输数据，规定逻辑"1"的电平为-15～-5V，逻辑"0"的电平为+5～+15V。选用该电气标准的目的在于提高抗干扰能力，增大通信距离。RS-232 的噪声容限为 2V，接收器将能识别高至+3V 的信号作为逻辑"0"，将低至-3V 的信号作为逻辑"1"。

由于串口通信是异步的，所以端口能够在一根线上发送数据，同时在另一根线上接收数据，其他线用于握手，但不是必需的。串口通信最重要的参数是波特率、数据位、停止位和校验位，对于两个进行通信的端口，这些参数必须匹配。

RS-485 接口组成的半双工网络一般为两线制，多采用屏蔽双绞线传输，这种接线方式为总线式拓扑结构，在同一总线上最多可以挂接 32 个结点。它具有以下特点。

（1）RS-485 的电气特性：逻辑"1"以两线间的电压差为+(2～6)V 表示；逻辑"0"以两线间的电压差为-(2～6)V 表示。接口信号电平比 RS-232 降低了，就不易损坏接口电路的芯片，且该电平与 TTL 电平兼容，可方便地与 TTL 电路连接。

（2）RS-485 的数据最高传输速率为 10Mbit/s。

（3）RS-485 接口采用平衡驱动器和差分接收器的组合，抗共模干扰能力增强，即抗噪声干扰性好。

（4）因为 RS-485 接口具有良好的抗噪声干扰性，所以长的传输距离和多站能力等上述优点就使其成为首选的串行接口。因为由 RS-485 接口组成的半双工网络一般只需两根线，所以 RS-485 接口均采用屏蔽双绞线传输。两个端口分别用 A、B 表示，表示 RS-485 的 A 相和 B 相。

（5）RS-485 接口的最大传输距离标准值为 1219.2m，实际上可达 3000m。另外，RS-232-C 接口在总线上只允许连接 1 个收发器，即具有单站能力。而 RS-485 接口在总线上允许连接多达 128 个收发器，即具有多站能力。这样，用户可以利用单一的 RS-485 接口方便地建立起设备网络。

典型的 RS-485 组网如图 10.2 所示。

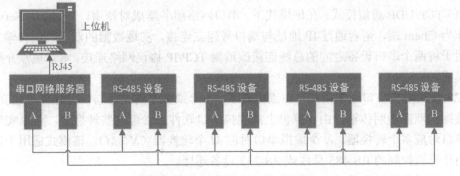

图 10.2　典型的 RS-485 组网

10.2.2　串口网络服务器

普通的计算机并不支持 RS-485 通信，现在的大部分计算机也不支持 RS-232。这些都阻碍了物联网的发展。

让自动化领域的串口设备具备联网能力，立即联网，这就需要用到串口网络服务器。串口网络服务器能让传统的 RS-232/422/485 设备立即联网。它利用基于 TCP/IP 的串口数据流来控制、管理设备硬件，是专为串口转以太网设计的桥梁。串口网络服务器就像一台带 CPU、实时操作系统和 TCP/IP 协议的微型计算机，方便在串口和网络设备中传输数据。人们可以在世界的任何位置通过网络和串口网络服务器用自己的计算机来存取、管理与配置远程串口设备。

串口网络服务器提供串口转网络功能，能够将 RS-232/485/422 串口转换成 TCP/IP 协议网络接口，实现 RS-232/485/422 串口与 TCP/IP 协议网络接口的数据双向透明传输，或者支持 Modbus 协议双向传输，使得串口设备能够立即具备 TCP/IP 协议网络接口功能，连接网络进行数据通信，扩展串口设备的通信距离。

串口网络服务器的样式如图 10.3 所示。

正运动的 XPLC300 型运动控制器（见图 10.4）也可以作为以太网串口网络服务器使用，其提供了 RS-485 通信功能，能够通过以太网直接访问连接到运动控制器上的 RS-485 设备。

图 10.3　串口网络服务器的样式

图 10.4　XPLC300 型运动控制器

串口网络服务器一般在如下的工作模式下工作。

（1）TCP/UDP 通信模式：在该模式下，串口网络服务器成对使用，一个作为 Server 端，一个作为 Client 端，两者通过 IP 地址与端口号建立连接，实现数据的双向透明传输。该模式适用于将两个串口设备之间的总线连接改造为 TCP/IP 协议网络连接。本章重点介绍这种通信模式。

（2）使用虚拟串口通信模式：在该模式下，一个或多个转换器与一台计算机建立连接，支持数据的双向透明传输。由计算机上的虚拟串口软件来管理这些转换器，可以实现一个虚拟串口对应多个转换器，N 个虚拟串口对应 M 个转换器（$N \leqslant M$）。该模式适用于串口设备和由计算机控制的 RS-485 总线或 RS-232 设备连接。

（3）基于网络通信模式：在该模式下，计算机上的应用程序基于 Socket 协议编写了通信程序，在转换器设置上直接选择支持 Socket 协议即可。

10.2.3　串口参数

串口通信最重要的参数是波特率、数据位、停止位和校验位。对于两个进行通信的端口，这些参数必须匹配。这些参数定义如下。

（1）波特率：衡量符号传输速率的参数，指的是信号被调制以后在单位时间内的变化，即单位时间内载波参数变化的次数，如每秒钟传送 960 个字符，而每个字符格式包含 10 位（1 个起始位，1 个停止位，8 个数据位），这时的波特率为 960（波特），比特率为 10×960=9600（单位为 bit/s）。

（2）数据位：衡量通信中实际数据位的参数。当计算机发送一个信息包时，实际的数据标准值为 6 位、7 位或 8 位。标准的 ASCII 码为 0～127（7 位），扩展的 ASCII 码为 0～255（8 位）。

（3）停止位：用于表示单个包的最后几位，典型的值为 1 位、1.5 位、2 位。由于数据是在传输线上定时的，并且每个设备都有其自己的时钟，很可能通信中在两台设备间出现了小小的不同步。因此停止位不仅表示传输的结束，还提供计算机校正时钟同步的机会。

（4）校验位：串口通信中一种简单的检错方法，有 4 种方式：偶校验、奇校验、逻辑高校验和逻辑低校验。当然，没有校验位也是可以的。

10.3　Modbus 通信协议

在物联网中，Modbus 通信协议的应用是非常普遍的，大部分的串口设备都支持 Modbus 通信协议。下面介绍 Modbus 通信协议。

10.3.1　什么是 Modbus 通信

Modbus 是一种应用层协议，定义了与基础网络无关的数据单元（ADU），可以在以太网（TCP/IP）或串行链路上（RS-232、RS-485 等）进行通信（以太网 ADU 和串行 ADU 略有不同）。在串行链路上，Modbus 协议有两种传输模式：ASCII 模式和 RTU 模式。其中，ASCII 是英文 "American Standard Code for Information Interchange" 的缩写，中文翻译为 "美国信息交换标准编码"；RTU 是英文 " Remote Terminal Unit" 的缩写，中文翻译为 "远程终端设备"。

Modbus 采用主从（Master-Slave）通信模式，主设备（Master）能对传输进行初始化，从设备（Slave）根据主设备的请求进行应答。在串行链路的主从通信中，Modbus 主设备可以连接 1 个或 N（最大为 247）个从设备。主从通信模式包括单播模式和广播模式。

在广播模式中，Modbus 主设备可同时向多个从设备发送请求（设备地址 0 用于广播模式），从设备不对广播请求进行响应。

在单播模式中，主设备发送请求至某个特定的从设备（每个 Modbus 从设备具有唯一地址），请求的消息帧中会包含功能代码和数据，如功能代码 "01" 用来读取离散量线圈的状态；从设备接到请求后，进行应答并把消息反馈给主设备。

在主从设备的通信中，可以使用 ASCII 模式或 RTU 模式。

在 ASCII 模式下，消息帧以英文冒号（":"，ASCII 0x3A）开始，以回车和换行（CRLF，ASCII 0x0D and 0x0A）符结束，允许传输的字符集为十六进制的 0~9 和 A~F；网络中的从设备监视传输通路上是否有英文冒号 ":"，如果有，就对消息帧进行解码，查看消息中的地址是否与自己的地址相同，如果相同，就接收其中的数据；如果不同，则不予理会。

在 ASCII 模式下，每个 8 位的字节被拆分成两个 ASCII 码字符进行发送。例如，十六进制数 0xAF 会被分解成 ASCII 码字符 "A" 和 "F" 进行发送，发送的字符量是 RTU 的 2 倍。ASCII 模式的好处是允许两个字符之间间隔的时间长达 1s 而不引发通信故障。该模式采用纵向冗余校验（Longitudinal Redundancy Check，LRC）的方法来检验错误。

在 RTU 模式下，每个字节可以传输两个十六进制字符。例如，十六进制数 0xAF 直接以十六进制字符 0xAF（二进制：10101111）进行发送，因此它的发送密度是 ASCII 模式的 2 倍。RTU 模式采用循环冗余校验（Cyclical Redundancy Check，CRC）。

10.3.2 Modbus 寄存器

Modbus 数据区有多种类型的寄存器，对不同的寄存器进行读/写有不同的指令，一般分为连续多个寄存器读/写、单个寄存器读/写等。虽然 Modbus 支持诸多功能码，但其中只涉及 4 种寄存器：线圈寄存器、离散输入寄存器、保持寄存器、输入寄存器。

只要弄清楚寄存器的本质和功能码的联系，理解功能码就会变得很简单。Modbus 寄存器分类如表 10.1 所示。

表 10.1　Modbus 寄存器分类

寄存器种类	读写状态	位/字操作	适用功能码
线圈寄存器	读/写	位	01H（读）、05H（写单个位）、0FH（写多个位）
离散输入寄存器	只读	位	02H
保持寄存器	读/写	字	03H（读）、06H（写单个字节）、0FH（写多个字节）
输入寄存器	只读	字	04H

线圈寄存器：可以类比为开关量，每位都对应一个信号的开关状态。因此一个字节可以同时控制 8 路信号，如控制外部 8 路 I/O 的高低。线圈寄存器支持读也支持写，如控制或读取电磁阀的开关位状态，对应的功能码有 0x01/0x05/0x0F。

离散输入寄存器：相当于线圈寄存器的只读模式，每位表示一个开关量，而它的开关量只能读取，不能写入；只能通过外部设定改变输入状态，如读取外部按键的状态是按下还是松开，但是控制不了按键，对应的功能码有 0x02。

保持寄存器：单位不再是位而是两个字节，即可以存放具体的数据量，并且是可读/写的。例如，读取传感器报警的上限、下限，也可以设置它的大小，对应的功能码有 0x03/0x06/0x10。

输入寄存器：相当于保持寄存器的只读模式，也是只支持读而不支持写。一个输入寄存器也是占据两个字节的空间，如通过读取输入寄存器获取现在的模拟量采样值，对应的功能码有 0x04。

10.3.3　Modbus 功能码

Modbus 支持很多功能码，但是在实际应用时，常用的只有几个。前面介绍了 Modbus 的 4 种寄存器，从寄存器角度理解了对应功能码。Modbus 常用功能码如表 10.2 所示。

表 10.2　Modbus 常用功能码

功 能 码	名　　称	数据类型	作　　用
0x01	读线圈寄存器	位	取得一组逻辑线圈的当前状态（ON/OFF）
0x02	读离散输入寄存器	位	取得一组开关输入的当前状态（ON/OFF）
0x03	读保持寄存器	整型、浮点型、字符型	在一个或多个保持寄存器中取得当前的二进制值
0x04	读输入寄存器	整型、浮点型	在一个或多个输入寄存器中取得当前的二进制值
0x05	写单个线圈寄存器	位	强置一个逻辑线圈的通断
0x06	写单个保持寄存器	整型、浮点型、字符型	把具体二进制值装入一个保持寄存器中
0x0F	写多个线圈寄存器	位	强置一串连续逻辑线圈的通断
0x10	写多个保持寄存器	整型、浮点型、字符型	把具体的二进制值装入一串连续的保持寄存器中

1．功能码 01H

（1）功能：读从站线圈寄存器，位操作，可读单个或多个线圈。

（2）主机发送指令。

主机发送数据包括从站地址+功能码+寄存器起始地址+寄存器数量+校验码。

例如，从站地址为 0x01，线圈寄存器起始地址为 0x0021、结束地址为 0x002c，即寄存器地址范围为 0x0021～0x0032，总共读取 12 个连续线圈的状态值。主机发送指令（功能码 01H）如表 10.3 所示。

表 10.3　主机发送指令（功能码 01H）

从站地址	功能码	起始地址高 8 位	起始地址低 8 位	寄存器数高 8 位	寄存器数低 8 位	CRC 低 8 位	CRC 高 8 位
0x01	0x01	0x00	0x21	0x00	0x0c	0xXX	0xXX

（3）从站响应返回。

从站响应返回数据包括从站地址+功能码+返回字节数+数据值+校验码。

其中，返回数据值的每一位对应线圈状态，线圈状态为 ON 时其值为 1，线圈状态为 OFF 时其值为 0。

例如，读取 12 个线圈，需要 2 字节存放应答数据，返回字节数为 2。字节 1 存放线圈编号 21～28 的数值（线圈 28 的值存放于 bit7 中，线圈 21 的值存放于 bit0 中）；字节 2 存放线圈编号 29～32 的数值，剩余位数添 0（补位）。从站响应返回如表 10.4 所示。

表 10.4　从站响应返回

从站地址	功能码	返回字节数	data1	data2	CRC 校验低 8 位	CRC 校验高 8 位
0x01	0x01	0x02	0xCB	0x0B	0xXX	0xXX

在表 10.4 中，data1 表示 0x0021～0x0028 的线圈状态，data1 的最低位代表最低地址的线圈状态。

data1：0xCB=1100 1011，此时 data1 线圈状态如表 10.5 所示。

智能制造的 C#实战教程

表 10.5   data1 线圈状态

线圈地址	功能码	0x28	0x27	0x26	0x25	0x24	0x23	0x22	0x21
数值	0x01	1	1	0	0	1	0	1	1

data2 表示 0x0029～0x0030 的线圈状态，若不足 8 位，则字节高位填充为 0。

data2：0x0B=0000 1011，此时，data2 线圈状态如表 10.6 所示。

表 10.6   data2 线圈状态

线圈地址	功能码	0x30	0x2f	0x2e	0x2d	0x2c	0x2b	0x2a	0x29
数值	0x01	0	0	0	0	1	0	1	1

2．功能码 02H

功能：读离散输入寄存器，位操作，可读单个或多个线圈，类似功能码 01H。

3．功能码 03H

（1）功能：读从站保持寄存器，字节操作，可读单个或多个保持寄存器；每个保持寄存器占 2 字节（16 位）。

（2）主机发送指令。

主机发送数据包括从站地址+功能码+寄存器起始地址+寄存器数量+校验码。

假设从站地址为 0x03，保持寄存器的起始地址为 0x003B、结束地址为 0x003D，即保持寄存器地址范围为 0x003B～0x003D，总共读取 3 个保持寄存器的数据，则主机发送指令（功能码 03H）如表 10.7 所示。

表 10.7   主机发送指令（功能码 03H）

从站地址	功能码	起始地址高 8 位	起始地址低 8 位	寄存器数高 8 位	寄存器数低 8 位	CRC 校验低 8 位	CRC 校验高 8 位
0x03	0x03	0x00	0x3B	0x00	0x03	0xXX	0xXX

（3）从站响应返回。

从站响应返回数据包括从站地址+功能码+返回字节数+数据值+校验码。此时的从站响应返回（功能码 03H）如表 10.8 所示。

表 10.8   从站响应返回（功能码 03H）

从站地址	功能码	返回字节数	data1H	data1L	data2H	data2L	data3H	data3L	CRC 校验低 8 位	CRC 校验高 8 位
0x03	0x03	0x06	0x1B	0x0B	0x0A	0x01	0xC2	0xDB	0xXX	0xXX

本例中读取 3 个保持寄存器，每个保持寄存器占 2 字节，因此需要 6 字节存放应答数据，返回字节数为 6。

0x003B～0x003D 保持寄存器的数值如表 10.9 所示。

表 10.9   0x003B～0x003D 保持寄存器的数值

寄存器地址	0x003D	0x003C	0x003B
数值	0xC2 DB	0x0A 01	0x1B 0B

4．功能码：04H

功能：读输入寄存器，字节操作，可读单个或多个输入寄存器，类似功能码 03H。

5．功能码 05H

（1）功能：对单个线圈进行写操作，位操作，只能写一个线圈。写入 0xFF00 表示将线圈置为 ON，写入 0x0000 表示将线圈置为 OFF，其他值无效。

（2）主机发送指令。

主机发送数据包括从站地址+功能码+寄存器起始地址+数据值+校验码。

假设从站地址为 0x03，线圈寄存器的起始地址为 0x0032，要将其设置为 ON，则主机发送指令（功能码 05H）如表 10.10 所示。

表 10.10　主机发送指令（功能码 05H）

从站地址	功能码	起始地址高 8 位	起始地址低 8 位	dataH	dataL	CRC 校验低 8 位	CRC 校验高 8 位
0x03	0x05	0x00	0x32	0xff	0x00	0xXX	0xXX

（3）从站响应返回。

从站应答数据包括从站地址+功能码+寄存器地址+写入值+校验码。

如果数据成功写入，则应答数据与请求数据一样。

6．功能码 06H

（1）功能：对单个保持寄存器进行写操作，字节操作，只能写一个寄存器。

（2）主机发送指令。

主机发送数据包括从站地址+功能码+寄存器起始地址+数据值+校验码。

假设从站地址为 0x01，线圈寄存器的起始地址为 0x0048，写入数值为 0x1234，则主机发送指令（功能码 06H）如表 10.11 所示。

表 10.11　主机发送指令（功能码 06H）

从站地址	功能码	起始地址高 8 位	起始地址低 8 位	dataH	dataL	CRC 校验低 8 位	CRC 校验高 8 位
0x01	0x06	0x00	0x48	0x12	0x34	0xXX	0xXX

（3）从站响应返回。

从站响应返回数据包括从站地址+功能码+寄存器地址+写入值+校验码。

如果数据成功写入，则应答数据与请求数据一样。

10.4　用 C#实现串口通信

C#用几种不同的方法来访问串口，采用哪种方法取决于基础的通信方式。如果直接连接到计算机的 COM 串口上，或者通过虚拟串口生成了 COM 串口，则可以采用 SerialPort 类；如果采用了串口网络服务器，通信采用 TCP 协议，则可以采用 TcpClient 类。另外，C# 还提供了一个 NModbus 类，可以同时支持 SerialPort 和 TcpClient。下面介绍这几种类及其具体的使用方法。

10.4.1 SerialPort 类

从.NET Framework 2.0 开始，C#提供了 SerialPort 类用于实现串口控制，命名空间为 System.IO.Ports。

1．常用属性

SerialPort 类的常用属性如表 10.12 所示。

表 10.12　SerialPort 类的常用属性

属　　性	说　　明
BaudRate	获取或设置波特率
BytesToRead	获取接收缓冲区中数据的字节数
BytesToWrite	获取发送缓冲区中数据的字节数
DataBits	获取或设置每个字节标准数据的长度
Parity	获取或设置奇偶校验检查协议
PortName	获取或设置通信端口
StopBits	获取或设置每个字节的标准停止位数
WriteBufferSize	获取或设置串行端口数据缓冲区的大小
IsOpen	串口是否打开

2．常用方法

SerialPort 类的常用方法如表 10.13 所示。

表 10.13　SerialPort 类的常用方法

方　　法	说　　明
Close()	关闭串口连接，将 IsOpen 设置为 false
GetPortNames()	获取当前计算机的所有串行端口名
Open()	打开一个新的串行端口连接
Read(Byte[],Int32,Int32)	从 SerialPort 输入缓冲区读取一些字节并将这些字节写入字节数组中指定的偏移量处
ReadByte()	读取一个字节
ReadChar()	读取一个字符
ReadExisting()	从输入缓冲区获取所有立即可用的字节
ReadLine()	一直读取输入缓冲区的一行新数据
ReadTo(string)	一直读取到输入缓冲区中的字符串
Write(byte[],int32,int32)	使用缓冲区中的数据将指定数量的字节写入串行端口
Write(string)	将指定的字符串写入串行端口
WriteLine(string)	将一行新数据写入缓冲区

3．打开串口

示例代码如下：

```
//将打开 COM1 口，比特率为 9600bit/s，无校验位，数据位为 8，停止位为 1
SerialPort port = new SerialPort();    //建立串口类
port.PortName = "COM1";//串口名称：COM1
port.BaudRate = 9600;//比特率：9600bit/s
```

```
port.Parity = System.IO.Ports.Parity.None;//校验法：无
port.DataBits = 8;//数据位：8
port.StopBits = System.IO.Ports.StopBits.One;//停止位：1
port.Open();//打开串口，如果打开成功，则 IsOpen 为 true
```

4. 关闭串口

示例代码如下：

```
if(port.IsOpen)//判断串口是否打开
{
    port.Close();//关闭串口
}
```

5. 写二进制数据

下面的两个方法都可以实现写二进制数据的功能：

```
void Write(byte[] buffer, int offset, int count);
void Write(char[] buffer, int offset, int count);
```

这两个方法都用于写二进制数据，区别仅仅在于第一个参数不相同：byte[]为无符号类型，char[]为有符号类型。对二进制数据而言，两者是没有区别的。offset 为地址值，count 为写入的字节数。示例代码如下：

```
if(port.IsOpen)
{
    //按照 Modbus 协议从#1 从站的 0x6002 地址写入数据 0x0020
    byte[] bt= new byte[]{0x01, 0x06, 0x60, 0x02, 0x00, 0x20};
    port.Write(bt,0,bt.Length);
}
```

注意：

（1）Write 是同步操作，因此，如果写入的数据较长，那么 Write 函数是不会返回数据的，即主线程会停在这里，程序进入假死状态。

（2）WriteTimeout 属性用于控制 Write 函数的最长耗时。它的默认值为 System.IO.Ports.SerialPort.InfiniteTimeout，即-1，其含义为 Write 函数不将所有数据写完绝不返回。

6. 读取二进制数据

示例代码如下：

```
if(port.IsOpen)
{
    byte[] b = new byte[3];
    int n = port.Read(b,0,3); //返回值是读取的字节数，读取 3 个字节的串口数据
}
```

注意：

（1）Read 函数是同步操作。以上面的代码为例，3 个字节的数据在被读取之前，Read 函数是不会返回的。如果这段代码在主线程里，那么整个程序将处于假死状态。

智能制造的 C#实战教程

（2）ReadTimeout 属性用于控制 Read 函数的最长耗时。它的默认值为 System.IO.Ports.SerialPort.InfiniteTimeout，即-1，其含义为 Read 函数未读取到串口数据之前是不会返回的。

7. DataReceived 事件

串口输入缓冲区获得新数据后，会以 DataReveived 事件通知 SerialPort 对象，可以在此时读取串口数据。代码如下：

```
// 获取或设置 DataReceived 事件发生前内部输入缓冲区中的字节数
port.ReceivedBytesThreshold = 1;
port.DataReceived+=new
System.IO.Ports.SerialDataReceivedEventHandler(port_DataReceived);
    void port_DataReceived(object sender, System.IO.Ports.
SerialDataReceivedEventArgs e)
    {
        int nRead = port.BytesToRead;      //获取读取到缓冲区中的字节数
        if (nRead > 0)
        {
            byte[] data = new byte[nRead];
            port.Read(data, 0, nRead);     //读取串口数据
        }
    }
```

在上面的代码中可以看出，串口输入缓冲区获得新数据后，将检查缓冲区内已有的字节数，如果大于或等于 ReceivedBytesThreshold 就会触发 DataReceived 事件。这里将ReceivedBytesThreshold 设置为 1，显然就是一旦获得新数据会立即触发 DataReceived 事件。

port.DataReceived+=new System.IO.Ports.SerialDataReceivedEventHandler(port_DataReceived);语句的含义是对于 DataReceived 事件，用函数 port_DataReceived 进行处理。

回调函数 port_DataReceived 用于响应 DataReceived 事件，通常在这个函数里读取串口数据。它的第一个参数 sender 就是事件的发起者。在上面的代码中，sender 其实就是 port。也就是说，多个串口对象可以共享一个回调函数，通过 sender 可以区分是哪个串口对象。

10.4.2 TcpClient 类

TcpClient 类的通信使用的是 TCP/IP 协议。TCP 协议控制传输数据，负责发现传输问题，一旦有问题就发出信号，要求重新传输，直到所有数据被安全、正确地传输到目的地；而 IP 协议负责给互联网中的每台计算机定义一个地址，以便传输。从协议分层模型方面来讲，TCP/IP 协议由网络接口层（链路层）、网络层、传输层、应用层组成，其模块关系图如图 10.5 所示。

现阶段 Socket 通信使用 TCP、UDP 协议，相对于 UDP，TCP 比较安全、稳定。本书只涉及 TCP 协议的 Socket 通信。Socket 连接过程如下。

（1）服务器监听：服务器端 Socket 并不定位具体的客户端 Socket，而是处于等待监听状态，实时监控网络状态。

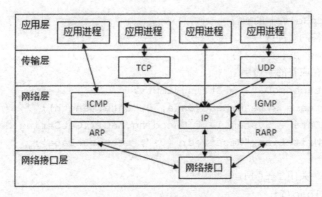

图 10.5　TCP/IP 协议的模块关系图

（2）客户端请求：客户端 clientSocket 发送连接请求，目标是服务器端 serverSocket。为此，clientSocket 必须知道 serverSocket 的地址和端口号，从而进行扫描，发出连接请求。

（3）连接确认：当服务器端 Socket 监听到或收到客户端 Socket 的连接请求时，服务器就响应客户端的请求，建立一个新的 Socket，把服务器端 Socket 发送给客户端，一旦客户端确认连接，连接建立。

注意：在连接确认阶段，服务器 Socket 即使在与一个客户端 Socket 建立连接后，仍然处于监听状态，仍然可以接收其他客户端的连接请求，这也是一对多产生的原因。

TcpClient 是对 Socket 的封装，目的是简化一部分 Socket 的功能。Socket 支持 TCP、UDP、IP、Stream 等诸多协议，而 TcpClient 则只支持 TCP 和 Stream 协议。一般的网络应用用 TcpClient 类或 NetStream 类就够了，如果要做更复杂、更高级的事情，就建议用 Socket。

TcpClient 类提供了一些简单的方法，用于在同步阻止模式下通过网络来连接、发送和接收流数据。为使用 TcpClient 类连接并交换数据，可以使用 TCP ProtocolType 创建的 TcpListener 或 Socket 侦听是否有传入的连接请求。如果要在同步阻止模式下发送无连接数据报，则应使用 UdpClient 类。

TcpClient 首先使用 GetStream()方法获取 NetworkStream 流数据，然后调用 NetworkStream 类的 Write()和 Read()方法与远程主机之间发送、接收数据，最后使用 Close()方法释放与 TcpClient 关联的所有资源。具体代码如下：

```
static void Connect(String server, String message)
{
  try
  {
    // 创建 TcpClient。注意：此处需要一个 TcpServer 才能工作
    Int32 port = 13000;
    TcpClient client = new TcpClient(server, port);
    // 将传递信息转换为多个 ASCII 码字节进行传送
    Byte[] data = System.Text.Encoding.ASCII.GetBytes(message);
    // 使用 TcpClient 的流数据进行读和写
    NetworkStream stream = client.GetStream();
    // 写数据
    stream.Write(data, 0, data.Length);
    Console.WriteLine("Sent: {0}", message);
```

```
        // 接收 TcpServer 的应答
        // 保存应答的缓冲区
        data = new Byte[256];
        // 用于保存应答的字符串
        String responseData = String.Empty;
        Int32 bytes = stream.Read(data, 0, data.Length);
        responseData = System.Text.Encoding.ASCII.GetString(data, 0, bytes);
        Console.WriteLine("Received: {0}", responseData);

        // 关闭流、关闭 TcpClient
        stream.Close();
        client.Close();
    }
    catch (ArgumentNullException e)
    {
        Console.WriteLine("ArgumentNullException: {0}", e);
    }
    catch (SocketException e)
    {
        Console.WriteLine("SocketException: {0}", e);
    }

    Console.WriteLine("\n Press Enter to continue...");
    Console.Read();
}
```

10.4.3　NModbus

NModbus 是一个开源的类库，能非常方便地访问 TcpClient 和 SerialPort。下面详细介绍如何使用这个类库。

1. NModbus 的构造

NModbus 提供了一个 ModbusSerialMaster 类，实现了对 SerialPort 类、TcpClient 类的封装：

```
public class ModbusSerialMaster : ModbusMaster, IModbusSerialMaster,
IModbusMaster, IDisposable
{
    public static ModbusSerialMaster CreateAscii(IStreamResource
streamResource);
    public static ModbusSerialMaster CreateAscii(SerialPort serialPort);
    public static ModbusSerialMaster CreateAscii(TcpClient tcpClient);
    public static ModbusSerialMaster CreateAscii(UdpClient udpClient);
    public static ModbusSerialMaster CreateRtu(IStreamResource
streamResource);
    public static ModbusSerialMaster CreateRtu(SerialPort serialPort);
```

```
public static ModbusSerialMaster CreateRtu(TcpClient tcpClient);
public static ModbusSerialMaster CreateRtu(UdpClient udpClient);
public bool ReturnQueryData(byte slaveAddress, ushort data);
}
```

程序员在使用时，按照前面讲过的方法构造 SerialPort 类或 TcpClient 类，并调用 ModbusSerialMaster 类的构造方法建立 ModbusRtu 通信或 ModbusAscii 通信就可以了。代码如下：

```
SerialPort serialPort = new SerialPort("Com1", 115200, Parity.None, 8, 1);
ModbusSerialMaster serialMaster = ModbusSerialMaster.CreateaAscii(serialPort);
```

或

```
TcpClient tcpClient = new TcpClient("192.168.1.11", 2121);
ModbusSerialMaster tcpMaster = ModbusSerialMaster.CreateRtu(tcpClient);
```

2．NModbus 的方法

ModbusMaster 类提供了 Modbus 通信方法，如表 10.14 所示。

表 10.14　NModbus 类方法

方　　法	作　　用	对应 Modbus 功能码
ReadCoils()	读取 DO 的状态	01
ReadInputs()	读取 DI 的状态	02
ReadHoldingRegisters()	读取 AO 的值	03
ReadInputRegisters()	读取 AI 的值	04
WriteSingleCoil()	写入值到 DO 中	05
WriteSingleRegister()	写入值到 AO 中	06
WriteMultipleCoils()	写多个线圈寄存器	15
WriteMultipleRegisters()	写多个保持寄存器	16
ReadWriteMultipleRegisters()	读/写多个保持寄存器	23

具体的使用方法如下。

（1）ReadCoils()。

语法：

```
bool[] ReadCoils(byte slaveAddress, ushort startAddress, ushort
numberOfPoints);
```

功能：读线圈，参数为从站地址（8 位）、起始地址（16 位）、数量（16 位）；返回布尔型数组。

（2）ReadInputs()。

语法：

```
bool[] ReadInputs(byte slaveAddress, ushort startAddress, ushort
numberOfPoints);
```

功能：读输入离散量，参数为从站地址（8 位）、起始地址（16 位）、数量（16 位）；返回布尔型数组。

（3）ReadHoldingRegisters()。

语法：

```
ushort[] ReadHoldingRegisters(byte slaveAddress, ushort startAddress,
ushort numberOfPoints);
```

功能：读保持寄存器，参数为从站地址（8 位）、起始地址（16 位）、数量（16 位）；返回 16 位整型数组。

（4）ReadInputRegisters()。

语法：

```
ushort[] ReadInputRegisters(byte slaveAddress, ushort startAddress,
ushort numberOfPoints);
```

功能：读输入寄存器，参数为从站地址（8 位）、起始地址（16 位）、数量（16 位）；返回 16 位整型数组。

（5）WriteSingleCoil()。

语法：

```
void WriteSingleCoil(byte slaveAddress, ushort coilAddress, bool value);
```

功能：写单个线圈，参数为从站地址（8 位）、线圈地址（16 位）、线圈值（布尔型）。

（6）WriteSingleRegister()。

语法：

```
void WriteSingleRegister(byte slaveAddress, ushort registerAddress,
ushort value);
```

功能：写单个寄存器，参数为从站地址（8 位）、寄存器地址（16 位）、寄存器值（16 位）。

（7）WriteMultipleRegisters()。

语法：

```
void WriteMultipleRegisters(byte slaveAddress, ushort startAddress,
ushort[] data);
```

功能：写多个寄存器，参数为从站地址（8 位）、起始地址（16 位）、寄存器值（16 位整型数组）。

（8）WriteMultipleCoils()。

语法：

```
void WriteMultipleCoils(byte slaveAddress, ushort startAddress, bool[] data);
```

功能：写多个线圈，参数为从站地址（8 位）、起始地址（16 位）、线圈值（布尔型数组）。

（9）ReadWriteMultipleRegisters()。

语法：

```
ushort[] ReadWriteMultipleRegisters(byte slaveAddress, ushort
startReadAddress, ushort numberOfPointsToRead, ushort startWriteAddress,
ushort[] writeData);
```

功能：读/写多个寄存器，参数为从站地址（8 位）、读起始地址（16 位）、数量（16 位）、写起始地址（16 位）、写入值（16 位整型数组）；返回 16 位整型数组。

3. 实例

```
namespace NModbus
{
```

```
class Program
{
    private static void Main(string[] args)
    {
        try
        {
            ModbusSerialRtuMasterWriteRegisters();//用 ModbusRtu 写寄存器
            ModbusTcpMasterReadInputs();          //用 ModbusRtu 读取寄存器
        }
        catch (Exception e)
        {
            Console.WriteLine(e.Message);
        }
        Console.WriteLine("Press any key to continue...");
        Console.ReadKey();
    }
    /// <summary>
    /// 简单的写保存寄存器的实例
    /// </summary>
    public static void ModbusSerialRtuMasterWriteRegisters()
    {
        using (SerialPort port = new SerialPort("COM3"))  //串口 COM3
        {
            // 配置串口
            port.BaudRate = 9600;                        //波特率
            port.DataBits = 8;                           //数据位
            port.Parity = Parity.None;                   //无校验
            port.StopBits = StopBits.One;                //停止位 1 位
            port.Open();                                 //打开串口
            IModbusMaster master = ModbusSerialMaster.CreateRtu(port);
            //使用 ModbusRtu 建立连接

            byte slaveId = 1;                            //从站的地址为 1
            ushort startAddress = 100;                   //起始地址为 100
            ushort[] data = new ushort[] { 1, 2, 3 };//写入的数据
            // 写入数据
            master.WriteMultipleRegisters(slaveId, startAddress, data);
        }
    }
    /// <summary>
    /// 使用 ModbusTcp 读取输入数据
    /// </summary>
    public static void ModbusTcpMasterReadInputs()
    {
        //建立连接本机的 TcpClient
        using (TcpClient client = new TcpClient("127.0.0.1", 502))
        {
```

```
                    //建立 ModbusRtu 的 TCP 连接
                    IModbusMaster master = ModbusSerialMaster.CreateRtu(client);
                    // 从起始地址中读取 3 个数值
                    ushort startAddress = 100;                    //起始地址
                    ushort numInputs = 3;                         //个数
                    bool[] inputs = master.ReadInputs(0, startAddress,
numInputs);   //通过 Modbus 读取寄存器数值
                    for (int i = 0; i < numInputs; i++)
                    {
                        Console.WriteLine("Input {(startAddress + i)}=
{(inputs[i] ? 1 : 0)}");
                    }
                }
            }
        }
    }
```

10.5   C#在物联网中的开发实例

下面以实际案例来解释如何用 C#开发物联网系统。

10.5.1   面向蝶阀装配的半自动检测及其质量追溯系统

图 10.6 是作者开发的一套面向蝶阀装配的半自动检测及其质量追溯系统。

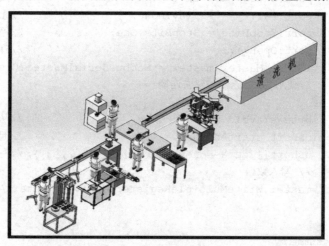

图 10.6   面向蝶阀装配的半自动检测及其质量追溯系统

蝶阀的组成部件有阀体、阀板、橡胶套等，这些部件的精度不是很高，生产企业进货时只进行抽检，因此装配起来的蝶阀的精度是得不到保障的。如果装配误差大，则经过一段时间后，就会出现漏水等现象，如果产品销往国外，其维修费用极高，还会造成用户的丢失。经过分析可知，漏水的主要原因在于装配部件的误差，因此企业提出了如下需求。

（1）每个蝶阀都要有一个唯一的身份识别码，保证其在生产体系中的唯一性。

（2）部件要全检，检出的数据要记录到数据库中，可追溯。

（3）蝶阀压力测试的数据要记录到数据库中，可追溯。

（4）记录下蝶阀装配时的照片，也可远程查看现场的工作情况。

（5）将检测数据和测试结果实时显示在操作工位附近和现场主控屏幕上。

（6）整个车间的长度和宽度都超过 100m，属于远距离传输。

（7）要有检测报警功能。

其实，这就是一个典型的物联网应用的需求，为此设计的方案如下。

（1）首先设计一个编码系统，按照规律为每个蝶阀编制唯一的编码，然后将编码做成二维码，利用激光打标机做成标牌与蝶阀进行绑定。

（2）在一个工位上配备一把扫码枪，利用扫码枪扫描二维码就可以获取当前蝶阀的唯一编码，从而将数据与蝶阀关联起来。

（3）利用网络相机实现拍照和视频功能。

（4）采用文本显示器将测量结果显示出来。

（5）通过 I/O 模块进行报警。

（6）利用串口网络服务器和局域网将所有的设备（检测设备、测试设备、扫码枪、网络相机等）连接成网。

（7）建立数据库服务器，支持局域网和外网双功能，局域网用于内部数据采集，将检测设备和测试设备的数据储存起来；对外，提供远程访问功能，通过二维码可查询蝶阀的检测和测试数据。

10.5.2　系统的连接示意图及硬件选型

本系统采用了多个串口网络服务器，这些串口网络服务器支撑起这个物联网系统的框架。串口网络远距离传输的特性也决定了所有的设备都应该采用 RS-232 或 RS-485 协议进行，因此在选型时也应该满足这个需求。

根据需求，整个系统的选型和需求如下。

（1）扫码枪：能支持扫描金属上的身份二维码。

（2）阀体检测：主要检测阀体的内径、圆度、对称度。

（3）胶套检测：主要检测胶套的外径和硬度。

（4）阀板检测：主要检测阀板的端面高度、外径、内孔直径。

（5）压力测试：主要利用现有的压力测试设备进行压力检测，主要是打压试压机（品牌主要有天龙和大升）。

（6）串口网络服务器：每个工位都需要有一个串口网络服务器。

（7）文本显示器：支持 ASCII 码的显示，用于显示二维码或报警信息。

（8）摄像头：支持网络接口。

图 10.7 所示为整个系统的连接示意图。

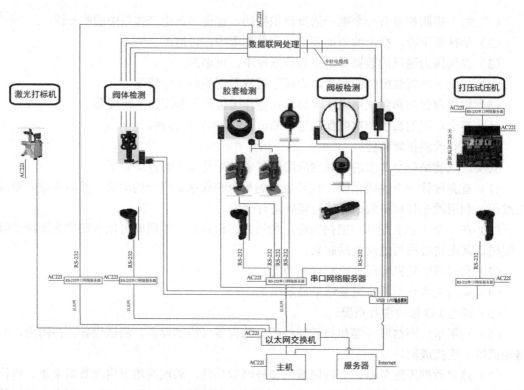

图 10.7　整个系统的连接示意图

现将其中部分硬件选型列于表 10.15 中。

表 10.15　部分硬件选型

名　　称	功　　能	品　　牌	通信接口
扫码枪	扫描二维码	摩托罗拉	金属表面，RS-232 通信
串口网络服务器	提供串口转网口服务	智嵌物联	同时支持 RS-232、RS-485
文本显示器	文本显示	武汉中显	8 寸，RS-232 通信
输入模块	外部信号输入	盈沣测控	RS-485 通信，24V，数字信号输入
输出模块	数字输出，报警	盈沣测控	RS-485 通信，24V，数字信号输出
相机	采集现场照片和视频	海康威视	网络传输
硬度计	采集胶套硬度	北京时代	RS-232 信号传输
挠性规测头	测量圆度、对称度	舒立强	RS-232
数显百分表	测量高度、外径	苏州英示	RS-232
内径量仪	测量内孔直径	Mahr	RS-232
打压试压机	测量压力	大升	RS-485
打压试压机	测量压力	天龙	RS-485

通过表 10.15 可以看出，所有的设备都满足 RS-232 或 RS-485 通信协议，为串口设备成网奠定了基础。

10.5.3　串行网络的建立

将所有设备连接到串口网络服务器上，串口网络服务器再连接到网络路由器上，基本网络就建立了。为了正确访问这些设备，必须通过串口网络服务器给这些设备分配 IP 地址和端口。串口网络服务器厂家提供了相应的设置软件，通过所提供的软件就可以为其 RS-232 端口或 RS-485 端口设置 IP 地址和端口，以及串口通信参数（波特率、数据位、停止位、校验位等），从而将串口数据的传输转化为网络传输。

计算机的 IP 地址为 192.168.1 段，因此必须将所有设备的 IP 地址都设定在 192.168.1 段，只有这样才能保证计算机与这些设备在同一局域网内，从而能正确访问串口设备。这里给出各个设备的 IP 地址和端口的定义，由于相机直接连接路由器，所以不需要设置端口。在整个系统内共有 8 把扫码枪、4 块百分表、6 块文本显示器、2 块硬度计、4 台打压试压机、1 个输入模块、3 个输出模块、1 个测量模块，这些模块都通过 RS-232 或 RS-485 连接串口网络服务器，形成串行网络。系统还有 6 个相机，它们都是通过网络路由器连接的，不属于串行网络的一部分，这里重在讲解如何针对串行网络进行编程，因此，相机采集及其他部分上位机编程不在讨论范围之内。

为了便于这些设备的管理，依据位置利用 enum 对这些设备进行具体的定义。在这些定义中，enum 的名称给出了具体的设备类型，enum 的条目给出了具体的位置。具体代码如下：

```csharp
public enum ScannerDef              //扫码枪定义
{
    Valvebody,                      //阀体位置的扫码枪
    Valveplate,                     //阀板位置的扫码枪
    Gumcover,                       //胶套位置的扫码枪
    Tianlong1,                      //天龙 1 工位打压试压机的扫码枪
    Tianlong5,                      //天龙 5 工位打压试压机的扫码枪
    Dasheng1,                       //大升 1#打压试压机的扫码枪
    Dasheng2_Left,                  //大升 2#打压试压机左侧扫码枪
    Dasheng2_Right                  //大升 2#打压试压机右侧扫码枪
}
public enum DialIndicatorDef        //数显百分表定义
{
    Valveplate_Front,               //阀板工位前方数显百分表
    Valveplate_Left,                //阀板工位左侧数显百分表
    Valveplate_Right,               //阀板工位右侧数显百分表
    GumCover,                       //胶套工位数显百分表
}
public enum TextScreenDef           //文本显示器定义
{
    Tianlong1 = 0,                  //天龙 1 工位打压试压机位置
    Tianlong5_Left =1,              //天龙 5 工位打压试压机左侧位置
    Tianlong5_Right = 2,            //天龙 5 工位打压试压机右侧位置
    Dasheng1 = 3,                   //大升 1#打压试压机位置
    Dasheng2_Left = 4,              //大升 2#打压试压机左侧位置
    Dasheng1_Right =5               //大升 2#打压试压机右侧位置
}
public enum HardnessMeterDef        //硬度计定义
```

智能制造的 C#实战教程

```
{
    GumCover_Left,                    //胶套左侧位置
    GumCover_Right                    //胶套右侧位置
}
public enum PlcDef                    //打压试压机 PLC 定义
{
    Tianlong1,                        //天龙 1 工位打压试压机
    Tianlong5,                        //天龙 5 工位打压试压机
    Dasheng1,                         //大升 1#打压试压机
    Dasheng2                          //大升 2#打压试压机
}
public enum IODef                     //输入/输出定义
{
    Input,                            //输入
    Output_Measure,                   //测量工位的输出
    Output_Tianlong,                  //天龙打压试压机的输出
    Output_Dasheng                    //大升打压试压机的输出
}
public enum ProbeDef                  //测头定义
{
    StartAddress                      //测头的 IP 地址
}
```

由于设备众多，所以为了便于管理，这里建立了一个静态 Hashtable，命名为 DeviceIPList，用于管理设备和 IP 地址之间的关系。DeviceIPList 的定义如下：

```
public class Definitions
{
    public static Hashtable DeviceIPList{get;set;}
}
```

在构造整个系统时，编制了 AddToIPList()方法来添加 IP 地址和端口。具体的方法和 IP 地址、端口代码如下：

```
public void AddToIPList()
{
    DeviceIPList = new Hashtable();//DeviceIPList 存储所有的设备定义及其 IP 地址定义
    //扫码枪 IP 地址定义
    Definitions.DeviceIPList.Add(ScannerDef.Valvebody,
"192.168.1.231:1120");          //阀体工位扫码枪
    Definitions.DeviceIPList.Add(ScannerDef.Valveplate,
"192.168.1.7:1121");          //阀板工位扫码枪
    Definitions.DeviceIPList.Add(ScannerDef.Gumcover,
"192.168.1.7:1530");          //胶套工位扫码枪
    Definitions.DeviceIPList.Add(ScannerDef.Tianlong1,
"192.168.1.229:1999");          //天龙 1 工位打压试压机扫码枪
    Definitions.DeviceIPList.Add(ScannerDef.Tianlong5,
"192.168.1.223:1994");          //天龙 5 工位打压试压机扫码枪
```

· 310 ·

```
        Definitions.DeviceIPList.Add(ScannerDef.Dasheng1,
"192.168.1.212:1988");        //大升 1#打压试压机扫码枪
        Definitions.DeviceIPList.Add(ScannerDef.Dasheng2_Left,
"192.168.1.218:1993");        //大升 2#打压试压机左侧扫码枪
        Definitions.DeviceIPList.Add(ScannerDef.Dasheng2_Right,
"192.168.1.217:1992");        //大升 2#打压试压机右侧扫码枪
    //数显百分表 IP 地址定义
        Definitions.DeviceIPList.Add(DialIndicatorDef.Valveplate_Front,
"192.168.1.243:1330");        //阀板工位前侧数显百分表
        Definitions.DeviceIPList.Add(DialIndicatorDef.Valveplate_Left,
"192.168.1.202:1985");        //阀板工位左侧数显百分表
        Definitions.DeviceIPList.Add(DialIndicatorDef.Valveplate_Right,
"192.168.1.203:1994");        //阀板工位右侧数显百分表
        Definitions.DeviceIPList.Add(DialIndicatorDef.GumCover,
"192.168.1.233:1122");        //胶套工位数显百分表
    //文本显示器 IP 地址定义
        Definitions.DeviceIPList.Add(TextScreenDef.Tianlong1,
"192.168.1.230:2000");        //天龙 1 工位打压试压机文本显示器
        Definitions.DeviceIPList.Add(TextScreenDef.Tianlong5_Left,
"192.168.1.226:1997");        //天龙 5 工位打压试压机左侧文本显示器
        Definitions.DeviceIPList.Add(TextScreenDef.Tianlong5_Right,
"192.168.1.225:1996");        //天龙 5 工位打压试压机左侧文本显示器
        Definitions.DeviceIPList.Add(TextScreenDef.Dasheng1,
"192.168.1.211:1987");        //大升 1#打压试压机文本显示器
        Definitions.DeviceIPList.Add(TextScreenDef.Dasheng2_Left,
"192.168.1.216:1991");        //大升 2#打压试压机左侧文本显示器
        Definitions.DeviceIPList.Add(TextScreenDef.Dasheng1_Right,
"192.168.1.215:1990");        //大升 2#打压试压机右侧文本显示器
    //硬度计 IP 地址定义
        Definitions.DeviceIPList.Add(HardnessMeterDef.GumCover_Left,
"192.168.1.7:1131");        //胶套工位左侧硬度计
        DeviceIPList.Add(HardnessMeterDef.GumCover_Right,
"192.168.1.242:1230");        //胶套工位右侧硬度计
    //打压试压机 PLC 定义
        Definitions.DeviceIPList.Add(PlcDef.Tianlong1,  "192.168.1.228:1998");
    //天龙 1 工位打压试压机 PLC
        Definitions.DeviceIPList.Add(PlcDef.Tianlong5,  "192.168.1.224:1995");
    //天龙 5 工位打压试压机 PLC
        Definitions.DeviceIPList.Add(PlcDef.Dasheng1, "192.168.1.210:1986");
    //大升 1#打压试压机 PLC
        Definitions.DeviceIPList.Add(PlcDef.Dasheng5, "192.168.1.214:1989");
    //大升 2#打压试压机 PLC
    //输入/输出 IP 定义
        Definitions.DeviceIPList.Add(IODef.Input, "192.168.1.241:1131");
    //数字输入
        Definitions.DeviceIPList.Add(IODef.Output_Measure,
"192.168.1.7:1430");        //测量区域报警
```

```
        Definitions.DeviceIPList.Add(IODef.Output_Tianlong,
"192.168.1.205:1982");          //天龙打压试压机报警
        Definitions.DeviceIPList.Add(IODef.Output_Dasheng,
"192.168.1.204:1981");          //大升打压试压机报警
    //测头
        Definitions.DeviceIPList.Add(ProbeDef.StartAddress,
"192.168.1.203:1980");
    }
```

DeviceIPList 的好处是将位置和 IP 地址进行了绑定，当需要使用 IP 地址时，只需使用位置 enum 来获取 IP 地址就可以了，在 Definitions 类里面添加了一个 GetIPFromDeviceIPList() 方法，具体代码如下：

```
//通过设备的 enum 定义来获取 IP 地址
public static string GetIPFromDeviceIPList(object def)
{
    return DeviceIPList[def].ToString();
}
```

通过上面的代码就可以对所有串口设备实现成网管理了，对串口设备的类型、位置和 IP 地址进行了绑定，便于统一管理。

10.5.4　串口基类的建立

所有的这些设备都是串口设备，它们通信的规则也满足 RS-232 通信协议或 RS-485 通信协议，每种设备的通信参数、通信指令都是不相同的，通信参数可以通过串口网络服务器进行设置，在此不再赘述。串口设备的通信原理都是相通的，无外乎使用 TcpClient 或 NModbus，因此有必要将其通用功能提炼出来，形成接口和抽象基类。

所有这些设备的通信都是通过网络进行的，因此，要想访问这些串口网络服务器，必须通过 TcpClient 类来实施。首先要把 TcpClient 封装起来，形成 ITcpOp 接口，代码如下：

```
public interface ITcpOp                    //TcpClient 的操作接口
{
    TcpClient TcpClient { get; set; }    //TcpClient
    void Connect();                        //连接
    void Disconnect();                     //断开
}
```

ITcpOp 抽象基类名称为 TcpOpBase，实现了对 TcpClient 的封装实现，将 IP 地址和端口分离出来，并实现 TcpClient 类的构造。具体代码实现如下：

```
public abstract class TcpOpBase: ITcpOp
{
    public TcpClient TcpClient { get; set; }
    private IPEndPoint _endPoint = new IPEndPoint(IPAddress.Any, 0);
    public TcpOpBase(string ipAddressWithPort)
    {
        //将 IP 地址和端口分离出来，并构造 TcpClient
        string[] strings = ipAddressWithPort.Split(':');
```

```
            IPAddress ipAddress = IPAddress.Parse(strings[0]);
            int port = int.Parse(strings[1]);
            _endPoint = new IPEndPoint(ipAddress, port);
            TcpClient = new TcpClient();
            Connect();
        }
        public void Connect()
        {
            if (!TcpClient.Connected)
            {
                TcpClient.Connect(_endPoint);
            }
        }
        public void Disconnect()
        {
            TcpClient.Close();
        }
    }
```

利用 TcpClient 就可以实现满足所有 RS-232 通信设备的发送数据和接收数据的需求，但是对于 RS-485 通信设备还不够，为此需要进一步封装 IModbusSerialMaster，其名称为 ModbusMaster。具体代码如下：

```
public interface IModbusOp
{
    IModbusSerialMaster ModbusMaster{get;set;}      //ModbusRtu 通信操作
}
```

IModbusOp 抽象基类的名称为 ModbusRutBase，继承自 TcpOpBase 和 IModbusOp，并对 ModbusMaster 进行了具体实现。具体代码如下：

```
public abstract class ModbusRtuBase : TcpOpBase, IModbusOp
{
    public IModbusSerialMaster ModbusMaster { get; set; }
    public ModbusRtuBase(string ipAddressWithPort) : base(ipAddressWithPort)
    {
        ModbusMaster = ModbusSerialMaster.CreateRtu(TcpClient);
    }
}
```

通过上面的代码，已经实现了 RS-232 和 RS-485 的基本功能，后面在构建具体设备时，只需让 RS-232 设备继承 TcpOpBase，让 RS-485 设备继承 ModbusRtuBase 就可以了。

10.5.5　各类串口设备的连接

1. 扫码枪

在前面的介绍中可以知道，每个蝶阀都会有一个唯一的二维码，这个二维码打印在金属表面并连接在阀体上。使用扫码枪扫码后，会传递回来写在二维码里面的字符串，只需将这些字符串进行分析分解，就可以得到这个唯一的身份号码，从而实现身份号码的解析，其具体代码如下：

```csharp
//建立一个委托，用于传递获得的二维码字符串
public delegate void ScanFinishDelegate(string scannerCode);
public class BarcodeScanner : TcpOpBase
{
    //扫码后，用于传递二维码字符串
    public event ScanFinishDelegate ScanFinishEvent;
    public BarcodeScanner(string ipAddressWithPort):base(ipAddressWithPort)
    {
        //开启一个新的线程来监控扫码枪是否有输入
        Thread thReceive = new Thread(TCReceive);
        thReceive.IsBackground = true;
        thReceive.Start();
    }
    private void TCReceive()//用于处理接收数据的方法
    {
        byte[] buffer = new byte[1024];
        string strRec = string.Empty;
        while (true)
        {
            int r = TcpClient.Client.Receive(buffer);
            Thread.Sleep(20);
            if (r != 0)
            {
                strRec = Encoding.Default.GetString(buffer, 0, r);
                //二维码字符串在第一个数组里面
                string[] strings = strRec.Split('\r', '\n');
                ScanFinishEvent(strings[0]);      //扫码后，用于传递二维码字符串
            }
            strRec = string.Empty;
        }
    }
}
```

在这段代码中，有两点值得注意。

一是新开了一个线程，用于监控扫码枪的状态，一旦有扫码动作，线程就能够感知到，从而做进一步的处理，这个线程在后台运行，直至程序结束。

二是使用了一个自定义 ScanFinishEvent 事件，用于返回扫描获取的二维码。在需要使用这个二维码的地方，只要对这个事件进行订阅就可以了，具体请参照设计模式中的订阅者模式。

在实际调用时，直接调用构造函数就可以了：

```csharp
BarcodeScanner BarcodeScanner_Valvebody = new BarcodeScanner( Definitions.
GetIPFromDeviceIPList(ScannerDef.Valvebody));
```

2．数显百分表

数显百分表不需要有交互，设备会一直向串口发送测量的数值，我们只需正确读取就可以了，为此，需要新开一个线程，并将取回的数值存取在公共属性 Value 中，在需要使用时，只要取 Value 的值就可以了。具体代码如下：

```
public class DialIndicator : TcpOpBase
{
    private double _value = double.MinValue;
    private string strRec = string.Empty;
    public DialIndicator(string ipAddressWithPort):base(ipAddressWithPort)
    {
        //开启新线程用于读取数显百分表的读数
        Thread thReceive = new Thread(TCReceive);
        thReceive.IsBackground = true;
        thReceive.Start();
    }
    private void TCReceive()
    {
        byte[] buffer = new byte[1024];
        while (true)
        {
            int r = TcpClient.Client.Receive(buffer);       //读取串口数据
            Thread.Sleep(50);
            if(r!=0)
            {
                strRec += Encoding.Default.GetString(buffer, 0, r);
                string[] strings = strRec.Split('\r');
                //解析字符串，并将其转化为double数值
                _value = double.Parse(strings[0]);
            }
        }
    }
    public double Value                    //数显百分表的数值
    {
        get
        {
            return _value;
        }
    }
}
```

3．硬度计

硬度计和数显百分表非常相似，也是设备发送数值，只要新开一个线程，在后台通过串口读取这个数值就可以了。硬度计类的类名为 HarnessMeter，其具体代码和数显百分表差别不大，在此不再赘述。

4. 文本显示器

文本显示器的功能主要是显示蝶阀的身份号码，ClearScreen()方法用于清除屏幕显示，Transmit2Screen()方法用于将身份号码显示在文本显示器上。具体代码如下：

```
public class TextScreen:TcpOpBase
{
    public TextScreen(string ipAddressWithPort):base(ipAddressWithPort)
    {
    }
    public void ClearScreen()
    {
        for (int lineNumber = 1; lineNumber < 5;lineNumber++ )
            Transmit2Screen("                    ",lineNumber); //清空屏幕显示
        System.Threading.Thread.Sleep(200);
    }
    //在不同的屏幕上显示，lineNumber 表示在第几行显示
    public void Transmit2Screen(string sannerNumber,int lineNumber)
    {
        //将蝶阀的身份号码转化为字节进行传送
byte[] arrayOfScannumber = Encoding.GetEncoding("GBK").GetBytes(sannerNumber);
        int len = arrayOfScannumber.Length + 3;
        //文本显示器的命令头，可以实现显示功能
byte[] head = new byte[6] { 0xA5, 0x5A, (byte)len, 0x82, (byte)lineNumber,
0x00 };
        byte[] totalArray = new byte[arrayOfScannumber.Length + head.
Length]; //总的发送数组长度
        //将 head 和 arrayOfScannumber 合并到 totalArray 中
        head.CopyTo(totalArray, 0);
        arrayOfScannumber.CopyTo(totalArray, head.Length);
        TcpClient.Client.Send(totalArray);                //发送 totalArray
    }
}
```

5. 试压机 PLC

压力测试数据是通过试压机获得的，现场有多台试压机，来自两家公司：天龙和大升。试压机都是利用 PLC 控制运行的，压力值存储在 PLC 的寄存器中。要读取当前的压力值，只需通过 PLC 的 RS-485 端口读取这个寄存器的数值就可以了。设备不同，寄存器的位置也不同，但是读取的代码是相通的，因此有必要对读取压力值的代码进行封装，形成接口和抽象类，具体代码如下：

```
public interface IPlc                                 //试压机 PLC
{
    float GetPressure(ushort pressureAddress);        //根据存储地址提取压力值
}
public abstract class PlcBase : ModbusRtuBase,IPlc
{
```

```
public byte slaveId;                                        //PLC 的模块号
public PlcBase(string ipAddressWithPort):base(ipAddressWithPort)
{
}
public abstract float GetPressure(ushort pressureAddress);
}
```

　　系统一共有 4 台试压机，其具体实现代码大同小异，区别主要在于 PLC 的模块号和压力寄存器地址。将其中一台（天龙 5 工位设备）的代码附在下面，其他设备的代码类似，这里不再赘述。具体实现代码如下：

```
public class Tianlong5PLC : PlcBase
{
    public ushort[] UpPressureAddress;                      //5 工位上压寄存器地址
    public ushort[] DownPressureAddress;                    //5 工位下压寄存器地址
    public Tianlong5PLC(string ipAddressWithPort):base(ipAddressWithPort)
    {
        slaveId = 1;
        UpPressureAddress = new ushort[5];
        DownPressureAddress = new ushort[5];
        //此处给出具体的地址
        for (ushort i = 0; i < 5; i++)
        {
            UpPressureAddress[i] = (ushort)(i * 4);
            DownPressureAddress[i] = (ushort)(i * 4 + 2);
        }
    }
    public override float GetPressure(ushort pressureAddress)
    {
        //读取压力值
        ushort[] pressValue = ModbusMaster.ReadHoldingRegisters(slaveId,
pressureAddress, 2);
        //将其转换为浮点数
        byte[] bytes = new byte[4];
        bytes[0] = (byte)(pressValue[1] & 0xFF);
        bytes[1] = (byte)(pressValue[1] >> 8);
        bytes[2] = (byte)(pressValue[0] & 0xFF);
        bytes[3] = (byte)(pressValue[0] >> 8);
        return BitConverter.ToSingle(bytes, 0);
    }
}
```

6. 输入/输出

　　输入模块用于读取一些外部开关信号，如脚踏开关等；输出模块用于报警或其他功能，它们都是通过 RS-485 进行传输的，因此需要给出具体的 I/O 地址，这些地址在设备中都有定义，具体参照设备说明书。在输入模块中，这里开启了一个定时器，每 10ms 读取一次；在输出模块中，只要按照需要写输出所在地址的值就可以了。具体的代码实现如下：

```
public class InputModule : ModbusRtuBase
{
    private System.Timers.Timer _timer;
    private bool[] _inputList;
    public InputModule(string ipAddressWithPort):base(ipAddressWithPort)
    {
        _timer = new System.Timers.Timer(10);      //每10ms读取一次
        _timer.Elapsed += (sender, e) =>
        {
            byte slaveId = 1;
            ushort address = 0;                     //Input 的起始地址
//读取 Input，共读取16位，每一位代表一个 Input
            _inputList = ModbusMaster.ReadInputs(slaveId, address, 16);
        };
        _timer.Enabled = true;
    }
    public bool[] InputList                         //Input 的信息
    {
        get { return _inputList; }
    }
}
public class OutputModule : ModbusRtuBase
{
    private byte _slaveId = 1;
    public OutputModule(string ipAddressWithPort):base(ipAddressWithPort)
    {
    }
    public void OutputSignal(ushort startAddress, bool value)
    {
        //根据地址写输出
        ModbusMaster.WriteSingleCoil(_slaveId, startAddress, value);
    }
}
```

7. 测头

测头传感器在取值时，只有首先发送一个取值命令，然后才能返回一组数据，这组数据为所有测头传感器的测量值。例如，系统中一共有 4 路传感器，会返回 4 组值，每组值为 4 字节，即返回的数值共占用 16 字节。具体的代码如下：

```
public class ProbeSensor : TcpOpBase
{
    private byte _channelNum = 4;               //安装了几路传感器，就设定为几
    public ProbeSensor(string ipAddressWithPort):base(ipAddressWithPort)
    {
    }
    private double[] _values;
    public double[] Values
```

```
    {
        get { return _values; }
        set
        {
            byte[] command = new byte[] { 0x02, 0x05, 0x02, 0x4C,
_channelNum };   //读取值命令，这个命令是传感器模块定义好的
            TcpClient.Client.Send(command);                          //发送命令
            Thread.Sleep(20);
            byte[] dataReceived = new byte[1024];
            int ret = TcpClient.Client.Receive(dataReceived);   //读取命令
            if(ret !=0)
            {
                HandleBuf(dataReceived);                //对返回值进行处理
            }
        }
    }
    //根据_channelNum 进行数据处理，并将其存储到 values 中供外部使用
    private void HandleBuf(byte[] dataReceived)
    {
        _values = new double[_channelNum];
        for (int i = 0; i < _channelNum; i++)
        {
            int bit1 = dataReceived[4 * i + 3];
            int bit2 = dataReceived[4 * i + 4];
            int bit3 = dataReceived[4 * i + 5];
            int bit4 = dataReceived[4 * i + 6];
            double value = (double)(bit1 + bit2 * 256 + bit3 * 4096 + bit4
* 65536) / 16384.0 * 10.0;
            _values[i] = value;
        }
    }
}
```

8. 系统类

为了在系统中使用这些设备，并且保证其唯一性，需要建立一个单例模式的设备类，在设备类的私有构造函数中进行构造。所有设备都需要进行构造，由于设备较多，所以这里仅展示几种设备的构造。具体的代码如下：

```
public class ValveDevice
{
    private static ValveDevice _instance = null;
    public static ValveDevice Instance
    {
        get
        {
            if (_instance == null)
                _instance = new ValveDevice();
```

智能制造的 C#实战教程

```
            return _instance;
        }
    }
    public BarcodeScanner BarcodeScanner_Valvebody { get; set; }
    public DialIndicator DialIndicator_Valveplate_Front { get; set; }
    public TextScreen TextScreen_Tianlong1 { get; set; }
    public HardnessMeter HarnessMeter_Gumcover_Left { get; set; }
    public InputModule InputModle { get; set; }
    public Tianlong5PLC Tianlong5Plc { get; set; }
    private ValveDevice()
    {
        FillIpList();
        BarcodeScanner_Valvebody = new BarcodeScanner(
    Definitions.GetIPFromDeviceIPList(ScannerDef.Valvebody));
        DialIndicator_Valveplate_Front = new DialIndicator(
    Definitions.GetIPFromDeviceIPList(DialIndicatorDef.Valveplate_Front));
        TextScreen_Tianlong1 = new TextScreen(
    Definitions.GetIPFromDeviceIPList(TextScreenDef.Tianlong1));
        HarnessMeter_Gumcover_Left = new HardnessMeter(
    Definitions.GetIPFromDeviceIPList(HardnessMeterDef.GumCover_Left));
        InputModle = new InputModule(Definitions.GetIPFromDeviceIPList
(IODef.Input));
        Tianlong5Plc = new Tianlong5PLC(Definitions.GetIPFromDeviceIPList
(PlcDef.Tianlong5));
    }
}
```

通过上面的操作，所有的串口设备都连接到了串行网络中，并通过 TcpClient 类实现了读/写操作。每个串口设备的读/写方式不同，有主动发送数据的设备，有触发后发送数据的设备，有仅在接收信号后才能发送数据的设备，利用 C#上位机软件消除这种差异，从而成功获取数据，程序员只需关注如何利用和处理这些数据就可以了，而无须关心数据是如何发送和接收的。

10.5.6　类结构

整个系统的类结构如图 10.8 所示。

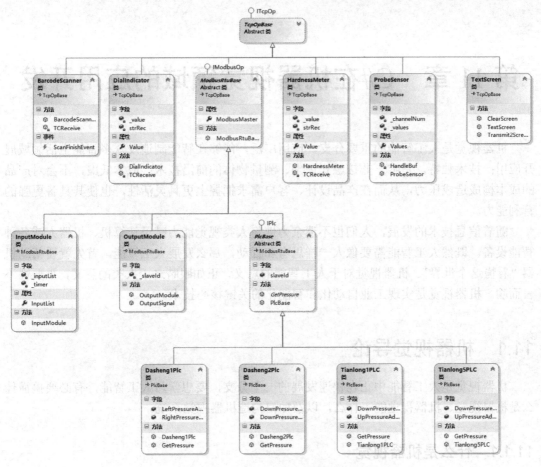

图 10.8　整个系统的类结构

10.6　本章小结

本章重点讲解了 C#在物联网领域的应用开发，首先介绍了物联网的定义、起源、特征和传输方式，使读者建立起物联网的概念；然后利用串口通信技术和串口网络服务器，使串口设备串联成网，进而形成物联网，并详细讲解了串口通信的常用协议 Modbus，以及用 SerialPort 类、TcpClient 类和 NModbus 类实现串口通信；最后通过作者开发的一套面向蝶阀装配的半自动检测及其质量追溯系统一步一步地解释如何开发物联网，如何实现串口设备成网，如何实现读取和处理串口数据，并给出了具体的实现代码。

第 11 章　C#在机器视觉领域的应用开发

机器视觉是人工智能的重要分支,应用广泛,能够在智能制造及众多智能生活领域展开应用;技术独特,是唯一非接触式识别、测量物体的前沿技术;成本低廉,不会对产品的成本构成造成压力,从而在产品设计、客户需求把握上更具灵活性,也使其具备更强的营利能力。

随着信息技术的发展,人们也不遗余力地将人类视觉能力赋予计算机、机器人或各种智能设备。既然人工智能需要像人一样思考和行动,那么发展人工智能,首先就要帮助机器"看懂这个世界"。机器视觉对于人工智能的意义,正如眼睛之于人类的意义,重要性不言而喻。机器视觉是实现工业自动化和智能化的关键核心技术。

11.1　机器视觉导论

机器视觉是人工智能中正在快速发展的一个分支,要想学习人工智能,有必要搞懂什么是机器视觉、机器视觉能干什么,以及如何构造机器视觉系统。

11.1.1　什么是机器视觉

简单来说,机器视觉就是用机器代替人眼来做测量和判断。机器视觉系统首先通过机器视觉产品,即图像摄取装置[分为 CMOS(Complementary Metal Oxide Semiconductor)和 CCD(Charge Coupled Device)两种]将被摄取目标转换成图像信号,并传送给专用的图像处理系统,得到被摄目标的形态信息,根据像素分布和亮度、颜色等信息转换成数字化信号;然后图像系统对这些信号进行各种运算来抽取目标的特征,进而根据判别的结果控制现场的设备动作。

从上面的定义可以看出,机器视觉系统的原理是用计算机或图像处理器及相关设备来模拟人的眼睛,从客观事物的图像中提取信息进行处理,获得相关视觉信息,并加以理解,最终用于实际检测和控制等领域。机器视觉是将图像转换成数字信号进行分析处理的技术,涉及人工智能、计算机科学、图像处理、模式识别等诸多领域。

表 11.1 对机器视觉和人类视觉进行了全面的比较。与人类视觉相比,机器视觉的优势极为明显,机器视觉可以在各种恶劣环境下进行高速在线检测,同时能够在长时间内不间断工作。

表 11.1　机器视觉与人类视觉的优劣势比较

类　　别	人类视觉	机器视觉
精确性	差,64 灰度级,不能分辨微小目标	强,256 灰度级,可观测 μm 级目标

续表

类　　别	人类视觉	机器视觉
速度性	慢，无法看清较快运动的目标	快，快门时间可达到 10μs
适应性	弱，很多环境对人体有害	强，可适应各种恶劣的环境
客观性	低，数据无法量化	高，数据可量化
重复性	弱，易疲劳	强，可持续工作
可靠性	易疲劳，受情绪波动影响	检测效果稳定可靠
效率性	效率低	效率高
信息集成	不便于进行信息集成	方便进行信息集成

11.1.2　机器视觉能干什么

机器视觉让机器拥有了像人一样的视觉功能，能更好地实现各种检测、测量、识别和判断功能。随着各类技术的不断完善，机器视觉下游应用领域也不断拓宽，从最开始主要用于电子装配检测，已发展到识别、检测、测量和机械手定位等越来越广泛的工业应用领域。速度快、信息量大、功能多也日益成为机器视觉技术的主要特点，其主要用途如下。

1．检测

检测是机器视觉在工业领域中最主要的应用之一。在检测应用中，机器视觉系统通过检测产品是否存在缺陷、污染物、功能性瑕疵和其他不合规之处来确认产品是否满足品质要求。

机器视觉还能够检测产品的完整性。例如，在食品和医药行业，机器视觉用于确保产品与包装的匹配性，并检查包装瓶上的安全密封垫、封盖和安全环是否存在等。

2．测量

在测量应用中，机器视觉系统通过计算被测物几何位置之间的距离来进行测量，并确定这些测量结果是否符合规格。如果不符合，那么机器视觉系统将向机器控制器发送一个未通过信号，进而触发生产线上的不合格产品剔除装置，将该产品从生产线上剔除。

在实践中，当元件移动经过相机视场时，固定式相机将会采集该元件的图像，并使用软件来计算图像中不同点之间的距离。机器视觉最大的特点就是可以实现非接触式测量，避免了许多传统的接触式测量带来的二次损伤。

机器视觉还可以实现高精度检测。它可以把多种测量技术融合在一起，形成高精度的检测系统。因为运用到高精度检测的一般都是在精密加工型产业与高端工业制造领域等高要求的行业，检测精度要求达到 μm 级，这些都是人眼无法检测到的，必须用机器完成，而这也成了工业 4.0 时代、工业自动化的关键应用。

3．识别应用

在识别应用中，机器视觉系统通过读取一维码、二维码、部件标识码、元件标签、字符内容来进行识别。除此以外，机器视觉系统还可以通过定位独特的图案来识别元件，或者基于颜色、形状或尺寸来识别元件。

4．人脸识别

人脸识别是人工智能视觉与图像领域中热门的应用，目前已经广泛应用于金融、司法、军队、公安、边检、政府、航天、电力、工厂、教育、医疗等行业。

5．视频/监控分析

人工智能技术可以对结构化的人、物等视频内容信息进行快速检索、查询。

对于大量人群流动的交通枢纽，该技术也被广泛用于人群分析、防控预警等。

视频/监控领域的营利空间广阔，商业模式多种多样，既可以提供行业整体解决方案，又可以销售集成硬件设备。

6．医疗影像诊断

医疗数据中有超过 90%的数据来自医疗影像。医疗影像领域拥有孕育深度学习的海量数据，医疗影像诊断可以辅助医生并提升医生诊断的效率。

7．驾驶辅助/智能驾驶

随着汽车的普及，汽车已经成为人工智能技术非常大的应用投放方向，但就目前来说，想要完全实现自动驾驶/无人驾驶，距离技术成熟还有一段路要走。

不过利用人工智能技术，汽车的驾驶辅助功能及应用越来越多，这些应用多半是基于计算机视觉和图像处理技术来实现的。

8．定位和引导

在任何机器视觉应用中，无论是最简单的装配检测，还是复杂的 3D 机器人应用，都需要采用图案匹配技术定位相机视场内的目标物品或特征。目标物品的定位往往决定机器视觉应用的成败。

引导就是使用机器视觉来报告元件的位置和方向。首先，机器视觉系统可以定位元件的位置和方向，将元件与规定的公差进行比较，确保元件处于正确的角度，以验证元件装配是否正确；其次，引导可用于在二维（2D）或三维（3D）空间内将元件的位置和方向报告给机器或机器运动控制器，让机器能够定位元件，以便将元件对位。

11.1.3　机器视觉的基本构成

一个典型的工业机器视觉系统包括光源、镜头（定焦镜头、变倍镜头、远心镜头、显微镜头）、相机（包括 CCD 相机和 COMS 相机）、图像处理单元（或图像捕获卡）、图像处理软件、监视器、通信、输入/输出单元等。其中，相机、光源等是成像的关键，其具体的使用典型案例如图 11.1 所示，这套系统采用了背光源、定焦镜头和工业相机。

图 11.1　使用典型案例

11.1.3.1　相机篇

1．工业相机简介

工业相机俗称摄像机，相比于传统的民用相机（摄像机），它具有高的图像稳定性、高传输能力和高抗干扰能力等，目前市面上的工业相机大多是基于 CCD 或 CMOS 芯片的相机。

其中，CCD 是目前机器视觉最为常用的图像传感器，它集光电转换及电荷存储、电荷转移、信号读取于一体，是典型的固体成像器件。CCD 的突出特点是以电荷作为信号，而不同于其他器件以电流或电压为信号，这类成像器件通过光电转换形成电荷包，而后在驱动脉冲的作用下转移、放大输出图像信号。典型的 CCD 相机由光学镜头、时序及同步信号发生器、垂直驱动器、模拟/数字信号处理电路组成，具有无灼伤、无滞后、低电压工作、低功耗等优点。

CMOS 图像传感器的开发最早出现在 20 世纪 60 年代，随着超大规模集成电路（VLSI）制造工艺技术的发展，CMOS 图像传感器得到迅速发展。CMOS 图像传感器将光敏元阵列、图像信号放大器、信号读取电路、模数转换电路、图像信号处理器及控制器集成在一块芯片上，具有局部像素的编程随机访问的优点。目前，CMOS 图像传感器以其良好的集成性、低功耗、高速传输和宽动态范围等特点在高分辨率和高速场合得到了广泛的应用。

2．工业相机的分类

（1）工业相机按照芯片类型可以分为 CCD 相机、CMOS 相机。

（2）工业相机按照传感器的结构特性可以分为线阵相机、面阵相机。

（3）工业相机按照扫描方式可以分为隔行扫描相机、逐行扫描相机。

（4）工业相机按照分辨率大小可以分为普通分辨率相机、高分辨率相机。

（5）工业相机按照输出信号方式可以分为模拟相机、数字相机。

（6）工业相机按照输出色彩可以分为单色（黑白）相机、彩色相机。

（7）工业相机按照输出信号速度可以分为普通速度相机、高速相机。

（8）工业相机按照响应频率范围可以分为可见光（普通）相机、红外相机、紫外相机等。

3．如何选择工业相机

（1）根据应用的不同分别选用 CCD 相机或 CMOS 相机。CCD 相机主要应用在运动物体的图像提取上，如贴片机的机器视觉。当然，随着 CMOS 技术的发展，许多贴片机也在选用 CMOS 相机。在视觉自动检查的方案或行业中，一般用 CCD 相机比较多；CMOS 相机由于成本低、功耗低也应用越来越广泛。

（2）分辨率的选择首先考虑待观察或待测量物体的精度，即根据精度选择分辨率。相机像素的理论精度=单方向视野范围/相机单方向分辨率，即相机单方向分辨率=单方向视野范围/相机像素的理论精度。若单方向视野范围为 5mm 长，相机像素的理论精度为 0.02mm，则相机单方向分辨率=5/0.02=250。然而，为提升系统稳定性，不会只用一个像素单位对应一个测量/观察精度值，一般可以选择倍数 4 或更高。这样，该相机单方向分辨率为 1000，选用 130 万像素已经足够。

（3）与镜头匹配的传感器芯片尺寸需要小于或等于镜头尺寸，C 或 CS 安装座也要匹配（或增加转接口）。

（4）对于相机帧数选择，当被测物体有运动要求时，要选择帧数高的工业相机。但一般来说，分辨率越高，帧数越低。

11.1.3.2　镜头篇

镜头的基本功能就是实现光束变换（调制）。在机器视觉系统中，镜头的主要作用是将目标成像在图像传感器的光敏面上。镜头的质量直接影响机器视觉系统的整体性能，合理地选择和安装镜头是机器视觉系统设计的重要环节。

1．镜头匹配

那么，如何选择合适的镜头呢？在进行镜头选配时，需要选择与相机接口和 CCD 的尺寸相匹配的镜头。目前，C 和 CS 的接口方式占主流，小型的安防用的是 CS 接口相机，FA 行业大部分用的是 C 接口的相机与镜头的组合。对应的 CCD 尺寸，市场上一般根据用途使用 1/3 寸到 2/3 寸（1 寸≈0.033m）的产品。

2．互换性

C 接口镜头可以与 C 接口相机、CS 接口相机互用。

CS 接口镜头不可以应用在 C 接口相机上，只可以应用在 CS 接口相机上。

3．镜头的作用

通过研磨将折射率不同的各种硝材加工成高精度的曲面，把这些镜头组合起来，就是设计镜头。为得到更清晰的图像，需要研究并开发试制新的硝材和非球面镜片。

11.1.3.3　光源篇

1．光源的特点

机器视觉使用的光源主要有 LED 光源、卤素灯（光纤光源）、高频荧光灯等，其中 LED 光源最常用，其主要有如下几个特点。

（1）可制成各种形状、各种尺寸及各种照射角度。

（2）可根据需要制成各种颜色，并可以随时调节亮度。

（3）具有散热装置，散热效果更好，光亮度更稳定。

（4）使用寿命长。

（5）反应迅速，可在 10μs 或更短的时间内达到最大亮度。

（6）电源带有外触发，可以通过计算机控制，启动速度快，可以用作频闪灯。

（7）运行成本低、寿命长的 LED 会在综合成本和性能方面体现出更大的优势。

（8）可根据客户的需要进行特殊设计。

2．光源的分类

LED 光源按形状通常可分为以下几类。

（1）环形光源。环形光源提供不同照射角度、不同颜色组合，更能突出物体的三维信息；高密度 LED 阵列，高亮度；多种紧凑设计，节省安装空间；解决对角照射阴影问题；可选配漫射板导光，光线均匀扩散；应用领域有 PCB 基板检测、IC 元件检测、显微镜照明、液晶校正、塑胶容器检测、集成电路印字检查。环形光源的外形如图 11.2 所示。

（2）背光源。背光源用高密度 LED 阵列面提供高强度背光照明功能，能突出物体的外形轮廓特征，尤其适合作为显微镜的载物台；红白两用背光源、红蓝多用背光源，能调配出不同颜色，满足不同被测物多色要求；应用领域有机械零件尺寸的测量，电子元件、IC 元件的外形检测、胶片污点检测、透明物体划痕检测等。图 11.1 中的光源就是背光源。

（3）条形光源。条形光源是较大方形结构被测物的首选光源；颜色可根据需求搭配，自由组合；照射角度与安装随意可调；应用领域有金属表面检查、图像扫描、表面裂缝检测、LCD 面板检测等。条形光源的外形如图 11.3 所示。

图 11.2　环形光源的外形　　　　图 11.3　条形光源的外形

（4）同轴光源。同轴光源可以消除物体表面不平整引起的阴影，从而减少干扰；部分采用分光镜设计，减少光损失，提高成像清晰度，均匀照射物体表面。同轴光源最适宜用于反射度极高的物体，如金属、玻璃、胶片、晶片等表面的划伤检测、芯片和硅晶片的破损检测、Mark 点定位、包装条形码识别等。同轴光源如图 11.4 所示。

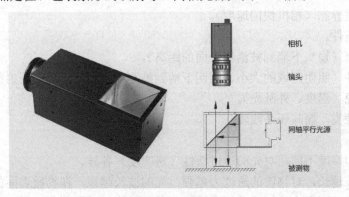

图 11.4　同轴光源

（5）AOI 专用光源。AOI 专用光源采用不同角度的三色光照明，照射凸显焊锡的三维信息；外加漫射板导光，减少反光；用于电路板焊锡检测。

（6）球积分光源。球积分光源是具有积分效果的半球面内壁，均匀反射从底部 360° 发射的光线，使整个图像的照度十分均匀。球积分光源适合于曲面、表面凹凸、弧形表面的检测，或者金属、玻璃等反光较强的物体表面的检测。

（7）线形光源。线形光源具有超高亮度，采用柱面透镜聚光，适用于各种流水线连续检测场合。它的应用领域为阵列相机照明专用、AOI 专用。

（8）点光源。点光源是大功率 LED，体积小，发光强度高；是光纤卤素灯的替代品，尤其适合作为镜头的同轴光源等；具有高效散热装置，大大提高了光源的使用寿命。点光源适合远心镜头使用，用于芯片检测、Mark 点定位、晶片及液晶玻璃底基校正。

（9）组合条形光源。组合条形光源的 4 边配置条形光，每边照明独立可控；可根据被测物要求调整所需的照明角度，适用性广；应用领域有 CB 基板检测、IC 元件检测、焊锡检查、Mark 点定位、显微镜照明、包装条形码照明、球形物体照明等。

（10）对位光源。对位光源的对位速度快、视场大、精度高、体积小、便于检测集成、亮度高、可选配辅助环形光源。

3. 光源的选型

光源对图像的成像具有非常大的影响，因此其选型非常重要。稳定、均匀的光源极其重要，其主要目的是将被测物与背景尽量明显区分开来，在摄取图像时，最重要之处是如何鲜明地获得被测物与背景的浓淡差。

光源的选型要考虑如下内容。

（1）检测内容。

检测内容包括外观检查、OCR、尺寸测定、定位。

（2）对象物。

①想看什么（异物、伤痕、缺损、标识、形状等）。

②表面状态（镜面、糙面、曲面、平面）。

③立体还是平面。

④材质、表面颜色。

⑤视野范围。

⑥动态还是静态（相机快门速度）。

（3）限制条件。

①工作距离（镜头下端到被测物表面的距离）。

②设置条件（照明区域的大小、照明下端到被测物表面的距离、反射型或透射型）。

③周围环境（温度、外乱光）。

④相机的种类，面阵还是线阵。

（4）其他。

①因材质和厚度不同，对光的透过特性（透明度）各异。

②光的波长越长，对物质的透过力越强；光的波长越短，在物质表面的扩散率越大。

光源的选型需要考虑的因素非常多，选型的好坏会影响成像的质量，进而影响检测的效果和精度。设计者要善于总结，依据经验选择最佳方案。

11.2 EmguCV

提到机器视觉，除了第 6 章中所涉及的基础知识，在实际开发中，可以借助一些强大的第三方控件。这里介绍一款功能强大的第三方开源软件 EmguCV，专门用于.NET Framework 平台的图形图像处理。

Emgu.CV.BgSegm——前景或背景分割，相关于基于 GMM、MOG 等方法的 OpenCV
类。Emgu.CV.OCR——字符识别库的封装，包括 Tesseract OCR 引擎的封装类。

11.2.1　什么是 EmguCV

EmguCV 是 OpenCV 的一个跨平台的.NET Framework 封装。OpenCV 自 1999 年问世
以来，已经被计算机视觉领域的学者和开发者视为首选工具，并成为计算机视觉领域最有
力的研究工具之一。OpenCV 的全称是 Open Source Computer Vision Library，是一个基于
（开源）发行的跨平台计算机视觉库，可以运行在 Linux、Windows 和 Mac OS 操作系统上。
它轻量级而且高效，由一系列 C 函数和少量 C++ 类构成，同时提供了 Python、Ruby、
MATLAB 等语言的接口，实现了图像处理和计算机视觉方面的很多通用算法。OpenCV 拥
有包括 300 多个 C 函数的跨平台的中、高层 API。它不依赖其他的外部库——尽管也可以
使用某些外部库。

由于 OpenCV 是用 C 和 C++编写的，EmguCV 用 C#对其进行封装，所以允许用.NET
Framework 平台语言来调用 OpenCV 函数，如 C#、VB、VC++等，同时，该封装也可以被
编译到 Mono 平台并允许在 Windows、Mac OS、Android、iPhone、iPad 等多个平台上运行。

EmguCV 是专门为开发者和研究者基于.NET Framework 设计的，提供了不同的类库和
关于类库的资源，还有很多应用程序例子，包括计算机视觉与人工智能、图像处理、机器
学习、人脸识别、OCR 等领域。

EmguCV 中具有不同功能的类被分别归类放置在不同的命名空间下。这个框架由一系
列的类库组成，其主要的命名空间及其功能如下。

Emgu.CV——OpenCV 图像处理功能的封装，包括 cv::String 的包装器 CvString 类、基
本图像处理函数 CvInvoke 类、相机响应校准 CalibrateCRF 类等。

Emgu.CV.CvInvoke——包括基本的图像处理函数，如图像的读/写、滤波、数学运算、
颜色空间转换、形态学处理、仿射变换，以及对像素、轮廓的操作等。

Emgu.CV.UI——用于显示 Image 对象的用户界面（ImageBox）。

Emgu.CV.Structure——OpenCV 结构体的封装，包括相关的结构体，如定义颜色相关的
BGR、Gray、RGBA、LUV 等类，以及定义形状的 CircleF、Ellipse、Cuboid 等类。

Emgu.CV.Util——Emgu.CV 项目使用的一组实用程序，如各种类型（int、CvString、Mat、
Point、Rect 等）的 C ++标准向量的封装类等。

Emgu.CV.Shape——包含形状距离的算法，可用于形状匹配检索和形状比较。

Emgu.CV.Features2D——包含用于 2D 特征检测、提取和匹配的类，提供了 KAZE、AKAZE、
SIFT、SURF、Brisk、ORB 等特征检测方法。

Emgu.CV.Stitching——包含图像拼接相关的类。

Emgu.CV.CvEnum——包含各种常用的 OpenCV 枚举，如字体类型、窗口类型、插值类
型、阈值类型、PCA 类型、轮廓近似类型、距离变换类型等。

Emgu.CV.ML——OpenCV 机器学习库的包装，包括 ANN、DTrees、SVM、RTrees、EM
算法等常用的机器学习模型。

Emgu.CV.ML.MlEnum——OpenCV 机器学习使用的枚举，包括变量类型、Boost 类型、
Boost 分裂标准等机器学习枚举。

Emgu.CV.Face——包含人脸识别相关的类和结构体。

Emgu.CV.Cuda——包含 NVidia Cuda 图像处理相关的函数。

Emgu.CV.BgSegm——背景分割相关的类，提供了基于 GMG、MOG 的两种分割方法。

Emgu.CV.OCR——光学字符识别，包括 Tesseract-OCR 引擎。

Emgu.CV.Text——包括自然场景图像中的文本检测和识别算法。

Emgu.CV.VideoStab——包含视频稳定相关的类和函数。

11.2.2 如何下载和使用 EmguCV

下面介绍如何下载和使用 EmguCV。

1. 下载 EmguCV 类库

可以在 EmguCV 官网下载 EmguCV 类库，本书采用的版本是 libemgucv-windesktop-3.2.0.2682，不同版本的功能差异不小，新版本的功能更多、更强大，建议读者尽量下载相同的版本进行学习。

下载完成后进行安装，采用默认设置就可以了。安装完成后，在计算机上生成其安装目录，如图 11.5 所示。

脑 > 本地磁盘 (C:) > Emgu > emgucv-windesktop 3.2.0.2682			
名称	修改日期	类型	大小
bin	2022/2/24 10:43	文件夹	
Emgu.CV	2022/2/24 10:34	文件夹	
Emgu.CV.Contrib	2022/2/24 10:34	文件夹	
Emgu.CV.Cuda	2022/2/24 10:34	文件夹	
Emgu.CV.DebuggerVisualizers	2022/2/24 10:34	文件夹	
Emgu.CV.Example	2022/2/24 10:34	文件夹	
Emgu.CV.OCR	2022/2/24 10:34	文件夹	
Emgu.CV.UI	2022/2/24 10:36	文件夹	
Emgu.CV.UI.GL	2022/2/24 10:34	文件夹	
Emgu.CV.World	2022/2/24 10:36	文件夹	
Emgu.CV.WPF	2022/2/24 10:34	文件夹	
Emgu.Util	2022/2/24 10:34	文件夹	
etc	2022/2/24 10:34	文件夹	
lib	2022/2/24 10:34	文件夹	
opencv	2022/2/24 10:34	文件夹	
opencv_contrib	2022/2/24 10:34	文件夹	
Solution	2022/2/24 10:34	文件夹	
x64	2022/2/24 10:34	文件夹	
CommonAssemblyInfo.cs	2017/5/7 5:55	Visual C# Sourc...	1 KB
components	2017/4/28 12:11	XML Configurati...	1 KB
Emgu.CV.Documentation	2017/5/7 6:45	编译的 HTML 帮...	7,620 KB
Emgu.CV.License	2017/4/28 12:11	文本文档	35 KB
Emgu.CV	2017/4/28 12:11	Visual Studio Str...	1 KB
LICENSE	2017/4/28 12:12	文件	3 KB
nuget	2017/4/28 12:11	XML Configurati...	1 KB
README	2017/5/7 5:55	文本文档	1 KB
Uninstall	2022/2/24 10:34	应用程序	108 KB

图 11.5 EmguCV 的安装目录

2. 使用 EmguCV 类库

在 VS2019 中新建 Windows 窗体应用程序，在新建的项目中添加 EmguCV 的引用。具体步骤如下。

（1）在"解决方案资源管理器"窗口中调出右键菜单，选择"引用"→"添加引用"选项。

（2）在弹出的"引用管理器"对话框中单击右下角的"浏览"按钮，找到 EmguCV 的安装路径，进入 bin 文件夹中，选中几个必需的 dll 文件并将其添加到项目中，主要有 Emgu.CV.UI.dll、Emgu.CV.World.dll、Emgu.CV.UI.GL.dll、ZedGraph.dll。

（3）单击"确定"按钮，完成类库引用的添加。

（4）在窗体的后台代码中添加有关 EmguCV 必要的 using 引用。

例如：

```
using Emgu.CV;
using Emgu.CV.Structure;
```

（5）添加 EmguCV 控件。

执行"工具"→"选择工具箱项"命令，弹出"选择工具箱项"对话框，如图 11.6 所示。

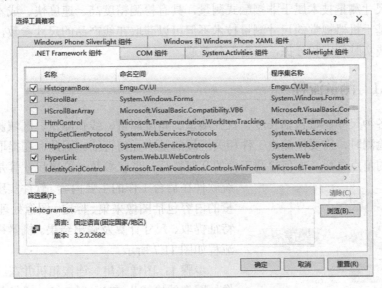

图 11.6　"选择工具箱项"对话框

单击图 11.6 中的"浏览"按钮，找到 EmguCV 安装路径下的 Emgu.CV.UI.dll 文件，单击"确定"按钮就可以了。比较常用的控件是 ImageBox，用于显示图像，其功能类似于 PictureBox。

11.3　在线视觉检测开发案例

随着我国自动化发展水平的不断提高，一些传统的检测方式已不能满足现有的生产需求，而具备自动化实时监控系统功能的在线视觉检测技术逐渐在一些生产型企业中得到广泛应用，并取得了良好的效果，未来必将在更广阔的领域中得到广泛应用，在提高企业自动化水平、提升质量管理水平等方面继续发挥作用。

在线检测（On-line Inspection）是指在生产线上进行的检测，是相对计量室检测而言的。以尺寸测量为例，计量室检测需要将工件从生产现场移到计量室，只有在经过几个小时的恒温后才能用测量仪器进行测量，其特点是精度高，但是效率低；而在线检测则是在生产线现

智能制造的 C#实战教程

场进行的测量，无须等待恒温，借助在线检测设备直接给出测量结果，其特点是效率高。

鉴于其高效性，在线视觉检测在尺寸测量、外观检测、精确定位、形状检测、模版匹配等方面得到了广泛应用。下面介绍基于 EmguCV 库的两个常用的在线视觉检测应用——尺寸测量和二维码识别，并给出具体的实例代码。

11.3.1　尺寸测量

尺寸测量是机器视觉技术普遍的应用领域，尤其在自动化制造行业中，典型的工件待测几何参数包括工件的长度、角度、半径、直径、弧度、厚度等。传统尺寸测量采用游标卡尺、千分尺等测量工具，精度低、速度慢，无法满足大规模自动化生产的需要。而基于机器视觉的尺寸测量技术属于非接触式测量，具有检测精度高、速度快、成本低、便于安装等优点。基于机器视觉的尺寸测量技术不但可以获取在线产品的尺寸参数，而且可以对产品做出在线实时判定和分拣，应用十分普遍。

11.3.1.1　测量流程

工件的各种尺寸参数包括长度、直径测量、角度测量、线弧测量、区域测量等，在进行几何尺寸检测时，需要检测出工件相关区域的基本几何特征。因此，在提取出零件的边缘点或零件的角点之后，如何检测工件的几何特征、形状参数、位置尺寸等是机器视觉系统软件在后台工作的主要内容。软件实现工件尺寸测量的内容包括图像采集、标定、图像处理、轮廓提取、特征提取、尺寸计算及输出结果。机器视觉尺寸测量流程如图 11.7 所示。

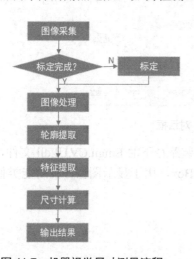

图 11.7　机器视觉尺寸测量流程

步骤 1：图像采集。连接相机并在线实时采集图像，图像的格式为 JPG 或 PNG。成像务必清晰，尽量减少干扰。影响成像质量的因素有很多，一是焦距，图像成像有对焦距的要求，只有在焦距范围内成像，图像才会清晰；二是镜头的畸变，镜头的畸变越小，图像周围的图像变形越小，成像越清晰；三是光源的影响，光源的亮度、角度、形状都会影响成像质量。总之一句话，成像要尽量清晰。

步骤 2：标定。空间物体表面某点的三维几何位置与其在图像中对应点之间的相互关系是由相机成像的几何模型决定的，这些几何模型参数就是相机参数。在大多数条件下，这些几何模型参数必须通过实验与计算才能得到，这个过程被称为标定。标定精度的高低直接影响机器视觉的精度。

在在线测量系统中，对于被测量工件，总是在同一位置进行测量，位置差为 mm 级。为了提高精度，我们会找一个相同的标准件进行标定，利用这个标准件进行特征提取和尺寸计算并记录下相关的像素数据，最后利用这些数据计算出在当前的相机、光线、测量位置下的准确像素尺寸。例如，在测量外径时，圆形标准件的外径尺寸经标定为 110mm，其在成像后的生成圆的像素为 900 像素, 此时像素尺寸为 110mm/900 像素≈0.1222mm/像素。

步骤 3: 图像处理。利用 EmguCV 提供的各种功能对图像进行灰度化、图像增强、二值化等操作, 将图像处理到最适合提取边缘的状态。

步骤 4: 轮廓提取。利用图像边缘提取算法提取出图像的边缘点。

步骤 5: 特征提取。根据提取的图像边缘点, 利用特征拟合算法进行特征提取, 提取所需的特征, 如圆、直线、圆弧、椭圆、矩形等。

步骤 6: 尺寸计算。提取特征完成后, 就可以进行尺寸计算了, 利用像素尺寸计算出所需检测的特征尺寸。

步骤 7: 输出结果。

11.3.1.2　EmguCV 检测实例

为了更好地描述如何使用 EmguCV 检测尺寸, 这里采用了如图 11.8 所示的检测样机。这是作者开发的活塞镶圈测量系统, 用于检测活塞镶圈的外径和内径。

图 11.8　活塞镶圈测量系统

活塞镶圈测量系统采用自动上下料机构和视觉检测机构, 实现了活塞镶圈的自动上料、自动检测和自动分选。视觉检测机构采用了透射光源, 使得成像清晰、亮暗分明, 其成像效果如图 11.8 的右图所示。下面详细讲解如何使用 C#实现活塞镶圈图像的采集、轮廓提取、特征提取等功能。

1. 图像采集

EmguCV 使用 Capture 类采集图像, 其实现代码如下:

```
Capture _capture = null;
CvInvoke.UseOpenCL = true;                //使用 GPU 的运算功能
_capture = new Capture(0);                //建立 Capture 并提取图像
_capture.ImageGrabbed += (sender,e) =>
   {
       Mat frame = new Mat();    //Mat 类用于保存图像, 以及其他矩阵数据的数据结构
       _capture.Retrieve(frame, 0);    //获取图像, 将其保存到 frame 中
       imageBoxInitial.Image = frame;    //将图像显示出来
};
_capture.Start();                         //开始采集
```

Capture 类用于从摄像头读取图像, 其构造函数为 new Capture(int camIndex), 其中 camIndex 为摄像头的索引号, EmguCV 支持多个摄像头, 如果系统中只有一个摄像头, 则

其索引号为 0。

Capture 类的 Start 函数用于启动摄像头图像捕捉功能，ImageGrabbed 事件用于处理当一帧图像被捕捉时的处理事件，Mat 类用于保存图像的矩阵数据。imageBoxInitial.Image = frame 用于将捕捉时的图像显示到 ImageBox 中。

2. 轮廓提取

针对活塞镶圈，其内围轮廓和外围轮廓都为圆，为了拟合这两个圆，首先需要将内、外围轮廓的边缘点提取出来。EmguCV 算法如下：

```
private int _threshold = 120;
//图像灰度化
Image<Gray, Byte> grayImage = _imageOriginal.Convert<Gray, Byte>();
    //二值化图像
    grayImage._ThresholdBinary(new Gray(_threshold), new Gray(255));
    Image<Gray, Byte> imageOutput = new Image<Gray, byte>(_imageOriginal.
Size);
    //获取轮廓
    VectorOfVectorOfPoint contourPoints = new VectorOfVectorOfPoint();
    CvInvoke.FindContours(grayImage, contourPoints, imageOutput,
RetrType.Ccomp, ChainApproxMethod.ChainApproxNone);
```

在这段代码里，_imageOriginal 是采集到的原始图像，为彩色图像，而在提取轮廓的函数中使用的是灰度图像，因此需要首先将图像灰度化。

为了使灰度图像 grayImage 的对比度和清晰度更高，更利于下一步的图像处理，需要对图像进行二值化处理，这里采用 EmguCV 库的功能函数_ThresholdBinary 对图像进行二值化处理，其函数形式为_ThresholdBinary(Gray grayThreshold, Gray grayMax)，在这里，grayThreshold 表示阈值，如果图像像素点的灰度值小于这个阈值，则将此像素点的灰度值设为 0；如果大于这个阈值，则将此像素点的灰度值设为 grayMax。在本例中，将 grayMax 设为 255，即整幅图像只有两个灰度值：0 和 255。

轮廓点保存在 contourPoints 变量中，其类型为 VectorOfVectorOfPoint，是一个向量，并且是一个双重向量，其每个元素保存了一组由连续的 Point 点构成的点的集合的向量，每组 Point 点集就是一个轮廓，有多少个轮廓，向量就有多少个元素。

FindContours 函数用于提取边界轮廓，其格式为：

```
public static void FindContours(
    IInputOutputArray image,
    IOutputArray contours,
    IOutputArray hierarchy,
    RetrType mode,
    ChainApproxMethod method,
    Point offset = null
)
```

其中，image 为输入的二值化图像，contours 为查找到的边界轮廓点。

hierarchy 也是一个向量，其内每个元素都保存了一个包含 4 个 int 整型的数组。向量 hiararchy 内的元素和轮廓向量 contours 内的元素是一一对应的，容量相同。hierarchy 向量内每个元素的 4 个 int 型变量 hierarchy[i][0]～hierarchy[i][3]分别表示第 i 个轮廓的后一个轮廓、前一个轮廓、父轮廓、内嵌轮廓的索引编号。如果当前轮廓没有对应的后一个轮廓、前一个轮廓、父轮廓或内嵌轮廓，则 hierarchy[i][0]～hierarchy[i][3]的相应位被设置为默认值-1。

mode 定义轮廓的检索模式，包括 External、List、Ccomp、Tree 等。其中，External 只检测最外围轮廓，包含在外围轮廓内的内围轮廓被忽略；List 检测所有的轮廓，包括内围、外围轮廓，但是对检测到的轮廓不建立等级关系，彼此之间独立，没有等级关系，这就意味着在这个检索模式下不存在父轮廓或内嵌轮廓，因此 hierarchy 向量内所有元素的第 3、4 个分量都会被置为-1；Ccomp 检测所有的轮廓，但对所有轮廓只建立两个等级关系，外围为顶层，若外围内的内围轮廓还包含其他的轮廓信息，则内围内的所有轮廓均归属于顶层；Tree 检测所有轮廓，对所有轮廓建立一个等级树结构，外围轮廓包含内围轮廓，内围轮廓还可以继续包含内嵌轮廓。

method 定义轮廓的近似方法，包括 ChainApproxNone()、ChainApproxSimple()、ChainApproxTc89L1()、ChainApproxTc89Kcos()等。其中，ChainApproxNone()保存物体边界上所有连续的轮廓点到 contours 向量内；ChainApproxSimple()仅保存轮廓的拐点信息，把所有轮廓拐点处的点保存到 contours 向量内，拐点与拐点之间直线段上的信息点不予保留；ChainApproxTc89L1()、ChainApproxTc89Kcos()使用 teh-Chinl chain 近似算法，此处不做展开描述。

offset 为偏移量，是所有的轮廓信息相对于原始图像对应点的偏移量，相当于在每个检测出的轮廓点上加上该偏移量，offset 可以为负值。

3. 圆的拟合算法

获取轮廓点后，就可以利用这些轮廓点进行特征提取了。在本例中，活塞镶圈的内围轮廓和外围轮廓是两个圆，可以利用圆的拟合算法来提取。常用的圆的拟合算法为最小二乘圆算法，其精度高、速度快。

（1）最小二乘圆的原理。

我们知道，圆方程可以写为

$$(x-x_c)^2+(y-y_c)^2=R^2 \tag{10-1}$$

通常的最小二乘拟合要求距离的平方和最小，即

$$f=\sum\left(\sqrt{(x_i-x_c)^2+(y_i-y_c)^2}-R\right)^2 \tag{10-2}$$

最小。这个算起来会很麻烦，也得不到解析解。因此，可以退而求其次求下式：

$$f=\sum\left((x_i-x_c)^2+(y_i-y_c)^2-R^2\right)^2 \tag{10-3}$$

这个式子要简单得多。这里定义一个辅助函数：

$$g(x,y)=(x_i-x_c)^2+(y_i-y_c)^2-R^2 \tag{10-4}$$

此时，式（10-3）可以表示为

$$f=\sum g(x,y)^2 \tag{10-5}$$

按照最小二乘法的通常步骤，可知 f 取极值时对应下面的条件：

$$\frac{\partial f}{\partial R} = 0 \qquad (10\text{-}6)$$

我们知道，半径 R 是不能为 0 的，因此必然有

$$\sum g(x_i, y_i) = 0 \qquad (10\text{-}7)$$

这里设：

$$
\begin{aligned}
u_i &= x_i - \overline{x} \\
u_c &= x_c - \overline{x} \\
v_i &= y_i - \overline{y} \\
v_c &= y_c - \overline{y}
\end{aligned}
\qquad (10\text{-}8)
$$

其中

$$
\begin{aligned}
\overline{x} &= \sum x_i / N \\
\overline{y} &= \sum y_i / N
\end{aligned}
\qquad (10\text{-}9)
$$

将式（10-7）展开写，可得

$$
\begin{aligned}
\sum \left[(u_i - u_c)^2 + (v_i - v_c)^2 - R^2 \right] u_i &= 0 \\
\sum \left[(u_i - u_c)^2 + (v_i - v_c)^2 - R^2 \right] v_i &= 0
\end{aligned}
\qquad (10\text{-}10)
$$

进一步展开为

$$
\begin{aligned}
\sum \left(u_i^3 - 2u_i^2 u_c + u_i u_c^2 + u_i v_i^2 - 2u_i v_i v_c + u_i v_c^2 - u_i R^2 \right) &= 0 \\
\sum \left(u_i^2 v_i - 2u_i v_i u_c + v_i u_c^2 + v_i^3 - 2v_i^2 v_c + v_i v_c^2 - v_i R^2 \right) &= 0
\end{aligned}
\qquad (10\text{-}11)
$$

我们知道

$$
\begin{aligned}
\sum u_i &= 0 \\
\sum v_i &= 0
\end{aligned}
\qquad (10\text{-}12)
$$

因此式（10-11）可以简化为

$$
\begin{aligned}
\sum \left(u_i^3 - 2u_i^2 u_c + u_i v_i^2 - 2u_i v_i v_c \right) &= 0 \\
\sum \left(u_i^2 v_i - 2u_i v_i u_c + v_i^3 - 2v_i^2 v_c \right) &= 0
\end{aligned}
\qquad (10\text{-}13)
$$

为了简化式子，这里定义几个参数：

$$
\begin{aligned}
S_{uuu} &= \sum u_i^3 \\
S_{vvv} &= \sum v_i^3 \\
S_{uu} &= \sum u_i^2 \\
S_{vv} &= \sum v_i^2 \\
S_{uv} &= \sum u_i v_i \\
S_{uuv} &= \sum u_i^2 v_i \\
S_{uvv} &= \sum u_i v_i^2
\end{aligned}
\qquad (10\text{-}14)
$$

此时，式（10-13）可以写为

$$S_{uu}u_c + S_{uv}v_c = \frac{S_{uuu} + S_{uvv}}{2}$$

$$S_{uv}u_c + S_{vv}v_c = \frac{S_{uuv} + S_{vvv}}{2} \quad (10\text{-}15)$$

至此，就可以解出：

$$u_c = \frac{S_{uuv}S_{uv} - S_{uuu}S_{vv} - S_{uvv}S_{vv} + S_{uv}S_{vvv}}{2(S_{uv}^2 - S_{uu}S_{vv})}$$

$$v_c = \frac{-S_{uu}S_{uuv} + S_{uuu}S_{uv} + S_{uv}S_{uvv} - S_{uu}S_{vvv}}{2(S_{uv}^2 - S_{uu}S_{vv})} \quad (10\text{-}16)$$

可得

$$x_c = u_c + \overline{x}$$

$$y_c = v_c + \overline{y}$$

$$R = \sqrt{\sum\left((x_i - x_c)^2 + (y_i - y_c)^2\right) / N} \quad (10\text{-}17)$$

（2）最小二乘圆的 C#代码。

这里开发了一个拟合最小二乘圆的类 CircleFit。这个类利用了最小二乘圆算法，对待拟合的离散点进行圆的拟合，最后给出拟合圆的圆心、半径及圆度误差。最小二乘圆的实现代码如下：

```csharp
namespace Fitting
{
    public class CircleFit
    {
        //所有的拟合点
        private List<PointF> _fittingPoints;
        //圆度
        private float _roundness;
        public float Roundness
        {
            get { return _roundness; }
        }
        //最小半径
        private float _minimumRadius;
        public float MinimumRadius
        {
            get { return _minimumRadius; }
        }
        //最大半径
        private float _maximumRadius;
        public float MaximumRadius
        {
            get { return _maximumRadius; }
        }
        //圆心
```

```csharp
            private PointF _center;
            public PointF Center
            {
                get { return _center; }
            }
            //半径
            private float _radius;
            public float Radius
            {
                get { return _radius; }
            }
            public CircleFit()
            {
                _fittingPoints = new List<PointF>();
            }
            //清除所有拟合点
            public void Clear()
            {
                _fittingPoints.Clear();
            }
            //增加拟合点
            public void AddPoint(PointF point)
            {
                _fittingPoints.Add(point);
            }
            // 最小二乘圆算法，得到圆心坐标和半径 3 个数据，并计算出圆度
            public void DoFit()
            {
                int N = _fittingPoints.Count;
                if (N < 3)
                    return;
                float x1 = 0.0f;  //x 的初值
                float y1 = 0.0f;
                float x2 = 0.0f;  //x 平方的初始值
                float y2 = 0.0f;
                float x3 = 0.0f;  //x 立方的初始值
                float y3 = 0.0f;
                float x1y1 = 0.0f;
                float x1y2 = 0.0f;
                float x2y1 = 0.0f;
                for (int i = 0; i < N; i++)
                {
                    x1 = x1 + _fittingPoints[i].X;
                    y1 = y1 + _fittingPoints[i].Y;
                    x2 = x2 + _fittingPoints[i].X * _fittingPoints[i].X;
                    y2 = y2 + _fittingPoints[i].Y * _fittingPoints[i].Y;
```

```
                x3 = x3 + _fittingPoints[i].X * _fittingPoints[i].X *
_fittingPoints[i].X;
                y3 = y3 + _fittingPoints[i].Y * _fittingPoints[i].Y *
_fittingPoints[i].Y;
                x1y1 = x1y1 + _fittingPoints[i].X * _fittingPoints[i].Y;
                x1y2 = x1y2 + _fittingPoints[i].X * _fittingPoints[i].Y *
_fittingPoints[i].Y;
                x2y1 = x2y1 + _fittingPoints[i].X * _fittingPoints[i].X *
_fittingPoints[i].Y;
            }
            float C, D, E, G, H;
            float a, b, c;
            C = N * x2 - x1 * x1;
            D = N * x1y1 - x1 * y1;
            E = N * x3 + N * x1y2 - (x2 + y2) * x1;
            G = N * y2 - y1 * y1;
            H = N * x2y1 + N * y3 - (x2 + y2) * y1;
            a = (H * D - E * G) / (C * G - D * D);
            b = (H * C - E * D) / (D * D - G * C);
            c = -(a * x1 + b * y1 + x2 + y2) / N;
            float A, B, R;
            A = a / (-2);
            B = b / (-2);
            R = (float)Math.Sqrt(a * a + b * b - 4 * c) / 2;
            //计算圆心
            _center.X = A;
            _center.Y = B;
            //计算半径
            _radius = R;
            //计算圆度及误差
            _minimumRadius = float.MaxValue;
            _maximumRadius = float.MinValue;
            for(int i=0;i<N;i++)
            {
                float r = (float)Math.Sqrt((_fittingPoints[i].X - _center.X)
* (_fittingPoints[i].X - _center.X)
                    + (_fittingPoints[i].Y - _center.Y) * (_fittingPoints[i].
Y - _center.Y));
                float diff = r - _radius;
                if (diff < _minimumRadius)
                {
                    _minimumRadius = diff;
                }
                if(diff>_maximumRadius)
                {
                    _maximumRadius = diff;
                }
```

```
            }
            //计算圆度
            _roundness = _maximumRadius - _minimumRadius;
        }
    }
```

4. 特征提取

下面利用上面的最小二乘圆算法提取外围轮廓圆和内围轮廓圆，代码如下：

```csharp
private CircleFit _circleFitOfInnerCircle = new CircleFit();
private CircleFit _circleFitofOuterCircle = new CircleFit();
private int _threshold = 120;

private void btnExtractFeatures_Click(object sender, EventArgs e)
{
    //图像灰度化
    Image<Gray, Byte> grayImage = _imageOriginal.Convert<Gray, Byte>();
    //二值化图像
    grayImage._ThresholdBinary(new Gray(_threshold), new Gray(255));
    Image<Gray, Byte> imageOutput = new Image<Gray, byte>(_imageOriginal.
Size);
    //获取轮廓
    VectorOfVectorOfPoint contourPoints = new VectorOfVectorOfPoint();
    CvInvoke.FindContours(grayImage, contourPoints, imageOutput,
RetrType.Ccomp, ChainApproxMethod.ChainApproxNone);
    //采用最小二乘圆算法进行圆拟合并找出外圆和内圆
    for (int i = 0; i < contourPoints.Size; i++)
    {
        if (contourPoints[i].Size > 100)
        {
            CircleFit circleFit = new CircleFit();
            for (int j = 0; j < contourPoints[i].Size; j++)
            {
                //将轮廓点增加到待拟合的点集中
                circleFit.AddPoint(new PointF(contourPoints[i][j].X,
contourPoints[i][j].Y));
            }
            circleFit.DoFit();              //拟合
            if (circleFit.Roundness < 10)                    //判断拟合出来的是否是圆
            {
                //判断是否是内圆
                if (circleFit.Radius > 695 && circleFit.Radius < 705)
                {
                    _circleFitOfInnerCircle = circleFit;
                }
                else
                {
```

```
                    _circleFitofOuterCircle = circleFit;          //外圆
                }
            }
        }
    }
    imageBoxOutput.Image = _imageOriginal;                         //显示原始图形
}
```

在这段代码中，circleFitOfInnerCircle 用于存储内围轮廓圆，circleFitofOuterCircle 用于存储外围轮廓圆，由于同一批活塞镶圈的内径和外径相差很小，所以这里采用了比较简单的方法来判断是内围轮廓还是外围轮廓，就是判断其直径大小。最终的拟合结果如图 11.9 所示，其中，红色轮廓为外围轮廓圆，蓝色轮廓为内围轮廓圆（因是黑白印刷，故颜色显示不出）。

图 11.9　最终的拟合结果

5. 输出结果

图 11.9 中的拟合结果并不是实际的尺寸，而是像素。例如，内圆的拟合半径为 701.943 像素，外圆的拟合半径为 883.965 像素，利用标定出来的像素尺寸 0.1222mm/像素，可知实际的半径分别如下。

内圆：701.943×0.1222 = 85.793（单位为 mm）。

外圆：883.965×0.1222 = 108.021（单位为 mm）。

11.3.2　二维码识别

在第 10 章中，介绍了面向蝶阀装配的半自动检测及其质量追溯系统，在这个系统中，物联网系统的身份信息传递是通过二维码实现的，二维码用于存储标识当前蝶阀的唯一二维码。在第 10 章中，二维码的识别采用的是扫码枪，扫码枪价格昂贵，一把用于金属表面二维码识别的扫码枪的价格在几千元水平上。在本章中，采用视觉识别的方式来识别二维码，其价格低廉，识别效率也很高。二维码的格式很多，比较常用的是 QR 二维码。下面主要介绍 QR 二维码的原理及其视觉识别实现。

11.3.2.1　什么是 QR 二维码

二维码（2-Dimensional Bar Code）是用某种特定的几何图形按一定的规律在平面（二维方向）上分布的黑白相间的图形，用于记录数据符号信息。它能将数字、英文字母、汉字、特殊符号（如空格、%、/ 等）、二进制码等信息记录到一个正方形的图片中。

在转换的过程中，离不开编码压缩方式。在许多种类的二维码中，常用的码制有 QR Code、Data Matrix、Maxi Code、Aztec、Vericode、PDF417、Ultracode、Code 49、Code 16K 等。

二维码在现实生活中的应用越来越普遍，这归功于 QR Code 码制的流行。人们常说的二维码就是它，因此，二维码又被称为 QR 码。

QR 码是一种矩阵式二维码（又称棋盘式二维码）。它是在一个矩形空间中，通过黑、白像素在矩阵中的不同分布来编码的。在矩阵相应元素位置上，用点（方点、圆点或其他形状）的出现表示二进制码"1"、点的不出现表示二进制码"0"，点的排列组合确定了矩阵式二维码代表的意义。

每个 QR 码符号由名义上的正方形模块构成，组成一个正方形阵列，由编码区域和包括位置探测图形、分隔符、定位图形和校正图形在内的功能图形组成。功能图形不能用于数据编码，符号的四周由空白区包围。QR 码的结构如图 11.10 所示。

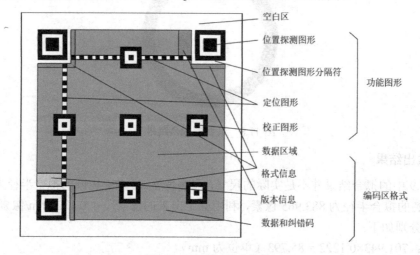

图 11.10　QR 码的结构

（1）位置探测图形、位置探测图形分隔符：用于对二维码进行定位。对每个 QR 码来说，位置都是固定存在的，只是大小、规格会有所差异；对这些黑白间隔的矩形块很容易进行图像处理的检测。

（2）校正图形：根据尺寸的不同，校正图形的个数也不同。校正图形主要用于 QR 码形状的校正，尤其当 QR 码印刷在不平坦的面上或拍照发生畸变时。

（3）定位图形：这些小的黑白相间的格子就好像坐标轴，在二维码上定义了网格。

（4）格式信息：表示该二维码的纠错级别，分为 L、M、Q、H 几个级别。

（5）数据区域：使用黑白相间的二进制网格编码内容，8 个格子可以编码 1 字节。

（6）版本信息：二维码的规格。QR 码符号共有 40 种规格的矩阵（一般为黑白色），从 21×21（版本 1）到 177×177（版本 40），每一版本符号都比前一版本每边增加 4 个模块。

（7）数据和纠错码：用于修正二维码损坏带来的错误。

二维码的绘制过程大概如下。

（1）在二维码的左上角、左下角、右上角绘制位置探测图形。位置探测图形一定是一个 7×7 的矩阵。

（2）绘制校正图形。校正图形一定是一个 5×5 的矩阵。

（3）绘制 2 条连接 3 个位置探测图形的定位图形。

（4）在上述图片的基础上继续绘制格式信息。

（5）绘制版本信息。

（6）填充数据和纠错码到二维码图中。

（7）绘制蒙版图案。因为按照上述方式填充内容可能会出现大面积空白或黑块的情况，导致扫描识别十分困难，所以需要对整个图像进行蒙版操作（Masking），蒙版操作即异或（XOR）操作。在这一步，可以将数据排列成各种图片。

11.3.2.2　ThoughtWorks.QRCode 组件

在.NET Framework 平台上，有多种第三方控件可以实现 QR 二维码的生成和识别，其中 ThoughtWorks.QRCode 组件的应用非常广泛，可以高效而稳定地生成和识别所需的二维码，接下来详细讲解这个组件。

ThoughtWorks.QRCode 库是一个.NET Framework 组件，可用于编码和解码 QR 码，其提供的功能包括将内容编码为 QR 码图像、保存为 JPEG/GIF/PNG 或位图格式、解码 QR 码图像。

它的使用方法和步骤如下。

（1）下载 ThoughtWorks.QRCode.dll 动态库，并保存到计算机中。

（2）在程序中添加引用。具体如下：在"解决方案资源管理器"窗口中，在项目上单击鼠标右键，在弹出的快捷菜单中选择"添加引用"选项，弹出"引用管理器"对话框，单击"浏览"按钮，选择下载的 ThoughtWorks.QRCode.dll 文件，单击"确定"按钮。

在程序中添加相关命名空间如下：

```
using ThoughtWorks.QRCode.Codec;
using ThoughtWorks.QRCode.Codec.Data;
```

（3）在 ThoughtWorks.QRCode 组件中，实现 QR 编码的类是 QRCodeEncoder，实现 QR 码识别的类是 QRCodeDecoder。

（4）开始编码。

11.3.2.3　ThoughtWorks.QRCode 二维码应用实例

下面还是以面向蝶阀装配的半自动检测及其质量追溯系统中的二维码应用为例来详细讲解如何使用 C#和 ThoughtWorks.QRCode 库编写二维码的生成和识别程序。

1．身份编码格式

在这个系统中，蝶阀的身份信息采用的是 QR 码，其编码格式如图 11.11 所示。

2．生成身份信息二维码

二维码中要写入的信息是这个蝶阀的编码，如图 11.11 中所示的"D1D40P16170123001"。利用 ThoughtWorks.QRCode 生成这个蝶阀的二维码。生成这个身份二维码的代码如下：

```
string content = "D1D40P16170123001";
// 创建二维码QRCodeEncoder 类的一个对象
QRCodeEncoder qrCodeEncoder = new QRCodeEncoder();
pictureBox1.Image = qrCodeEncoder.Encode(content, Encoding.UTF8);
```

生成的二维码图像如图 11.12 所示。

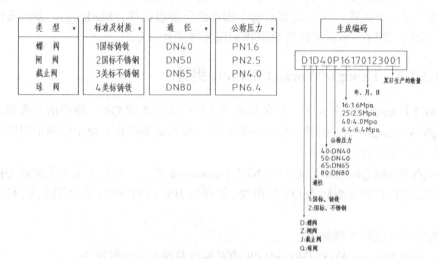

图 11.11　蝶阀身份二维码信息编码格式

图 11.12　生成的二维码图像

工作人员使用激光打码机将这个二维码打印在金属标签上，并将其拴在蝶阀上，这样就制作完成了对这个蝶阀的唯一标识。

3.　用相机拍照

在需要使用这个蝶阀身份信息的地方，用相机拍照，要尽量在同一个位置、同一个焦距处进行，且照片要清晰，否则会影响二维码的识别。相机的拍照代码和 11.3.2.1 节中的相机部分代码相似，采用 EmguCV 库的 Capture 类进行视频和图像采集。具体代码如下：

```
Capture _capture = null;
CvInvoke.UseOpenCL = true;                      //使用 GPU 的运算功能
_capture = new Capture(0);                      //建立 Capture 并提取图像
_capture.ImageGrabbed += (sender1, e1) =>
    {
        Mat frame = new Mat();  //Mat 类用于保存图像，以及其他矩阵数据的数据结构
        _capture.Retrieve(frame, 0);            //获取图像，将其保存到 frame 中
```

```
        pictureBox1.Image = frame.Bitmap;        //将图像显示出来
    };
_capture.Start();                               //开始采集
_capture.FlipHorizontal = true;
if (_capture != null)
    _capture.Dispose();                         //退出相机采集
```

经过相机拍照的二维码图像具有了更多的空白区域,且有一定的偏转角度,如图 11.13 所示。

4. 二维码摆正

图 11.13 中的二维码图像由于具有一定的偏转角度,所以 ThoughtWorks.QRCode 组件的识别可能存在错误,为了提高识别成功率,需要对图 11.13 中的图像进行校正处理,只有这样才能将二维码摆正并方便二维码的提取,其处理流程如图 11.14 所示。

图 11.13　用相机拍下的二维码图像

下面针对如图 11.14 所示的流程进行分步实现,利用 C#和 ThoughtWorks.QRCode 编程,具体代码如下。

图 11.14　二维码图像处理流程

（1）载入图像：

```
//载入图像
Image img = pictureBox1.Image;
Bitmap barcodeBitmap = new Bitmap(img);
Image<Bgr, byte> img_src = new Image<Bgr, byte>(barcodeBitmap);
//转为灰度图像
```

（2）图像灰度化：

```
Image<Gray, byte> grayImg = new Image<Gray, byte>(img_src.Size);
CvInvoke.CvtColor(img_src, grayImg,ColorConversion.Bgr2Gray);
```

（3）提取二维码边缘。

这里采用 Sobel 算子。Sobel 算子主要用于获得数字图像的一阶梯度，在图像的任何一点使用此算子，将会产生与该点对应的梯度矢量或法矢量。该算子包含两组 3×3 的矩阵，分别代表横向及纵向的梯度，将其与图像做平面卷积，即可分别得出横向及纵向的亮度差分近似值。如果以 A 代表原始图像，G_x 及 G_y 分别代表横向及纵向边缘检测的卷积算子，则其算子矩阵如下：

$$G_x = \begin{Bmatrix} -1 & 0 & +1 \\ -2 & 0 & +2 \\ -1 & 0 & +1 \end{Bmatrix} \qquad G_y = \begin{Bmatrix} -1 & -2 & -1 \\ 0 & 0 & 0 \\ +1 & +2 & +1 \end{Bmatrix} \qquad （10-18）$$

图像的每个像素的梯度可用以下公式计算：

$$G = \sqrt{G_x^2 + G_y^2} \qquad （10-19）$$

可用以下公式计算梯度方向：

$$\theta = \arctan \frac{G_y}{G_x} \qquad （10-20）$$

Soble 函数的语法如下：

```
public static void Sobel(IInputArray src, IOutputArray dst, DepthType
ddepth, int xorder, int yorder, int kSize = 3, double scale = 1, double delta
= 0, BorderType borderType = BorderType.Default);
```

其中各参数的含义如下。

IInputArray src：输入图像，需要处理的图像。

IOutputArray dst：输出图像，处理完成的图像。

DepthType ddepth：EmguCV 的一个枚举类型，表示输出图像的深度。

int xorder：x 方向差分阶数。

int yorder：y 方向差分阶数。

int kSize = 3：Sobel 卷积内核大小，必须为 1、3、5 或 7。

double scale = 1：可选的比例因子的计算导数值。默认为 1，不进行缩放。

double delta = 0：将结果存入输出图像，即 dst 之前的 delta 值。

BorderType borderType = BorderType.Default：边界类型标识符。

本部分的实现代码如下：

```
//将二维码的边缘提取出来
Mat imgOut = new Mat();
Image<Gray, byte> grad_x1 = new Image<Gray, byte>(img_src.Size);
Image<Gray, byte> grad_y1 = new Image<Gray, byte>(img_src.Size);
CvInvoke.Sobel(grayImg, grad_x1, DepthType.Default, 0, 1, 3);
CvInvoke.Sobel(grayImg, grad_y1, DepthType.Default, 1, 0, 3);
CvInvoke.Add(grad_x1, grad_y1, imgOut);
```

经过 Sobel 算子提取二维码边缘后，其图形变化如图 11.15 所示。

（4）平均模糊和二值化。

这里介绍一下模糊算法，EmguCV 采用 CvInvoke 类调用 Blur 函数进行滤波。该函数的语法如下：

```
public static void Blur(IInputArray src, IOutputArray dst, Size ksize,
Point anchor, BorderType borderType = BorderType.Default);
```

其中各参数的含义如下。

IInputArray src：输入原始图像。

IOutputArray dst：输出滤波后的图像（类型、大小与 scr 一致）。

Size ksize：内核的大小。

Point anchor：锚点，默认值为点(-1,-1)，表示在内核中心。

BorderType borderType = BorderType.Default：边界类型标识符。

本部分的实现代码如下：

```
//平均模糊（5×5 内核大小）
CvInvoke.Blur(imgOut, imgOut, new Size(5, 5), new Point(-1, -1));
//二值化
CvInvoke.Threshold(imgOut, imgOut, 100, 255, ThresholdType.Binary);
```

应用模糊算法后的二维码如图 11.16 所示。

图 11.15　应用 Sobel 算子后的二维码　　　　图 11.16　应用模糊算法后的二维码

（5）闭运算消除裂缝。

这里介绍一下 EmguCV 的 MorphologyEx 函数，这个函数应用了图像形态学，可以对图像进行形态学操作。数学形态学是由一组形态学的代数运算子组成的，其基本运算有 4 种：膨胀（或扩张）、腐蚀（或侵蚀）、开运算和闭运算。它们在二值图像和灰度图像中各有其特点。

腐蚀是一种消除边界点的方法，是使边界向内收缩的过程，可以消除小且毫无意义的物体；膨胀是将与物体接触的所有背景点合并到该物体中，是使边界向外部扩张的过程，可以用来填补物体中的空洞；闭运算为先膨胀后腐蚀，一般来说，闭运算能够填平小湖（小孔），弥合小裂缝，而总的位置和形状不变；开运算为先腐蚀后膨胀，作用为消除小物体，在纤细点处分离物体，位置和形状总是不变的。

MorphologyEx 函数的语法如下：

```
public static void MorphologyEx(IInputArray src, IOutputArray dst,
MorphOp operation, IInputArray kernel, Point anchor, int iterations,
BorderType borderType, MCvScalar borderValue);
```

其中各参数的含义如下。

IInputArray src：输入图像。

IOutputArray dst：处理后的输出图像。

MorphOp operation：形态学图形操作类型，这是一个 Emgu.CV.CvEnum 的枚举类型，主要有 Erode（腐蚀）、Dilate（膨胀）、Open（开运算）、Close（闭运算）等。

Point anchor：结构中锚的位置，默认值为(-1,-1)，代表结构元素的中心，如果不是(-1,-1)，那么处理后的图像将会产生偏移，偏移的方向取决于锚在结构元素中心的方向。

int iterations：腐蚀迭代的次数，次数越多，腐蚀的效果越明显。

BorderType borderType：Emgu.CV.CvEnum 的一个枚举类型，标识了图像的边界模式。在处理边界点时，由于不能产生指定大小的以边界点为中心的矩形，所以需要推算出外部图像的某种边界模型。

MCvScalar borderValue：边界值为 MCvScalar 类型。

在这个例程中，主要要填补图 11.16 中的空洞，并且要保持大小不变，因此采用闭运算，其算法如下：

```
Mat element = CvInvoke.GetStructuringElement(ElementShape.Rectangle, new
Size(21, 21), new Point(-1, -1));
    CvInvoke.MorphologyEx(imgOut, imgOut,MorphOp.Close,element,new Point(-
1,-1),3,BorderType.Default,new MCvScalar(0,0,0));
```

采用闭运算之后的二维码如图 11.17 所示。

图 11.17　采用闭运算之后的二维码

（6）计算旋转仿射变换矩阵。

现在二维码的空洞已经填充完成，二维码图像部分连接成为一个整体，下一步需要计算这个二维码区域的中心和角度，并计算出旋转矩阵。为此，将整个边缘点提取出来，并计算出最小包围盒，获得最小包围盒后就可以通过 GetRotationMatrix2D 函数计算旋转矩阵了。

这里介绍一下 MinAreaRect 函数和 GetRotationMatrix2D 函数。

MinAreaRect 函数的语法如下：

```
public static RotatedRect MinAreaRect(IInputArray points);
```

功能：获取外接面积最小的矩形，返回外接矩形 RotatedRect 类型。

其中参数 IInputArray points 为需要进行外接的点集合，一般为 VectorOfPoint 类型或 PointF[]类型。

GetRotationMatrix2D 函数的语法如下：

```
public static void GetRotationMatrix2D(PointF center, double angle,
double scale, IOutputArray mapMatrix);
```

功能：通过指定的参数计算二维旋转仿射变换矩阵。

其中各参数的含义如下。

PointF center：图像的旋转中心。

double angle：旋转角度，正数代表逆时针旋转，负数代表顺时针旋转。

double scale：缩放系数。

IOutputArray mapMatrix：输出指定参数的旋转仿射变换矩阵（2×3 的矩阵）。

本部分的实现代码如下：

```
//查找轮廓
VectorOfVectorOfPoint contourPoints = new VectorOfVectorOfPoint();
CvInvoke.FindContours(imgOut, contourPoints, null, RetrType.External,
ChainApproxMethod.ChainApproxNone);
//计算最小包围盒
RotatedRect rotatedRect = CvInvoke.MinAreaRect(contourPoints[0]);
//计算旋转矩阵
Mat matRotate = new Mat();
CvInvoke. GetRotationMatrix2D(rotatedRect.Center, rotatedRect.Angle,
1.0,matRotate);
```

二维码图形的最小包围盒如图 11.18 所示。

图 11.18　二维码图形的最小包围盒

（7）摆正图像，并对二维码进行抠图。

EmguCV 利用 WarpAffine 函数进行图像的仿射变换，其语法如下：

```
public static void WarpAffine(IInputArray src, IOutputArray dst,
IInputArray mapMatrix, Size dsize, Inter interpMethod = Inter.Linear, Warp
warpMethod = Warp.Default, BorderType borderMode = BorderType.Constant,
MCvScalar borderValue = null);
```

功能：对图像进行仿射变换。

参数说明如下。

IInputArray src：输入图像，需要处理的图像。

IOutputArray dst：输出图像，处理完成的图像。

IInputArray mapMatrix：输入旋转仿射变换矩阵。

Size dsize：输出图像的尺寸。

Inter interpMethod = Inter.Linear：插值类型的标识符。

Warp warpMethod = Warp.Default：旋转方式，一个旋转表示符。

BorderType borderMode = BorderType.Constant：像素外推法标识符。

MCvScalar borderValue = null：用来填充边界外的值。

在提取图像时，只需提取 rotatedRect 所包围的 RoI 区域。RoI（Region of Interest）就是感兴趣区域，在图像处理领域，RoI 是从图像中选择的一个图像区域，这个区域是图像分析所关注的重点，圈定该区域以便进行进一步处理。使用 RoI 圈定想读取的目标，可以减少处理时间，提高精度。图像的 RoI 可以理解为提取图像的一部分进行操作，这样可以减少处理的数据量，从而提高效率。

本部分的实现代码如下：

```
Mat matOut = new Mat();
CvInvoke.WarpAffine(grayImg, matOut, matRotate, new Size(imgOut.Height,
imgOut.Width));
imageBox1.Image = new Mat(matOut, new Rectangle((int)(rotatedRect.
Center.X - rotatedRect.Size.Width / 2), (int)(rotatedRect.Center.Y -
rotatedRect.Size.Height / 2),
(int)rotatedRect.Size.Width, (int)rotatedRect.Size.Height));
```

摆正并使用 RoI 后的二维码如图 11.19 所示。

图 11.19　摆正并使用 RoI 后的二维码

5．二维码识别

用于二维码识别的类是 QRCodeDecoder，利用这个类就可以识别出写在二维码中的信息，具体代码如下：

```
//识别并显示
QRCodeDecoder qrDecoder = new QRCodeDecoder();
string txtMsg = qrDecoder.decode(new QRCodeBitmapImage(matOut.Bitmap),
Encoding.UTF8);
txtOutputQR.Text = txtMsg;
```

经过测试，txtMsg 的值为"D1D40P16170123001"，正确地实现了蝶阀身份信息二维码的识别。

11.4　本章小结

机器视觉作为实现工业自动化和智能化的关键核心技术，正成为人工智能发展最快的一个分支。本章对机器视觉技术进行了详细的讲解，介绍了机器视觉的概念、功能和基本构成，介绍了一款应用广泛的第三方机器视觉软件 EmguCV。最后，利用 C#、EmguCV 实现了两种机器视觉的常规应用，即尺寸测量和二维码识别，并结合实际的工程案例给出了具体的开发流程和开发代码，为理解机器视觉和进行机器视觉开发打下基础。

参考文献

1. 郑阿齐，梁敬东. C#实用教程[M]. 3 版. 北京：电子工业出版社，2018.
2. 聚慕课教育研发中心. C#从入门到项目实践[M]. 北京：清华大学出版社，2019.
3. 程杰. 大话设计模式[M]. 北京：清华大学出版社，2009.
4. 望熙荣，望熙贵. OpenCV 和 Visual Studio 图像识别应用开发[M]. 北京：人民邮电出版社，2018.
5. 韩相争. PLC 与触摸屏、变频器、组态软件应用一本通[M]. 北京：化学工业出版社，2019.
6. 王立平，张根保，张开富，等. 智能制造装备及系统[M]. 北京：清华大学出版社，2020.
7. 张小红，秦威，杨帅，等. 智能制造导论[M]. 上海：上海交通大学出版社，2019.